测绘工程与自然资源规划建设

赵洪涛　管相荣　林　超　主编

吉林科学技术出版社

图书在版编目（CIP）数据

测绘工程与自然资源规划建设 / 赵洪涛，管相荣，林超主编 . -- 长春：吉林科学技术出版社，2024.3
ISBN 978-7-5744-1117-3

Ⅰ . ①测… Ⅱ . ①赵… ②管… ③林… Ⅲ . ①工程测量—研究②自然资源—资源利用—研究 Ⅳ . ① TB22 ② F062.1

中国国家版本馆 CIP 数据核字 (2024) 第 061469 号

测绘工程与自然资源规划建设

主　　编　赵洪涛　管相荣　林　超
出 版 人　宛　霞
责任编辑　郝沛龙
封面设计　周书意
制　　版　周书意
幅面尺寸　185mm × 260mm
开　　本　16
字　　数　315 千字
印　　张　16.875
印　　数　1~1500 册
版　　次　2024 年 3 月第 1 版
印　　次　2024 年10月第 1 次印刷

出　　版　吉林科学技术出版社
发　　行　吉林科学技术出版社
地　　址　长春市福祉大路5788 号出版大厦A 座
邮　　编　130118
发行部电话/传真　0431-81629529 81629530 81629531
81629532 81629533 81629534
储运部电话　0431-86059116
编辑部电话　0431-81629510
印　　刷　廊坊市印艺阁数字科技有限公司

书　　号　ISBN 978-7-5744-1117-3
定　　价　88.00元

编委会

前言

测绘工程与自然资源规划建设是现代社会中关键的技术领域之一，涵盖了地理信息科学、地理信息系统、全球导航卫星系统等多个领域。随着城市化进程的加速、自然资源管理的日益关键，测绘工程和自然资源规划建设的重要性日益凸显。这一领域的发展不仅对国土空间信息的管理、资源合理利用和环境保护提出了新的挑战，也为社会经济的可持续发展提供了坚实的技术支持。

测绘工程作为一门应用科学，通过使用现代测量技术，对地球表面进行准确测量、图形绘制和地理信息的获取、管理和分析。这不仅为地理学、地理信息科学等学科提供了基础数据，而且为城市规划、土地管理、不动产登记、环境保护等领域提供了决策支持。同时，随着测绘技术的不断创新，如卫星遥感、激光雷达测绘等，测绘工程在全球范围内的应用愈加广泛。

自然资源规划建设则紧密关联着国土资源、水资源、生态环境等方面的管理。有效的自然资源规划可以推动资源的合理开发与利用，保护生态环境，促进可持续发展。在规划建设的过程中，测绘工程发挥了不可替代的作用，通过提供精准的地理信息数据，为规划者提供科学依据，确保规划的准确性和可操作性。通过这一全面的探讨，我们旨在为促进测绘工程与自然资源规划建设的交流与合作提供一定的理论支持和实践指导。

在现代社会中，测绘工程与自然资源规划建设的应用非常广泛。它们在城市规划中用于确定土地用途、道路布局和建筑位置。在环境保护方面，它们可用于监测自然灾害、气候变化和生态系统健康。在农业和林业领域，它们有助于提高生产效率，加强资源管理。在能源和矿产开发中，它们用于资源勘探和采矿规划。测绘工程与自然资源规划建设在现代社会中扮演着至关重要的角色。它们为决策制定提供了关键的地理信息支持，有助于实现资源的可持续利用和社会的可持续发展。本书深入探讨了这两个领域的相关主题，以便更全面地理解它们的重要性和影响。

作者在本书的写作过程中，借鉴了许多前辈的研究成果，在此表示衷心的感谢。由于本书需要探究的层面比较深，作者对一些相关问题的研究有待提升，加之写作时间仓促，书中难免存在不足之处，恳请前辈、同行以及广大读者斧正。

目 录

第一章　测绘学概述

第一节　现代测绘学的概念和内涵

测绘学是研究地球和其他实体的与空间分布有关的信息的采集、量测、分析、显示、管理和利用的科学和技术。它的研究内容和科学地位则是确定地球和其他实体的形状和重力场及空间定位，利用各种测量仪器、传感器及其组合系统获取地球及其他实体与空间分布有关的信息，制成各种地形图、专题图和建立地理、土地等空间信息系统，为研究地球的自然和社会现象，解决人口、资源、环境和灾害等社会可持续发展中的重大问题，以及为国民经济和国防建设提供技术支撑和数据保障。

一、现代测绘学的概念

（一）权威文献中的测绘学定义

随着人类社会的进步、经济的发展和科技水平的提高，测绘学科的理论、技术、方法及其学科内涵，也随之不断地发生变化。因此，在不同时期，不同文献给出的“测绘学”定义也不同。以下列举了权威文献中关于测绘学的定义。上海辞书出版社1981年出版的《测绘词典》，给出“测绘”的定义是：“测量和地图制图的总称。任务是用各种方法测量、编绘和出版各种测量成果与地图资料，为经济建设、国防建设和科学研究服务。”

科学出版社2010年出版的《测绘学名词》（第三版），给出“测绘学”的定义是：“研究与地球有关的地理空间信息的采集、处理、显示、管理和利用的科学与技术。”

中国大百科全书出版社2014年出版的《中国军事百科全书》，给出“测绘学”的定义是：“研究测定和描述地球自然地理要素或地表人工设施的形状、大小、空间位置及其属性的理论和技术的学科。”

由宁津生、陈俊勇、李德仁、刘经南、张祖勋、龚健雅等院士编著，武汉大学出版社2016年出版的《测绘学概论》（第三版），给出“测绘学”的基本概念是：“以地球为研究对象，对其进行测量和描绘的科学。所谓测量，就是利用测量仪器测定地球表面自然形态的地理要素和地表人工设施的形状、大小、空间位置及其属性等；所谓描绘，则是根据观测到的数据通过地图制图的方法将地面的自然形态和人工设施等绘制成地图。”

（二）发展中的测绘学

随着科学技术的发展和应用需求的提高，测绘学科经历了从传统测绘到数字化测绘，再到信息化测绘的演变，测绘学呈现出信息获取实时化、信息处理自动化、信息服务网络化、信息应用社会化等重要特点，在诸多领域发生了根本性变化。

传统测绘学的主要研究对象是地球及其表面的各种自然和人工形态。随着现代科学技术的发展，人类活动的空间范围不断扩展，测绘学的研究对象已从传统的地球陆地表面扩展到海上、空中和太空，从地理空间扩展到物理空间，全球卫星导航系统、航天遥感技术和卫星重力探测技术等新技术为连续、实时、大范围地获取各种空间数据提供了支撑手段。

传统测绘学以经典大地测量、航空摄影测量、地图制图等为主要技术手段，相关理论与测量手段相对落后，使得传统测绘学有很多局限。随着空间技术、计算机技术和信息技术以及通信技术的发展及其应用的普及，测绘学这一古老学科在这些新技术的支撑和推动下，出现了以全球卫星导航系统、航天遥感和地理信息系统等3S技术为代表的现代测绘科学技术，使测绘学从理论到手段发生了根本性的变化。

传统测绘学的主要研究成果是地图。随着测绘技术的发展和应用需求的扩大，在现代数字地图制图技术、地理信息系统技术和虚拟现实模型技术等新技术的支撑下，地图产品由原始略图发展为精确的系列比例尺地形图和以“4D”测绘系列产品为代表的数字地图，空间信息成为现代测绘产品的统称。这是现代测绘学发展的重要标志之一。测绘学的研究及其成果，最终是要服务于经济建设、国防建设和科学研究。在光缆通信、卫星通信、数字化多媒体网络技术的支持下，测绘产品的形式和服务社会的方式发生了很大的变化，测绘的服务范围和对象不断扩大，渗透到经济建设、国防建设和科学研究中与空间数据有关的各个领域。

（三）测绘学新的定义

根据测绘学的现代发展，人们对测绘学给出了新的定义或概念：武汉大学出版社2016年出版的《测绘学概论》，在给出“测绘学”的基本概念的同时，还给出了“测绘学”的现代概念：“研究地球和其他实体的与时空分布有关的信息的采集、量测、处理、显示、管理和利用的科学和技术。”该书还强调，现代测绘学的“研究内容和科学地位则是确定地球和其他实体的形状和重力场及空间定位，利用各种测量仪器、传感器及其组合系统获取地球及其他实体与时空分布有关的信息，制成各种地图、专题地图和建立地理、土地等空间信息系统，为研究地球的自然和社会现象，解决人口、资源、环境和灾害等社会可持续发展中的重大问题，以及国民经济和国防建设提供技术支撑和数据保障。”经全国科学技术名词审定委员会批准，2020年7月正式公布的《测绘学名词》（第四版），给出了“测绘学”的新定义：“研究与地球及近地天体有关的空间信息的采集、处理、显示、管理和利用的科学与技术。”与《测绘学名词》（第三版）给出的定义相比较，该定义增加了“近地天体”几个字，将“地理空间信息”调整为“空间信息”，从而更好地体现了现代测绘学的特点。从上述定义可以看出，现代测绘学的主要研究对象是地球及近地天体（或其他实体），主要任务是为满足社会各领域需要采集（获取）、量测、处理、显示、管理和利用（提供）与时空分布有关的空间信息。

二、现代测绘学的内涵

从测绘学的现代发展可以看出，现代测绘学是指地理空间数据的获取、处理、分析、管理、存储和显示的综合研究。这些空间数据来源于地球卫星、空载和船载的传感器以及地面的各种测量仪器，通过信息技术，利用计算机的硬件和软件对这些空间数据进行处理和使用。这是应现代社会对空间信息有极大需求这一特点形成的一个更全面且综合的学科体系。它更准确地描述了测绘学科在现代信息社会中的作用。原来各个专门的测绘学科之间的界限已随着计算机与通信技术的发展逐渐变得模糊了。某一个或几个测绘分支学科已不能满足现代社会对地理空间信息的需要了，相互之间更加紧密地联系在一起，并与地理和管理学等其他学科知识相结合，形成测绘学的现代概念，即研究地球和其他实体的与时空分布有关的信息的采集、量测、处理、显示、管理和利用的科学和技术。测绘学科的现代发展促使测绘学中出现若干新学科，例如卫星大地测量（或空间大地测量）、遥感测绘（或航天测绘）、地理信息工程等。

我国测绘学科经历了三个阶段的发展，即模拟测绘（或称传统测绘）、数字化测绘、信息化测绘，现在正处于数字化测绘向信息化测绘发展的阶段。20世纪80年代是传统测绘体系的改造阶段，90年代是数字化测绘技术体系的形成阶段，21世纪初是实现以地图生产为主向地理信息服务为主的转变阶段，即信息化测绘发展的阶段。信息化测绘技术体系是在对地观测技术、计算机信息化技术和现代通信技术等支撑下的有关地理空间数据的获取、处理、管理、更新、共享和应用的所有技术的集合。从学科发展上说，测绘学正在实现与近年来在国内外兴起的一门新兴学科——地球空间信息学的跨越与融合。

（一）现代测绘学发展方向

1.地理空间信息时空基准体系

地理空间信息时空基准（测绘基准）是为地理空间信息提供平面位置、高程、重力、深度以及时间等方面的起算依据，相应地包括平面基准、高程基准、深度基准、重力基准和时间基准。这些基准都有其参考系统和参考框架，形成测绘基准体系。当前我国正在进行测绘基准现代化改造，构建满足国家经济和国防建设需要的现代测绘基准体系。

2.地理空间信息实时获取体系

地理空间信息的获取主要依赖于空间对地观测技术，包括卫星导航定位技术、卫星重力探测技术、航空航天遥感技术等，许多地面观测技术也是不可缺少的。利用这些现代测绘新技术，可以动态、实时地获取测绘定位数据、重力数据和遥感影像数据以及其他与测绘有关的数据。

3.地理空间信息自动化快速处理体系

在地理空间信息数据的采集、处理、管理、更新和应用过程中广泛采用自动化、智能化技术，可以实现对数据的快速或实时处理，满足经济社会发展和人民生活的需求。地理空间信息数据的自动化快速处理体系是利用计算机人工智能等技术实现地理空间信息数据运算的分布式、并行化、集群化，信息提取的定量化、自动化、智能化、实时化。其主要包括：卫星导航定位数据处理技术、地球重力场精化技术、航空航天遥感数据处理技术、地图制图与地理信息系统技术。

4.地理空间信息网络化服务体系

信息化测绘的一个显著特征是信息服务的网络化，其地理信息的传输交换和服务主要在网络环境下进行，可以对分布在各地的地理信息进行检索、访问、浏览、下载和支付。任何人在任何时候、任何地方都可以获得所需要的、使用权限范围内的地理信息服务。地理空间信息网络服务系统就是将有用的地理信息以最快的速度和最便捷的方式提供给广大社会公众的地理空间信息网络自主服务平台。

（二）学科内涵

1.研究对象

测绘科学与技术是研究地球和其他实体与时空分布有关的信息的采集、存储、处理、分析、管理、传输、表达、分发和应用的科学与技术。测绘科学与技术的研究内容包括探测地球和其他实体的形状与重力场以及空间定位的理论与方法，利用各种测量仪器、传感器及其组合系统获取地球及其他实体与空间分布的相关信息，制成各种地形图和专题图，建立地理、土地等各种空间信息系统，为研究自然和社会现象，解决人口、资源、环境和灾害等社会可持续发展中的重大问题，以及为国民经济和国防建设提供技术支撑和数据保障。随着空间技术的发展，现代测绘科学研究范围已扩大到外层空间乃至其他星球。测绘科学与技术和地球物理学、地质学、天文学、地理学、海洋科学、空间科学、环境科学、计算机科学和信息科学及其他许多工程学科都有密切的联系，但测绘科学与技术更侧重于研究地球表层和物体的空间特征和变化。

2.理论

测绘学的现代发展揭示了测绘科学与技术学科的内在规律，其学科体系的构成贯穿了地球空间信息采集、存储、处理、分析、管理、传输、表达、分发和应用的一系列技术、理论和方法。根据测绘科学与技术学科多个领域的现有研究进展，本学科的主要理论包括测量数据处理的理论和方法、地球形状和重力场探测理论和技术、卫星导航定位理论与技术、遥感信息处理与解译的理论与方法、地图制图理论和地理信息系统技术等。

3.知识基础

测绘科学与技术学科在发展过程中不断地形成和完善支撑学科体系的知识基础，包括空间数据误差理论与处理方法、现代大地测量理论与方法、航空航天数字摄影测量、多模导航定位与位置服务技术、高分辨率遥感信息处理与应用、智能化地图制图、网络地理信息系统与服务。

4.研究方法

通过大地测量、工程测量、卫星导航与定位、摄影测量、遥感、地图学、地理信息系统等专业的理论与方法之间的融合以及与相关学科的交叉，以系统科学方法为指导将地理空间信息获取、处理、应用等作为一个整体，满足信息化测绘、地理国情监测和人才培养的需求。

第二节　测绘学的发展

一、测绘学的历史概况

测绘学具有悠久的历史。古代测绘技术起源于水利和农业。古代埃及的尼罗河，每年都会泛滥，淹没土地的分界线，在洪水退去之后需要重新划界，由此开始测量工作。公元2世纪，中国司马迁在《史记·夏本纪》中记述了禹受命治理洪水的情形："左准绳，右规矩，载四时，以开九州、通九道、陂九泽、度九山。"也就是说，很久以前，中国人为了治水，就已经开始使用简单的量具。

测绘学以地球为研究对象，人类对地球形状的认识逐渐深入，要求精确地确定地球的形状和大小，从而推动了测绘学的发展。地图制图是测绘工作的必然结果，其演变和制图方法的进步是测绘学发展的重要方面。地图制图是一门技术性很强的学科，其形成与发展主要依靠制图方法和仪器工具的创新与变革。由原始制图技术发展到现代制图学，其过程可分为以下三个方面。

（一）人类对地球形状的认识过程

早在公元前6世纪，人类就有了对地球形状的科学认识，这一概念始于古希腊的毕达哥拉斯。2世纪以后，亚里士多德对这一学说作了进一步的论证，称之为地圆说。又一个世纪之后，亚历山大的“天象”（Eratosthenes）利用观测在两地的日影来首次计算地球子午圈的周长，以确认地圆说。它也是“弧度测量”的初始形式，用来测量地球大小。据测定，全世界有记录的弧度测量方法，最早是中国唐代开元十二年（724）南宫说在张遂的指导下，在今河南省境内进行的测量，根据测量结果推算出了中国的纬度1度。

17世纪末，英国牛顿（I.Newton）和荷兰惠更斯（C.Huygens）首次从力学角度探讨了地球的形状，提出地球是两极略扁的椭球体，叫作地扁说。1735—1741年，法国科学院派出了一支测量队，到南美洲的秘鲁和北欧的拉普兰，来证明牛顿等地扁平理论的正确性。1743年法国A.C.克莱罗（A.C.Clairo）证明了地球椭球体的几何扁率和重力扁率之间有简单的关系。通过这个发现，人们进一步了解了地球的形状，从而为基于重力资料研究地球形状奠定了基础。

19世纪初，随着测量精度的提高，通过研究各处测弧的结果，发现测量所依据的垂线方向与地球椭球面法线方向的差别不可忽略。所以，法国P.S.拉普拉斯和德国C.F.高斯相继指出，旋转椭球并不代表地球的形状。1849年SirG.G.斯托克斯（SirG.G.Stokes）提出了利用地面重力观测数据来确定地球形状的理论。1873年，利斯廷（J.B.Listing）创造了术语“大地水准面”，用来表示地球的形状。此后，弧度测量的任务，不仅是要确定地球椭球体的尺寸，还要计算各处垂直方向与地球椭球面法线之间的偏差，以研究大地水准面的形状。

1945年，莫洛坚斯基创立了直接研究地球自然表面形貌的理论，提出了“似大地水准面”的概念，从而避免了长期以来难以解决的重力归算问题。

人们知道并确定地球的形状，经过球、椭球、大地水准面3个阶段，花了大约两千五六百年的时间，随着了解和测定地球的形状和大小，精密计算地面点的平面坐标和高程也逐渐有了科学依据，并不断丰富测绘学理论。

（二）地图制图的演变

地图的出现可以追溯到上古时期，因为在那个时候，人类从事生产、军事等活动都需要依靠地图。考古学家曾发掘出公元前25年至前3世纪所绘制的陶片、铜板或其他材料的地图。这种原始地图只是以文字记载或见闻为依据，不注重比例和方位，缺乏可靠性。根据文献记载，在春秋战国时期，地图已经被应用于中国军事、陵墓等方面。如《管子·地图篇》记载："凡兵主必先审图。"公元前3世纪，埃拉托斯特尼首先在地图上绘制经纬。出土于湖南省长沙的马王堆汉墓上的地图，早于公元前168年。虽然这些地图是根据已有的资料和见闻绘制的，但是其已经注意到了标度和方位，强调一定的精度。2世纪，古希腊托勒密在《地理指南》一书中提出了地图投影问题。一百多年后，中国西晋的裴秀总结出"制图六体"制图原则，从此制图愈加规范，提高了制图的可靠性。16世纪，地图制图进入了一个新的发展时期。中国明代的罗洪先和德国的G.墨卡托都以编制地图集的形式，分别总结了16世纪之前中国和西方在地图制图方面的成就。自16世纪以来，随着测量技术的发展，特别是三角测量法的创立，西方一些国家开始根据现场测量结果绘制出全国规模的地形图，这样测得的地形图不仅具有精确的方位和比例尺，还能在地图上描绘出地表形态的细部，并且可以根据不同用途，把已测地形图缩成各种尺度的地图。用此法在中国历史上首次绘制出广袤国土的地形图，是康熙四十七年至五十七年（1708—1718年）完成的《皇舆全图》。近代地图制图方法已经发生了重大变化，地图制图理论也不断丰富，尤其是20世纪60年代以后，又朝着计算机辅助制图的方向发展，成图精度和速度都大大提高。最近几年，随着计算机与人工智能技术的发展，地图制图技术已经进入飞速发展阶段。

（三）测绘技术和仪器工具的变革

17世纪以前，人们使用简单的工具，如绳尺、步弓、长方形、圭表等来测量。这种量具均为机械式，并以测量距离为主。望远镜是在17世纪早期发明的。1617年，荷兰斯涅耳发明了三角测量法，用来代替在地面上直接测量弧长，从此测绘工作就不只是测量距离，还开始测量角度。大约在1640年，英国的加斯科因在两个透镜之间设置了十字线，使得望远镜能够用来精确地瞄准，从而改善了测量仪器，这就是光学制图仪器的开始。大约在1730年，英国的西森（Sisson）制作了第一个用于测角的经纬仪，极大地推动了三角测量的发展，使其成为建造各种等级测控网的主要手段。在此期间，由于欧洲又陆续出现小平板仪、大平板仪及水准仪，因此地形测量和基于实测资料的地图制图工作也随之发展起来。自16世纪中期以来，欧美二洲之间的航海问题就显得尤为重要。为确保船舶航行安全可靠，各国纷纷对海上经纬测量方法进行研究，确定船舶位置。直到18世纪发明时钟后，成功地解决了经纬度的测定，特别是经度测定法。自此，开始了对大地天文学的系统研究。在19世纪初，随着测量手段和仪器的不断完善，测量数据的精确度也在不断提高，精确的测量计算成为研究的中心问题。在这一时期，数学的发展开始对测绘产生重要影响。1806年和1809年法国的勒让德和德国的高斯分别发表了最小二乘准则，为测量平差计算奠定了科学基础。19世纪50年代初，法国洛斯达开创了摄影测量法。此后，相继出现了立体坐标测量仪、地面立体测图仪等。直到20世纪初，才形成了较为完善的地面立体摄影测量方法。随着航空技术的发展，1915年出现了自动连续航空照相机，从而能够在立体测图仪上加工成地形图。此后，在地面立体摄影测量的基础上，发展了航空摄影测量方法。19世纪末和20世纪30年代，摆仪和重力仪的出现，使得重力测量既简单又省时，为研究地球形状和地球重力场提供了大量的实测重力资料。在17世纪末至20世纪中期，测绘仪器主要是在光学领域发展起来，传统的测绘理论和方法已经成熟。

20世纪50年代以来，测绘技术又向电子、自动化方向发展。首先改变的是测距仪器。1948年以来，相继研制出多种电磁波测距仪，可直接精确测量远达几十公里的距离，使大地定位法除采用三角测量外，还可采用精密导线测量和三角测量。在此期间，出现了电子计算机，并且很快地被应用于制图。这样不但可以加快测量计算的速度，而且可以改变制图仪器和制图方法，使制图工作更加简单、准确。如带电子设备的摄影测量仪器和电子计算机控制，推动了解析测图技术的发展，并于20世纪60年代出现了计算机控制的自动绘图机，使地图制图自动化成为可能。自1957年首颗人造地球卫星发射成功以来，测绘工作有了新的飞跃，开创了人造卫星测图学的新领域，即观测人造地球卫星，以研究地球形状和重力场，确定地心坐标，建立全球统一的大地坐标系统。与此同时，由于卫星可以在空间上对地面进行遥感（称为航天摄影），因此遥感图像信息可用于在大区域内制作小比例尺影像地图和专题地图。这一时期还出现了惯性测量系统，可实现实时定位导航，是陆地控制网加密和海洋测绘的有力工具。由于发现了脉冲星和类星体，这些射源也可以用无线电干涉测量来确定相距很远的地面点的相对位置（见甚长基线干涉测量）。因此，测绘仪器的电子化、自动化及多种空间技术的出现，不仅实现了测绘作业的自动化，提高了测绘成果的质量，而且使传统的测绘理论与技术发生了重大变化，其测绘对象也从地球扩展到月球等星球。近些年来，随着计算机技术的迅猛发展，测绘技术的准确性与实用性进一步提高。

二、中国测绘工作发展简况

自1950年起，中国的测绘事业有了很大的发展。例如，在全国范围内建立了国家大地网、国家水准网、国家基本重力网和卫星多普勒网，并对国家大地网进行了整体平差。参加平差的点数，一、二等三角点和导线点以及部分三等三角点共约5万个，有30万个观测值。在国家水准网中，已完成的一等水准测量约93000公里，国家基本重力网包含约40个基本重力点和百余个一等重力点；卫星多普勒网由分布在全国的37个站组成。为了发展卫星大地测量技术，相继研制了卫星摄影仪、卫星激光测距仪和卫星多普勒接收机，并投入实际应用。采用航空摄影测量方法在全国范围内测绘了国家基本比例尺地形图，其中已完成全国150000（部分地区1：100000）比例尺的测图工作，正在进行1：10000比例尺的测图工作。在摄影测量技术上已普遍应用电子计算机进行解析空中三角测量，并正在研制解析测图仪、正射投影仪，研究自动测图系统和航天遥感资料在测绘上的应用。在海洋测绘方面，采用了新的海洋定位系统。这些新技术和新仪器的使用，进一步推动了中国测绘事业的发展。

三、测绘科学技术的现代发展

随着空间技术、计算机技术和信息技术以及通信技术的发展，测绘学这一古老的学科在这些新技术的支撑和推动下，出现了以“3S”（GPS、GIS、RS）技术为代表的现代测绘科学技术，使测绘学科从理论到手段发生了根本性的变化。

（一）测绘学中的“3S”新技术

全球定位系统（Global Positioning System，GPS）是美国军方在1973年开始发展的新一代卫星导航和定位军事系统，由分布在六个轨道上的21+3个卫星组成；民用限制使用；大约从1983年开始用于解决大地测量问题。它的基本导航原理是依据用户和四颗卫星之间的伪距测量，根据卫星在适当参考框架中的已知坐标确定用户接收机天线的坐标。信号由卫星发出，基本观测值是信号由卫星天线到接收机天线的传播时间间隔，然后用信号传播速度将信号传播时间换算成距离。按照原理，只要同步观测三颗卫星即可交会出测站的三维坐标。

遥感（Remote Sensing，RS）是不接触物体本身，用传感器收集目标物的电磁波信息，经处理、分析后，识别目标物，揭示其几何、物理性质和相互联系及其变化规律的现代科学技术。主要是利用从目标反射或辐射的电磁波对目标进行采集。接收从目标反射或辐射的电磁波的装置叫作遥感器，照相机及扫描仪等即属于此类。此外，搭载这些遥感器的移动体叫作遥感平台，如现在使用的飞机及人造卫星等。“一切物体，由于其种类及环境条件不同，因而具有反射或辐射不同波长的电磁波的特性。”遥感技术就是利用物体的这种电磁波特性，通过观测电磁波，从而判读和分析地表的目标及现象，达到识别物体及物体存在的环境条件的技术。

地理信息系统（Geographic Information System/ Geo-Information system，GIS）是在计算机软件和硬件支持下，把各种地理信息按照空间分布及属性以一定的格式输入、存储、检索、更新、显示、制图和综合分析应用的技术系统。GIS本身是集计算机科学、地理学、测绘学、遥感技术、环境科学、城市科学、空间科学、地球科学、信息科学和管理科学于一体的新兴边缘学科，它是将计算机技术与空间地理分布数据相结合，通过一系列空间操作和分析方法，为地球科学、环境科学、工程设计乃至政府行政职能和企业经营提供对规划管理和决策有用的信息，并回答用户提出的有关问题。

GPS、RS、GIS技术发展并走向集成，是当前国内外的发展趋势。在“3S”技术的集成中，GPS主要用于实时、快速地提供目标的空间位置；RS用于实时、快速地提供大面积地表物体及其环境的几何与物理信息及各种变化；GIS则是对多种来源时空数据的综合处理分析和应用平台。

（二）“3S”技术对测绘学科发展的影响

由于受观测设备和方法的限制，传统的测绘技术只能在地球上的某一局部地区进行测量。各种对地观测卫星为我们提供了观测和制图的工具，通过采用卫星航天观测技术能够采集到全球的、可重复的、连续的对地观测数据，因此这些数据可以被用来理解地球是一个整体，就像把地球放在实验室中进行观察、绘图和研究一样方便。现代测绘科技以空间技术、计算机技术、通信技术、信息技术为支撑，使其理论基础、测绘工程技术体系、研究领域、科学目标等都因适应新形势的需要发生了深刻的变化，从而影响了测绘生产任务从传统纸面或类似介质的地图制作生产和更新发展到对地理空间数据的采集处理组织、管理、分析和显示，传统数据采集技术已经被遥感卫星或数字摄影技术取代。绘图行业和测绘行业正朝着数字化、信息化、网络化、自动化方向发展，生产中的体力劳动得到解放，生产力也有了很大提高。当今，光缆通信、卫星通信、数字化多媒体网络技术使测绘产品从单一的纸面信息转变为磁盘和光盘等电子信息，因此测绘产品分发方式从单一邮路转向“电路”（数字通信和计算机网络传真等）。随着信息技术的不断发展，测绘产品的形式和服务社会的方式发生了很大的变化，进入信息化发展阶段，表现为正以高新技术为支撑和动力，进入市场竞争求发展。

第三节　测绘科学技术与应用

一、测绘学的学科分支

国家根据学科研究对象的客观的、本质的属性和主要特征及其之间的相关联系，划分不同的从属关系和并列次序，组成一个有序的学科分类体系。测绘学下分大地测量学、摄影测量与遥感学、工程测量学、地图制图学（地图学）和海洋测绘学等分支学科。以下就几个重点分支学科加以介绍。

（一）大地测量学

大地测量学是研究和测定地球的形状、大小、重力场、整体与局部运动和测定地面点几何位置以及它们变化的理论和技术的学科。

大地测量学中，测定地球的大小是指测定地球椭球的大小；研究地球形状是指研究大地水准面的形状（或地球椭球的扁率）；测定地面点的几何位置是指测定以地球椭球面为参考的地面点位置。将地面点沿椭球法线方向投影到地球椭球面上，用投影点在椭球面上的大地经纬度表示该点的水平位置，用地面至地球椭球面上投影点的法线距离表示该点的大地高程。点的几何位置也可以用一个以地球质心为原点的空间直角坐标系中的三维坐标表示。

大地测量工作为大规模测绘地形图提供地面的水平位置控制网和高程控制网。要解决大地测量学提出的任务，传统上有两种方法：几何法和物理法。随着20世纪50年代末人造地球卫星的出现，又产生了卫星法，所以大地测量学包括几何大地测量学、物理大地测量学和卫星大地测量学（或空间大地测量学）三个主要分支学科。现如今，随着大地测量点位测定精度的日益提高，又出现了动态大地测量学。

几何大地测量学是用几何观（长度、方向、角度、高差）测量研究和解决大地测量学科中的问题。

物理大地测量学是用重力等物理观测量研究和解决大地测量学科中的问题。

卫星大地测量学是用人造地球卫星观测量研究和解决大地测量学科中的问题。

动态大地测量学是用大地测量方法研究和测定地球运动状态及其地球物理机制的理论和方法。

（二）摄影测量与遥感学

摄影测量与遥感学是研究利用摄影或遥感的手段获取目标物的影像数据，从中提取几何的或物理的信息，并用图形、图像和数字形式表达的学科。这一学科过去叫摄影测量学，它主要包含获取目标物的影像，对所摄照片进行处理的理论、方法、设备和技术，以及将所测得的成果用图形、图像或数字表示等内容。由于现代航天技术和电子计算机技术的发展，当代遥感技术可以提供比通过光学摄影所获得的黑白像片更丰富的影像信息，因此在摄影测量学中引进了遥感技术，促使摄影测量学发展成为摄影测量与遥感学。摄影测量与遥感学包括航空摄影、航天摄影和航空摄影测量、地面摄影测量等。航空摄影测量是摄影测量学的主要内容。

航空摄影是在飞机或其他航空飞行器上利用航摄机摄取地面景物影像的技术。航空摄影测量是根据在航空飞行器上拍摄的相片获取地面信息，测绘地形图，主要用于测绘

1：1000～1：100 000各类比例尺的地形图。

航天摄影是在航天飞行器（卫星、航天飞机、宇宙飞船）中利用摄影机或其他遥感探测器（传感器）获取地球的图像资料和有关数据的技术，是航空摄影的扩充和发展。

地面摄影测量是利用安置在地面上基线两端点处的专用摄影机拍摄的立体像对，对所摄目标物进行测绘的技术。

（三）工程测量学

工程测量学是研究工程建设和自然资源开发中各个阶段进行控制、地形测绘、施工放样和变形监测的理论和技术的学科，它是测绘学在国民经济和国防建设中的直接应用，因此主要包括规划设计阶段的测量、施工兴建阶段的测量和竣工后的运营管理阶段的测量。每个阶段的测量工作重点和要求各不相同。

规划设计阶段的测量，主要是提供地形资料和配合地质勘探、水文测验进行测量。

施工兴建阶段的测量，主要是按照设计要求，在实地准确地标定出建筑物各部分的平面和高程测量作为施工和安装的依据。

运营管理阶段的测量，工程竣工后为监视工程的状况，保证安全，需进行周期性的重复测量，即变形观测，它的基本内容是观测垂直位移和水平位移。

高精度工程测量（或精密工程测量）是采用非常规的测量仪器和方法，使其测量的绝对精度达到毫米级以上要求的测量工作，用于大型、精密设备的精确定位和变形观测等。高精度工程测量技术包括高精度准直测量、高精度方向观测、高精度距离测量、高精度高差测量以及相当的高精度测量标志的设计、制作和安装等。因此，高精度工程测量不仅限于使用经纬仪、水准仪、测距仪等传统的测绘技术，而且还要应用当代的一些高新技术，如卫星定位技术、激光技术和遥感技术等。

（四）地图制图学（地图学）

地图学是研究模拟和数字地图的基础理论、设计、编绘、复制的技术方法及应用的学科。它是用地图图形反映自然界和人类社会各种现象的空间分布、相互联系及其动态变化，具体内容有以下五个。

一是地图投影，研究依据数学原理将地球椭球面上的经纬度线网描绘在平面上相应的经纬网的理论和方法。因为地图是一个平面，而地球椭球表面是不可展的曲面，把不可展曲面上的经纬线网描绘成平面上的图形，必然发生各种变形。地图投影就是研究这种变形特性和大小以及地图投影的方法等。

二是地图编制，研究制作地图的理论和技术。主要包括制图资料的选择、分析和评价，制图区域的地理研究，图幅范围和比例尺的确定，地图投影的选择和计算，地图内容各要素的表示方法，地图制图综合原则和实施方法，制作地图工艺和程序以及拟定地图编辑大纲。

三是地图整饰，研究地图的表现形式，包括地图符号和色彩设计、地貌立体表示、出版原图绘制以及地图集装帧设计等。

四是地图制印，研究地图复制的理论和技术，包括地图复照、翻版、分涂、制版、打样、印刷、装帧等工艺技术。

五是地图应用，研究地图分析、地图评价、地图阅读、地图量算和图上作业等。随着计算机技术被引入地图制图中，出现了计算机地图制图技术，它是根据地图制图原理和地图编辑过程的要求，利用计算机及输入、输出等设备，通过应用数据库技术和图形的数字处理方法，实现地图数据的获取、处理、显示、存储和输出。此时地图以数字的形式存储在计算机中，称之为数字地图。有了数字地图就能生成能在屏幕上显示的电子地图。计算机地图制图的实现，改变了地图的传统生产方式，节约了人力，缩短了成图周期，提高了生产效率和地图制作质量，使得地图手工生产方式逐渐被数字化地图生产取代。

（五）海洋测绘学

海洋测绘学是研究以海洋水体和海底为对象所进行的测量和海图编制的理论和方法的学科，主要包括海道测量、海洋大地测量、海底地形测量、海洋专题测量以及航海图、海底地形图、各种海洋专题图和海洋图集等的编制。

海洋测绘的基本理论、技术方法和测量仪器设备等，同陆地测量相比，有它自己的许多特点，主要是测量内容综合性强，采用多种仪器配合施测，同时完成多种观测项目，测区条件比较复杂，海面受潮汐、气象等影响起伏不定，大多数为动态作业，观测者不能用肉眼通视水域底部，精确测量难度较大，一般均采用无线电导航系统、电磁波测距仪器、水声定位系统、卫星组合导航系统、惯性组合导航系统以及天文方法等进行控制点的测定和测点的定位；采用水声仪器、激光仪器以及水下摄影测量方法等进行水深和海底地形测量；采用卫星技术、航空测量以及海洋重力测量、磁力测量等进行海洋地球物理测量。

海洋测绘主要包括以下五个内容：其一，海道测量，以保证航行安全为目的对地球表面水域及毗邻陆地所进行的水深和岸线测量以及底质、障碍物的探测等工作；其二，海洋大地测量，为确定海面地形、海底地形以及海洋重力及其变化所进行的大地测量工作，主要包括海洋范围内布设大地控制网、海面和水下定位、确定海面地形和海洋大地水准面等；其三，海底地形测量，为测定海底起伏、沉积物结构和地物所进行的测量工作；其四，海洋专题测量，是以海洋区域的地理专题要素为对象的测量工作；其五，海图制图，为设计、编绘、整饰和印刷海图所进行的工作，同地图编制类似。

二、测绘学的应用及其科学地位

（一）测绘学的应用

测绘学的应用范围很广，在经济发展规划土地资源调查和利用、海洋开发、农林牧渔业的发展、生态环境保护、疆界的划定以及各种工程、矿山和城镇建设等各个方面都必须进行相应的测量工作，编制各种地图和建立相应的地理信息系统，以供规划、设计、施工、管理和决策使用。其应用主要体现在以下四个方面。

其一，在城乡建设规划、国土资源的合理利用、农林牧渔业的发展、环境保护以及地籍管理等工作中，必须进行土地测量和测绘各种类型、各种比例尺的地图，以供规划和管理使用。

其二，在地质勘探、矿产开发、水利交通等国民经济建设中，必须进行控制测量、矿山测量和线路测量，并测绘大比例尺地图，以供地质普查和各种建筑物设计施工用。

其三，在国防建设中，除了为军事行动提供军用地图，还要为保证火炮射击的迅速定位和导弹等武器发射的准确性，提供精确的地心坐标和精确的地球重力场数据。在现代战争中，可持续、实时地提供战场环境信息，为作战指挥和武器定位与制导提供测绘保障。

其四，在科学研究方面，测绘学提供大地构造运动和地球动力学的几何信息，结合地球物理的研究成果，解决地球内部运动机制问题。测绘学是测定地球的动态变化、研究地壳运动及其机制的重要手段。各种测绘资料又可用于探索某些自然规律，研究环境变化、资源勘探、灾害预测和防治等。各种非接触式的测量方法还可用于工业过程质量控制、机器人工程、生物工程、医疗诊断、公安侦破、核反应过程监测等方面。总之，测绘科学与技术既具有社会公益性，又具有市场价值。

（二）测绘学的应用及其科学地位

从测绘学的现代发展来看，测绘学是指空间数据的测量、分析、管理、存储和显示的综合研究，这些空间数据来源于地球卫星、空载和船载的传感器以及地面的各种测量仪器。通过信息技术，利用计算机的硬件和软件对这些空间数据进行处理和使用。这是应现代社会对空间信息有极大需求这一特点形成的一个更全面且综合的学科体系。它更准确地描述了测绘学科在现代信息社会中的作用。原来各个专门的测绘学科之间的界限已随着计算机与通信技术的发展逐渐变得模糊。某一个或几个测绘分支学科已不能满足现代社会对信息的需求了，各个测绘分支学科都因计算机和通信技术的发展而更加紧密地联系在一起，并结合地理和管理学等其他学科知识，为现代社会对空间信息的各种需求提出全面的优化解决方案，这就是我们现在的测绘工程专业所要完成的任务。

这样测绘学的现代定义就是研究地球和其他实体与空间分布有关的信息的采集、量测、分析、显示、管理和利用的科学和技术。它的研究内容和科学地位则是确定地球和其他实体的形状和重力场及空间定位，利用各种测量仪器、传感器及其组合系统获取地球及其他实体与空间分布有关的信息，制成各种地形图、专题图和建立地理、土地等空间信息系统，为研究地球的自然和社会现象，解决人口、资源、环境和灾害等社会可持续发展中的重大问题，以及为国民经济和国防建设提供技术支撑和数据保障。

测绘学和地球物理学、地质学、天文学、地理学、海洋学、空间科学、环境科学、计算机科学和信息科学及其他许多工程学科有着密切的联系，但测绘学更侧重研究地球表层和物体的空间特性和变化。

三、测量工作概述

（一）测量工作的基本原则和方法

测绘地形图或施工放样时，要在某一个点上测绘出该测区全部地形或者放样出建筑物的全部位置是不可能的。另外，测量工作不可避免地会产生误差，甚至错误。为防止误差的累积和传播，保证测区内点位之间具有规定的精度，测量工作应采取正确程序和方法。在实际测量工作中应当遵守以下基本原则：在测量布局上应遵循“从整体到局部”的原则；在测量程序上应遵循“先控制后碎部”的原则；在测量精度上应遵循“由高级到低级”的原则；对测量工作的每个工序，都必须坚持“边工作边检核”的原则，以确保测量成果精确可靠。

（二）控制测量的概念

在测量程序上遵循“先控制后碎部”的原则，就是先进行控制测量，用较严密的方法和较精密的仪器测定分布在测区内若干个具有控制意义的控制点的平面位置（坐标）和高程，作为测绘地形图的依据和施工放样的基础。控制测量分为平面控制测量和高程控制测量。平面控制测量的形式有导线测量、三角测量及交会定点等，其目的是确定测区中一系列控制点的坐标；高程控制测量的形式有水准测量、光电测距三角高程测量等，其目的是测定各控制点的高差，从而求出各控制点的高程。控制测量是带有全局性的工作，在比较大的测区应根据需要按照不同的精度要求分成各种等级，逐层加密直至满足应用要求。利用人造卫星的全球定位系统，可以同时测定控制点的坐标和高程，因此它是控制测量的发展方向。

（三）碎部测量的概念

地球表面的形态复杂多样，可分为地物和地貌两大类。地面上固定性物体称为地物，如河流、湖泊、道路和房屋等。地面上高低起伏的形态称为地貌，如山岭、谷地和陡崖等。不论地物或地貌，它们的形状和大小都是由一些特征点的位置决定的。这些特征点也称碎部点。测量时，主要就是测定这些碎部点的平面位置和高程。

碎部测量就是在每个控制点上，以较低的（当然也是保证必要的）精度施测其局部地形碎部的点位。在测区内测定一定数量的碎部点位置后，可按一定比例尺将这些碎部点位标绘在图纸上，绘制成图。在普通测量中，碎部测量常用平板仪测绘或经纬仪测绘法。

（四）施工测设的概念

施工测设（又称放样）是指把设计在图纸上的建筑物位置在实地上标定出来，作为施工的依据。为了使地面上标定出来的建筑物位置成为一个有机的整体，施工放样同样要遵循“先控制后碎部”的基本原则。

（五）测量的基本工作

综上所述，控制测量和碎部测量以及施工放样，其实质都是为了确定点的空间位置。控制测量和碎部测量是将地面上的点位测定后标定到图纸上或为用户提供测量数据与成果，而施工放样则是将设计在图纸上的建筑物的位置测设到实地上，作为施工的依据。所有要测定的点位都离不开距离、角度及高差这三个基本要素。因此，距离测量、角度测量和高差测量是测量的基本工作（GPS测量除外）。

第四节　现代测绘学科体系

当代测绘科学技术已从数字化测绘向着信息化测绘过渡，在其学科发展中呈现出知识创新和技术带动能力。它已成为一门利用航天、航空、近地、地面和海洋平台获取地球及其外层空间目标物的形状、大小、空间位置、属性及其相互关联的学科。现代空间定位技术、遥感技术、地理信息技术、计算机技术、通信技术和网络技术的发展，使人们能够快速、实时和连续不断地获取有关地球及其外层空间环境的大量几何与物理信息，极大地促进了与地球空间信息获取与应用相关学科的交叉和融合。因而现代测绘科学技术学科的社会作用和应用服务范围正不断扩大。测绘科学技术学科发展到现阶段的信息化测绘，其本质就是要以创新的技术体系为社会提供实时有效的地理信息综合服务。

随着测绘科学技术的发展和时间的推移，测绘学的学科分类方法日新月异，下面是一种传统的测绘学科分类。

（1）大地测量学。主要研究地球表面及其外层空间点位的精密测定，地球的形状、大小和重力场，地球整体与局部运动，以及它们的变化的理论和技术的学科。

（2）摄影测量学。主要利用摄影手段获取目标物的影像数据，研究影像的成像规律，对所获取的影像进行量测、处理、判读，从中提取目标物的几何的或物理的信息，并用图形、图像和数字形式表达测绘成果的学科。

（3）地图制图学（地图学）。主要研究地图制作的基础理论、地图设计、地图编制和制印的技术方法及其应用的学科。

（4）工程测量学。主要研究在工程建设和自然资源开发各个阶段进行测量工作的理论和技术的学科。

（5）海洋测绘学。主要研究以海洋水体和海底为对象所进行的测量和海图编制理论和方法的学科，主要包括海洋大地测量、海道测量、海底地形测量、海洋专题测量以及航海图、海底地形图、各种海洋专题图和海洋图集的编制。

现代测绘学科的一级学科是测绘科学与技术，下设三个二级学科，即大地测量学与测量工程、摄影测量与遥感、地图制图与地理信息工程。历经教育部多次专业调整与合并，将大地测量学、工程测量学、摄影测量与遥感合并为测绘工程，目前测绘类高等教育专业有三个，即测绘工程、空间信息与数字工程、遥感科学与技术。

信息化测绘技术体系以数字化测绘技术体系为基础，是数字化测绘技术体系经多学科交叉、融合后发展形成的，是实现信息化测绘体系的重要支撑与保障，是信息化测绘体系的重要组成部分。全面解决地理信息获取实时化、处理自动化、服务网络化和应用社会化的重大关键技术问题，形成现代化测绘基准建设与服务、空间化实时化地理信息获取、自动化智能化地理信息处理、网格化集成化地理信息管理、网络化全方位地理信息共享与服务、多元化社会化地理信息应用等方面的关键技术平台，形成一批具有自主知识产权和国际竞争力的软件系统和技术装备，全面提升测绘生产力水平。数字化测绘技术体系以空间数据资源和3S技术为核心，结合网络、存储等技术，实现了数据获取与采集、加工与处理、管理与应用的数字化，产品形式也从传统的纸质地图变成了4D产品。相对于数字化测绘技术体系，信息化测绘技术体系不论从技术层面、生产流程还是从服务方式上，都是一次重大的科学技术变革，符合科学技术发展的一般规律。 信息化测绘技术体系是以多源化、空间化、实时化数据获取为支撑，以规模化、自动化、智能化数据处理与信息融合为主要技术手段，以多层次、网格化为信息存储和管理形式，产品服务从单一的测绘数字产品形式转变为社会各部门、各领域的多元信息和技术服务方式，能够形成丰富的地理信息产品，通过快速、便捷、安全的网络设施，为社会各部门、各领域提供多元化、人性化的地理信息服务。简言之，信息化测绘技术体系的基本特点是地理信息获取实时化、处理自动化、服务网络化和应用社会化，最终目标是要实现任何人在任何时候、任何地方都可以享受到所需要的、权限范围之内的地理信息服务。

为了贯彻落实党中央、国务院的指示精神，推进测绘信息化进程，全面提高测绘保障能力和服务水平，2008年国家测绘局委托中国测绘学会组成课题组研究制订《信息化测绘体系建设纲要》。纲要提出信息化测绘体系由现代化的测绘基准体系、基础地理信息资源体系、地理空间信息的实时化获取体系、自动化处理体系和网络化服务体系五部分组成，并且制订了近期的建设目标，即建成较为完善的全国统一、高精度、动态的现代化测绘基准体系，现势性好、品种丰富的基础地理信息资源体系，基于航空、航天、地面、海上多平台、多传感器的实时化地理空间信息获取体系，基于空间信息网络和集群处理技术的一体化、智能化、自动化地理空间信息处理体系，基于丰富地理空间信息产品和共享服务平台的网络化地理空间信息服务体系。信息化测绘体系建设是当前和今后一个时期我国测绘事业发展的战略任务。作为学科来说，其发展既要瞄准当今学科发展的国际前沿，更要适应我国信息化测绘体系建设的实际需求，为信息化测绘体系建设提供现代测绘理论、技术和方法的支撑。信息化测绘技术体系主要包括数据层、处理层、管理层和应用服务层，涵盖现代化测绘基准构建技术、实时化地理空间数据获取技术、自动化地理空间数据处理技术、网格化地理信息管理技术、全方位地理信息共享与服务技术以及多元化地理信息集成与应用技术六个部分。现代化测绘基准构建技术贯穿于其他五大关键技术，是一切地理信息的载体，是信息化测绘的先决条件，是地球科学、空间技术和海洋科技发展及其信息化的基石，主要包括陆海天一体化大地测量框架基础平台构建技术、多源信息集成的地球观测基准动态实现技术、多模导航定位与动态测量控制技术以及地球动态观测基准信息融合与综合服务技术。实时化地理空间数据获取技术为地理信息处理、管理和共享服务以及应用集成提供了重要的数据源，是国家经济建设、社会发展与国家安全的重要信息保障。从信息流的过程分析，实时化地理空间数据获取技术属于数据层，其重要构成包括测绘卫星数据获取技术、平流层数据获取技术、航空数据获取技术、地面数据获取技术和海洋测绘数据获取技术等。自动化地理空间数据处理技术属于处理层，主要包括多源对地观测数据高效能处理技术、高分辨率光学遥感影像数据处理技术、合成孔径雷达数据和激光雷达数据处理技术及遥感数据智能化解译技术等，这些技术既相互独立，又可以集成在一起，总体上构成一个高速网络模式下的并行分布式、一体化、自动化和智能化的多源对地观测数据处理平台。网格化地理信息管理技术属于管理层，是连接地理信息实时获取、自动化处理与空间信息共享服务、集成应用的不可或缺的技术环节，起着承上启下的作用，通过该技术构建网络环境下的新一代地理信息管理平台，集成与融合陆海空各类传感器所得到的数据，完成数据流向信息流的转换，在此基础上实现异地、异构、异质多维时空信息的高效管理、充分共享和协同访问，主要包括多维时空数据模型与地理信息系统、地理信息网格化管理支撑技术、地理信息协同化动态更新技术、地理信息自动综合技术、地图制图与空间信息可视化技术和嵌入式地理信息管理与应用技术等。全方位地理信息共享与服务技术和多元化地理信息集成与应用技术均属于应用服务层。全方位地理信息共享与服务技术是以地理信息技术为基础，应用地理信息资源服务于政府管理、行业应用、人民生活的技术体系，在信息化测绘技术体系中是承接地理信息获取和处理与管理、延伸地理信息应用的中间部分，主要包括地理信息的同化、综合认知理论与技术、空间数据挖掘与地理知识发现、空间数据的安全监管技术和空间信息网格共享与服务技术等。多元化地理信息集成与应用技术是连接测绘技术与应用的纽带，对于提升信息化测绘技术体系的应用水平具有重要作用，主要包括多源地理信息集成技术、地理信息统计分析技术、基于位置的服务技术和地理信息综合应用技术及地理信息不确定性理论与技术等。

第二章 测绘工程概述

第一节 测绘工程组织

一、测绘工程组织的概念

测绘工程组织是指在进行测绘工程活动时，为实现特定的测绘目标，对人力、物力、财力等资源进行合理调配和管理的过程。这一过程涉及对测绘项目的全面规划、有效组织、协调各方资源、监督实施进度以及确保资源的合理利用，以达到高效、顺利完成测绘活动并取得预期成果的目的。测绘工程组织是测绘工作中至关重要的一环，它直接影响工程的质量、进度和效益，需要系统地考虑和安排各种资源，使其协同工作，最终实现测绘工程的整体成功。

二、测绘工程组织的步骤和流程

（一）项目规划

确保项目的详细需求得到充分明确，其中包括测绘的具体内容、精度要求、时间表和预算等方面。在与项目利益相关方进行沟通时，重要的是与测绘工程组织密切合作，以确保各方的期望和要求得到明确并得以满足。在明确项目需求的过程中，与测绘工程组织紧密合作将有助于对测绘任务的全面理解。详细定义测绘的具体内容涉及地理信息、空间数据等方面的考虑。精度要求方面，需要明确测绘数据的精准度和准确度标准，确保项目能够满足相关的技术和质量标准。制订项目时间表是确保项目按计划进行的关键步骤之一，与测绘工程组织合作可以更好地估算任务完成时间，并建立合理的时间框架。同时，合作方也能够提供实际可行的建议，有助于优化时间计划。项目预算的明确制订是项目管理的重要一环。与测绘工程组织一同进行预算制订，可以更全面地考虑到测绘任务所需的各项资源、技术设备、人力成本等因素。这有助于确保项目的财务计划合理、可行，并且能够得到充分的支持。通过与测绘工程组织的密切合作，可以更好地理解项目利益相关方的期望和要求。这有助于确保项目的整体目标得以实现，并且在项目执行的各个阶段都能充分满足各方的需求，有效的沟通和合作将为项目的成功实施奠定坚实的基础。

（二）需求分析

项目详细需求的确定是项目管理中至关重要的一步，尤其是在涉及测绘工程组织的情况下。需要明确测绘的具体内容，包括测绘的地理区域、所涵盖的要素和数据类型等。与测绘工程组织密切合作，确保对任务的全面理解，并且充分考虑地理信息系统、空间数据等方面的要求。在确定项目的精度要求时，需要与测绘工程组织深入协商，确保测绘数据符合相关的技术和质量标准。这可能涉及测绘仪器的精度、测绘数据的准确性等方面的具体要求，以满足项目的实际需求。制订项目的时间表需要与测绘工程组织共同努力，合理估算测绘任务各个阶段所需的时间。与测绘专业人员合作，能够更准确地评估测绘任务的复杂性和执行时间，从而建立起合理可行的时间框架。项目预算的确定同样需要与测绘工程组织进行紧密合作。考虑到测绘任务可能涉及设备、技术人员、培训、数据处理等方面的成本，与测绘专业人员一同制订预算，可以确保所有必要的资源得到充分考虑，从而建立起合理且有效的财务计划。与项目的利益相关方进行沟通是确保项目成功的关键一环。通过与测绘工程组织合作，可以更好地理解利益相关方的期望和要求，确保项目在整个执行过程中都能够满足各方的需求，从而达到项目的整体目标。有效的合作和沟通将确保项目的顺利进行，并最终实现成功交付。

（三）人力与资源准备

为确保项目成功执行，需要详细确定项目所需的人力、设备、材料和其他必要资源，特别是在涉及测绘工程组织的情境中。确保拥有足够数量和质量的测绘人员是至关重要的。与测绘工程组织合作，招募具有相关经验和技能的测绘专业人员。此外，可能需要进行培训以满足项目的特定需求，确保团队具备完成测绘任务所需的专业知识和技能。准备测绘设备和工具是确保项目成功的另一重要方面。与测绘工程组织协商，确保选择适当的测绘仪器和工具，以满足项目的精度和数据收集要求。检查和维护测绘设备，确保其正常运行，是项目前期的必要步骤。在准备人力和设备的同时，还需要考虑到所需的其他资源，如材料和技术支持。与测绘工程组织密切协作，确保所有项目所需的资源都充足可行。在招募测绘人员时，不仅要考虑其专业背景和技能，还要关注团队合作和沟通能力。这样的综合性考虑有助于确保团队在项目中协同工作，以最大限度地提高效率和成果质量。通过与测绘工程组织紧密合作，可以确保项目所需的人力、设备、材料和其他资源得到充分考虑，并在项目执行的各个阶段得以合理配置和使用。这有助于确保项目的顺利进行，并最终实现项目目标。

（四）实地测量与数据采集

基于技术设计进行实地测量和数据采集是测绘项目的重要执行阶段，尤其需要与测绘工程组织密切合作，确保任务的准确性和完整性。在实施实地测量和数据采集工作时，可能需要采用多种方法，包括地面测量、空中摄影和卫星遥感等。与测绘工程组织协作，选择适当的测量方法以满足项目的精度和数据需求。地面测量可能涉及使用测距仪器和全站仪等设备，而空中摄影和卫星遥感则需要合适的航拍设备或卫星图像数据。确保测量数据的准确性是任务执行中的关键目标。与测绘工程组织共同制订质量控制和质量保证策略，包括在数据采集过程中进行实时监测和检查，以及后期的数据处理和验证工作。这有助于最大限度地减少误差和确保测量数据的高精度。确保数据的完整性也是不可忽视的。与测绘工程组织协作，建立合适的数据采集流程和标准，以防止数据丢失或损坏。采用备份和安全措施，确保采集到的数据能够完整保存，并在后续的数据处理和分析中得以有效利用。在实地工作中，与测绘工程组织的有效沟通和协作将是确保测量任务成功的关键。通过紧密合作，可以及时解决问题、调整计划，并保证实地测量和数据采集的高效执行。这种协作有助于最大限度地发挥团队的专业知识和技能，确保项目取得优异的测绘数据成果。

（五）质量控制

对测绘成果进行质量控制是确保项目成功的关键步骤，与测绘工程组织的密切协作将能够更好地满足项目要求和相关标准。在质量控制阶段，与测绘工程组织合作以建立适当的评估标准和程序，确保测绘成果符合项目的要求。这可能包括制订质量控制计划，明确定义测绘数据的准确性、精确性和完整性标准，并确保这些标准符合行业相关的标准和规范。进行必要的校核和验证是确保测绘成果质量的关键步骤。建立有效的校核程序，包括对测量数据、地图制图和地理信息系统等方面的内容进行检查。通过进行独立的验证，可以有效地识别和纠正可能存在的误差，确保成果的高质量和准确性。在质量控制的过程中，与测绘工程组织的有效沟通至关重要。及时共享检查结果和发现的问题，确保团队协同合作，以便及时采取纠正措施。通过持续的沟通，能够更好地理解测绘成果的特定要求，确保项目的最终交付物符合客户和利益相关方的期望。建立质量控制记录和文档也是项目管理的一部分。确保完整而可追溯的记录，以便在项目交付后进行审查和总结，提高未来项目的执行效率和成果质量。与测绘工程组织紧密协作，有助于在质量控制阶段确保测绘成果的高质量，满足项目要求和相关标准。此外，还有助于增强项目的可信度，提高客户满意度，并确保项目的成功交付。

第二节　测绘工程质量管理

一、测绘工程质量管理的内涵

测绘工程质量管理体系是指在测绘工程实施过程中，通过制订一系列的规章制度、流程和标准，以确保测绘数据和成果的质量符合要求，从而提高工程的准确性、可靠性和可持续性。质量管理体系的建立旨在规范工程实施流程，明确各个环节的职责和要求，实现全过程的质量控制和管理。

二、测绘工程质量管理的重要性

测绘是工程建设的基础，在工程项目建设过程中，通常需要通过测绘获取基础数据，为项目建设提供重要的依据。测绘工程较为复杂，且工作量较大，对测绘工程的质量控制也具有一定难度。现阶段，测绘信息产品的需求越来越大，对测绘工程的要求也越来越高。测绘工程质量的好坏与工程项目建设质量和安全息息相关，必须加强测绘工程质量管理工作，确保测绘工程项目质量符合实际要求，为工程项目建设的质量与安全以及经济社会发展规划提供重要的依据。测绘工程质量管理在测绘事业发展中发挥了重要作用，是有关生产单位及部门的主要职责，也是测绘单位统一管理、统一监督、统一控制的一项重要内容。通过测绘工程质量控制，还可以提高测绘单位的测绘能力，提高测绘部门的监督与服务能力。应将测绘工程质量管理作为项目单位、测绘单位及其主管部门的一项重要工作，安排专业的测绘管理人员负责，建立健全完善的测绘工程质量体系，明确测绘工作的主要内容，加强测绘人员责任的有效落实，加大对测绘人员及其工作的督促检查力度，及时发现和解决测绘工作中存在的问题，有效保证测绘工程质量，不断提高测绘单位的竞争力。

三、测绘工程质量管理体系建立

（一）测绘工程质量管理体系架构设计

测绘工程质量管理体系的架构设计是质量管理的核心，涉及组织结构、职责分工、流程设计和文件管理等方面。在架构设计中，需要明确质量管理的组织结构和层级关系，确立各个部门和人员在质量管理中的职责和权限，以确保质量管理的有效实施。同时，需要明确各个岗位和人员在测绘工程质量管理中的具体职责和任务，包括质量检查、质量评估、质量改进等方面，确保质量管理工作有序进行。

此外，还需设计符合测绘工程特点的质量管理流程，包括质量计划制订、质量控制、质量检查、质量改进等环节，以确保质量管理工作的系统性和全面性。同时，建立完善的文件管理体系，包括质量制订、程序文件、规范标准等，明确文件的编制、审批和使用，以确保质量管理有明确的依据和参考。

（二）测绘工程质量管理流程图

测绘工程质量管理流程图是对质量管理体系中各个环节和步骤进行图形化表示的工具。它能够直观地展示质量管理的流程和关键节点，确保测绘工程数据和成果的质量。该流程图主要包括质量计划制订、质量控制、质量检查和质量改进等环节。在质量计划制订阶段，确定测绘工程的质量目标和要求，并制订相应的质量计划。质量控制阶段通过对测绘工程实施过程中的各个环节进行控制，来确保数据和成果的准确性和可靠性。质量检查阶段定期或不定期对测绘工程的数据和成果进行检查，评估其符合质量要求的程度。质量改进阶段根据质量检查的结果和反馈信息，采取相应的改进措施，提高测绘工程的质量水平和效率。通过这些环节的有机组合，测绘工程质量管理流程图能够有效指导和支持质量管理工作，确保测绘工程的质量达到预期目标。

第三节　测绘工程的质量体系及要素分析

一、质量体系的建立、实施与认证

质量管理体系是企业内部建立的为保证产品质量或质量目标所必需的、系统的质量活动。它根据企业特点选用若干体系要素加以组合，加强从设计研制、生产、检验销售、使用全过程的质量管理活动，制度化、标准化，成为企业内部质量工作的要求和活动程序。客观地说，任何一个企业都有其自身的质量管理体系，或者说都存在着质量管理体系，然而企业传统的质量管理体系能否适应市场及全球化的要求，并得到认可却是一个未知数。因此，企业建立一个国际通行的质量管理体系并通过认证是提升企业质量管理水平、增强自身竞争力的第一步。

（一）质量管理体系的建立与实施

质量管理体系的建立与实施所包含的内容很多，主要包括以下八个方面。

1.质量方针和质量目标的确定

根据企业的发展方向、组织的宗旨，确定与之相适应的质量方针，并做出质量承诺。在质量方针提供的质量目标框架内明确规定组织以及相关职能等各层次上的质量目标，同时要求质量目标应当是可测量的。

2.质量管理体系的策划

组织依据质量方针和质量目标，应用过程方法对组织应建立的质量管理体系进行策划。在质量管理体系策划的基础上，还应进一步对产品实现过程和相关过程进行策划。策划的结果应满足企业的质量目标及相应的要求。

3.企业人员职责与权限的确定

组织依据质量管理体系以及产品实现过程等策划的结果，确定各部门、各过程及其他与质量有关的人员所应承担的相应职责，并赋予其相应的权限，确保其职责和权限得以沟通。

4.质量管理体系文件的编制

组织应依据质量管理体系策划以及其他策划的结果确定管理体系文件的框架和内容，在质量管理体系文件的框架内，明确文件的层次、结构、类型数量以及详略程度，并规定统一的文件格式。

5.质量管理体系文件的学习

在质量管理体系文件正式发布前，认真学习质量管理体系文件对质量管理体系的真正建立和有效实施起着至关重要的作用。只有企业各部门各级人员清楚地了解到质量管理体系文件对本部门、本岗位的要求以及与其他部门、岗位之间的相互关系的要求，才能确保质量管理体系在整个组织内得以有效实施。

6.质量管理体系的运行

质量管理体系文件的签署意味着企业所规定的质量管理体系正式开始实施运行。质量管理体系运行主要体现在两个方面：一是组织所有质量活动都依据质量管理体系文件的要求实施运行。二是组织所有质量活动都在提供证据，以证实质量管理体系的运行符合要求并得到有效实施和保持。

7.质量管理体系的内部审核

质量管理体系的内部审核是组织自我评价、自我完善的一种重要手段。企业通常在质量管理体系运行一段时间后，组织内审人员对质量管理体系进行内部审核，以确保质量管理体系的适用性和有效性。

8.质量管理体系的评审

在内部审核的基础上，组织的最高管理者应就质量方针和质量目标对质量管理体系进行系统的评审，一般也称为管理评审。其目的在于确保质量管理体系持续的适宜性、充分性、有效性。通过内部审核和管理评审，在确认质量管理体系运行符合要求并且有效的基础上，组织可向质量管理体系认证机构提出认证申请。

（二）质量管理体系认证的实施程序

1.提出申请

申请单位向认证机构提出书面申请。经审查符合规定的申请要求，则决定接受申请，由认证机构向申请单位发出“接受申请通知书”，并通知申请方下一步与认证有关的工作安排，预交认证费用。若经审查不符合规定的要求，认证机构将及时与申请单位联系，要求申请单位进行必要的补充或修改，符合规定后再发出“接受申请通知书”。

2.认证机构进行审核

认证机构对申请单位的质量管理体系审核是质量管理体系认证的关键环节，其基本工作程序是：文件审核—现场审核—提出审核报告。

3.获准认证后的监督管理

认证机构对获准认证（有效期为3年）的供方质量管理体系实施监督管理。这些管理工作包括供方通报、监督检查、认证注销、认证暂停、认证撤销、认证有效期的延长等。

（三）质量管理体系的认证

质量管理体系认证是指依据质量管理体系标准，经认证机构评审，并通过质量管理体系注册或颁发证书来证明某企业或组织的质量管理体系符合相应的质量管理体系标准的活动。

质量管理体系认证由认证机构依据公开发布的质量管理体系标准和补充文件，遵照相应的认证制度的要求，对申请方的质量管理体系进行评价，合格的由认证机构颁发质量管理体系认证证书，并实施监督管理。

质量管理体系的认证应遵循以下四个原则。

1.坚持自愿申请的原则

除强制性的认证及特殊领域的质量体系的认证外，质量管理体系认证坚持自愿申请的原则，但企业在认证机构颁发认证证书和标志后应接受其严格的监督管理。

2.坚持促进质量管理体系有效运行的原则

认证的最终目的是提高企业产品质量和市场竞争力，质量管理体系的有效运行是促进企业不断完善质量管理体系的根本保障。

3.积极采用国际标准，消除贸易技术壁垒的原则

贸易技术壁垒是指各国、地区制定或实施了不恰当的技术法规、标准、合格评定程序等，给国际贸易造成的障碍。只有消除不必要的技术壁垒，才能达到质量认证的另一目的，即促进市场公平、公开和公正的质量竞争。

4.坚持透明的原则

质量管理体系认证由具有法人地位的第三方认证机构承担，并接受相应的监督管理，依靠其公正、科学和有效的认证服务取得权威和信誉，认证规则、程序、内容和方法均公开、透明，避免认证机构之间的不正当竞争。

二、测绘工程质量管理的要素分析

（一）人员

人员既是测绘工程质量管理的主体，也是测绘工程质量管理的客体，是质量管理的核心。人员的素质、技术水平、操作熟练程度、责任心等是对工程质量管理的主要影响因素，人员的资质、培训、再教育、技术交流等是人员管理的重点。

1.人员分类

测绘工程中人员按岗位来分可以分为以下几种：测绘工程项目负责人；测绘工程技术负责人；测绘工程管理负责人；控制测量队长；碎部测量队长；属性采集队长；观测组长；测图组长；观测员；绘图员；立尺员；管理员；检查员；校核员；审查员等。测绘工程人员按职能划分也可以分为两类：管理人员和操作人员。各类人员可兼任，但同一作业单位同一任务中，检查员、校核员和审查员不可由同一人员兼任。

2.岗位职责

测绘单位必须建立以质量为中心的技术经济责任制，明确各部门、各岗位的职责及相互关系，规定考核办法，以作业质量、工作质量确保测绘产品质量。测绘单位的法定代表人确定本单位的质量方针和质量目标，签发质量手册；建立本单位的质量体系并保证其有效运行；对提供的测绘产品承担产品质量责任。测绘单位的质量主管负责人按照职责分工负责质量方针、质量目标的贯彻实施，签发有关的质量文件及作业指导书；组织编制测绘项目的技术设计书，并对设计质量负责；处理生产过程中的重大技术问题和质量争议；审核技术总结；审定测绘产品的交付验收。测绘单位的质量管理、质量检查机构及质量检查人员，在规定的职权范围内，负责质量管理的日常工作。编制年度质量计划，贯彻技术标准及质量文件；对作业过程进行现场监督和检查，处理质量问题；组织实施内部质量审核工作。各级质量检查人员对其所检查的产品质量负责，并有权予以质量否决，有权越级反映质量问题。生产岗位的作业人员必须严格执行操作规程，按照技术设计进行作业，并对

作业成果质量负责。其他岗位的工作人员应当严格执行有关的规章制度，保证本岗位的工作质量。因工作质量问题影响产品质量的，相关工作人员承担相应的质量责任。测绘单位可以按照测绘项目的实际情况实行项目质量负责人制度。项目质量负责人对该测绘项目的产品质量负直接责任。

3.作业指导

作业指导书是具体指导操作人员进行监视和测量活动、规定操作步骤和方法的工作文件。如果不采用专门文件集中描述测绘工程质量管理体系人员的岗位与职责，也可以在相应作业指导书或自编校准规范、测量设备修理规范或测量设备仓库管理规程中描述测量活动时也可规定其岗位职责。

4.绩效管理

绩效管理是很好的现代人力资源管理工具，它能有效地调动组织与个人的积极性和潜力，持续地提高绩效水平。科学的绩效管理不仅可以提高企业的整体绩效和管理水平，并有利于员工发现工作中存在的问题。绩效管理不是简单的对绩效结果评价，它既是一个指标体系，也是一个控制过程，因此将绩效管理引入测绘工程的人员管理中，在质量管理与系统控制实施过程中，绩效管理运用一系列的管理手段对组织系统运行效率和结果进行控制与掌握，以保证质量目标的实现。

5.困难类别的确定和任务分配办法

（1）一般地区

Ⅰ类：地形平坦，通视良好，易通行地面建筑物极少，50%是田地、荒地、山地、（植被较低），高低起伏不大。

Ⅱ类：地形、地貌复杂程度一般，通视一般，地面建筑物占总面积15%以上，有高低起伏，通行条件一般。

Ⅲ类：地形、地貌复杂，植被较高，通视较差，地面建筑物占总面积30%以上，有高低起伏，通行条件较差。

（2）城区

Ⅰ类：地形平坦，通实良好，易通行，地面建筑物较多占总面积40%以上，建筑物较规则，高低起伏不大。

Ⅱ类：地形、地貌较复杂，通视一般，地面建筑物占总面积50%以上，有高低起伏。

Ⅲ类：地形、地貌较复杂，植被较高，地面建筑物占总面积65%以上，通视较差，有高低起伏。

（3）任务分配方法

所有任务都是按照先分块、后抓揪的办法分配工作量，避免人为因素，尽量公平合理。

（二）设备

测量仪器设备是测绘工程质量管理的关键，测量仪器设备是测量人员对工程施控的有力武器。由于测量工作是在室外进行，受自然条件、气候条件等因素的影响，所以对维护好测量仪器非常重要，正确使用、科学保养仪器是保障测量成果质量、提高工作效率、延长仪器使用年限的重要条件，是每个测量工作人员必须掌握的基本技能。否则，不但影响测量工作的进展和任务的完成，而且会造成仪器损坏。为此，我们必须正确使用仪器，了解仪器的性能、基本构造和操作方法，加强仪器的维护和保养。仪器设备的配置应结合工程的具体情况，尽可能配备先进的测量设备，提高工程测量工作自动化程度，减少测量人员的劳动强度，提高工作效率，保证测量成果。

1.测量仪器设备的购置

根据工程实际情况做到合理、适用、经济，如需购买测量仪器设备需填写《设备购置申请单》，经主管领导审批后方可购买。

2.测量仪器设备的开箱、入箱及安置

第一，仪器开箱前，应将仪器箱平放在地上，严禁手提或怀抱着仪器开箱，以免在开箱时仪器落地损坏。开箱后应注意看清楚仪器在箱中安放的状态，在用完后按原样入箱。

第二，仪器在箱中取出前，应松开各制动螺旋，提取仪器时，要用一只手托住仪器的基座，另一只手握持支架，将仪器轻轻取出，严禁用手提望远镜和横轴。取出仪器及所用部件后，应及时合上箱盖，以免灰尘进入箱内。仪器箱放在测站附近，箱上不允许坐人。

第三，安置仪器时根据控制点所在位置，尽量选择地势平坦，施工干扰小的位置，安置仪器时一定要注意仪器，检查仪器脚架是否可靠，确认连接螺旋连接牢固后，方可松手。但应注意连接螺旋的松紧应适度，不可过松或过紧。

第四，观测结束后应将脚螺旋和制动、微动各螺旋退回到正常位置，并用擦镜纸或软毛刷除去仪器上表面的灰尘；然后卸下仪器，双手托持，按出箱时的位置放入原箱。盖箱前应将各制动螺旋轻轻旋紧，检查附件齐全后可轻合箱盖，箱盖吻合方可上盖，不可强力施压以免损坏仪器。

3.测量仪器设备的使用与管理

第一，各种测量仪器设备应符合国家关于计量器具的管理规定。

第二，新购仪器、工具，在使用前应到国家法定计量技术检定机构检定。新购置的仪器，应结合仪器认真阅读说明书，从初级到高级，先基本操作后高级操作，反复学习、总结，力求做到“得心应手”，最大限度地发挥仪器的作用，不熟悉仪器操作的人员不得盲目用机。

第三，各种测量仪器设备使用前后必须进行常规检验校正，使用过程做好维护，使用后及时进行养护。

第四，各种仪器设备必须定期送到具有资质的部门进行鉴定。周期为一年，鉴定时间不宜超过规定时间，以确保测量的准确和精度。

第五，严禁使用未经检验和鉴定、校正不到出厂精度、超过鉴定周期，以及零配件缺损和示值难辩的仪器。

第六，使用全站仪、光电测距仪，在无滤光片的情况下禁止将望远镜直接对准太阳，以免伤害眼睛和损害测距部分发光二级管。

第七，在强烈阳光、雨天或潮湿环境下作业，务必在伞的遮掩下工作。

第八，仪器要小心轻放，避免强烈的冲击震动，安置仪器前应检查三脚架的牢固性。整个作业过程中，工作人员不得离开仪器，防止意外发生。

第九，转站时，即使很近也应取下仪器装箱。测量工作结束后，先关机卸下电池后装箱，长途运输要提供合适的减震措施，防止仪器受到突然震动。

第十，测量仪器设备要设置专库存放，环境要求干燥、通风、防震、防雾、防尘、防锈。仪器应保持干燥，遇雨后将其擦干，放在通风处晾干后再装箱。各种仪器均不可受压、受冻、受潮或受高温，仪器箱不要靠近火炉或暖气管。

第十一，仪器长途运输时，应切实做好防震、防潮工作。装车时务必使仪器正放，不可倒置。测量人员携带仪器乘汽车时，应将仪器放在防震垫上或腿上抱持，以防震动颠簸损坏仪器。

第十二，必须建立健全测量仪器设备台帐、精密测量仪器卡仪器档案等制度，仪器出库、入库，应办理登记、签认手续。

第十三，对测量仪器设备的管理，由项目部制订检查评比办法，对维护仪器设备成绩显著的单位和个人给予奖励，因使用不当、保管不良造成仪器损坏，应及时追究责任，根据情况给予处罚。

第十四，当测量仪器设备出现下列情况则为不合格：已经损坏；过载或误操作；功能出现了可疑；显示不正常；超过了规定的周检确认时间间隔；仪表封缄的完整性已被破坏；光电类、激光类仪器超过使用寿命，零点漂移严重，测量结果不稳定，测量结果可靠性低时，必须申请报废；常规仪器损坏后无法修复，或因仪器破旧、示值难辩、性能不稳定等影响测量质量时，必须申请报废。

第十五，测量仪器设备的申请购买及报废由项目部上报，由总工程师及主管领导负责审批，项目部对全项目的仪器配备和管理情况每半年检查一次，要求做到帐、物、卡相符，技术档案齐全。

第十六，测量仪器设备必须定人保管，对贵重精密测量仪器（如GPS接收机、全站仪、精密水准仪）应规定专人保管，专人专用，专人送检，他人不得随意动用，以防损坏，降低精度。

4.测量仪器设备的奖惩办法

第一，为了加强工程测量管理工作，促进工程测量工作的科学管理，防止发生测量事故，适应经济发展的需要，充分发挥广大测量人员的积极性和创造性。工程项目竣工后，对工程测量管理先进的单位、有关领导给予必要的精神和物质奖励，对测量工作认真钻研、成绩突出者，可以推荐提升。

第二，对在生产、经营活动中，违反测量、计量法规，弄虚作假，不严格执行测量、计量管理制度，由于测量工作失误，给项目造成损失者，应给予必要的处罚。对测量事故隐瞒不报者，要追究领导和有关人员责任。

第三，对测量仪器设备管理不严、保管不善，造成损坏，影响正常使用，视情节轻重，给予责任人处罚。

第四，项目组要根据实际情况制订相应的测量仪器设备管理办法，确保测量仪器完好准确。

（三）文件

文件是测绘工程质量管理的保证，按标准要求建立质量管理体系，编制质量管理体系文件，在质量管理体系范围内实施和保持，并将给予持续改进。识别质量管理体系所需要的过程，确定这些过程的顺序和相互作用，确定为确保这些过程有效动作和控制所需要的准则和方法，确保可以获得必要的资源和信息，以支持这些过程有效动作和对这些过程的监控，测量、监控和分析这些过程，并实施必要的措施，以实现所策划的结果和持续改进。质量管理体系所需的过程包括管理、资源、产品实现和测量。产品实现过程和支持过程由质量管理体系、管理职责、资源管理、产品实现、测量分析和改进等部分组成。

质量管理体系文件包括质量方针和质量目标、质量手册、程序文件、作业文件，以及质量记录。

目标管理是企业实现以质量为中心的长期或年度经营目标，充分调动职工的积极性，通过个人与群体的自我管理与协调，以实现个人或群体目标，从而保证实现共同目标的一种管理方法。质量的目标管理强调系统管理，层层设定目标，建立目标体系，强调重点管理，它不代替日常管理，但是重点抓好对企业或部门发展有重大影响的重点目标或重点措施，注重措施管理，管理对象必须细化到实现目标的具体措施，而不是只停留在抽象的号召上。质量目标必须层层分解、层层落实。制订的质量目标必须是可测量的，设定可测量的质量目标是评价质量管理体系是否实现质量方针的重要标志。质量管理体系运行是否有效也要根据其实现质量目标的程度进行评价。

文件发布前要得到批准，以确保文件是适宜的；文件得到评审，必要时进行修改并再次得到批准，确保对文件的更改和现行修订状态加以标识；确保在使用处可获得有关版本的适用文件，确保文件保持清晰，易于识别和检索；确保外来文件得到识别，并控制其分发，防止作废文件的非预期使用，若因某些原因保留作废文件时，应对这些文件加以适当的标识。

文件记录应控制记录标识、贮存、检索、保护、保存期限、处置和保持清晰，以提供符合质量管理体系有效运行的证据。

质量管理系统文件是开展质量管理和质量保证的基础，是质量管理系统审核和质量体系认证的重要依据，建立质量管理系统文件是为了进一步理顺关系，明确职责、权限，协调好各部门之间的关系，使各项质量活动能够顺利有效地实施。

文件应规定在每个测量过程中使用哪些设备（包括计算机硬件和软件）。文件还应规定职责的分配和所采取的措施。测量过程所要求的内容也应形成文件。文件可包括测量仪器规范、测量程序、操作规程、确认报告、验证报告、测量不确定度的估算、允许误差极限以及所使用的计算机程序的细节或清单。

第四节　测绘工程实施过程中的质量控制

一、质量的系统控制

质量控制是为了通过监视质量形成过程，消除质量环上所有阶段引起不合格或不满意效果的因素，以达到质量要求，并获取经济效益而采用的各种质量作业技术和活动。质量控制活动主要是指为了达到和保持质量而进行控制的技术措施和管理措施方面的活动。

系统思想的出现彻底改变了人们的思维方式，使人们能够认识客观世界的本质联系和内在规律。系统工程是用科学方法规划和组织人力、物力、财力，通过最优途径的选择，使工作在一定时期中取得最合理、最经济、最有效的成果。这里的科学方法是指从整体观念出发，通过通盘筹划，合理安排整体中的每一个局部，以求整体的最优规划、最优管理和最优控制，使每个局部都服从一个整体目标，做到人尽其才，物尽其用，以便发挥整体优势，力求在这个系统中避免损失和浪费。质量的系统控制就是将系统工程应用于质量控制。

（一）测绘工程的质量管理点

测绘工程的质量管理点应分别设定在人员、设备和数据采集过程上。人员的质量管理点主要是人员的能力水平能够胜任工作岗位，即应具备一定的学历、职称、工龄、业绩、培训等。设备的质量管理点是年检和使用前的检校，以确保设备工作正常，满足工程使用。

测绘工程数据采集过程的质量管理建立以下三个固定管理点：第一，已知数据的检查；第二，控制数据的检查；第三，地形要素、图形、碎部数据的检查。另外，在控制网的布设、观测、平差和地形要素的采集，以及图形编辑等过程中根据需要建立临时管理点。

（二）测绘工程的数据检查

测绘工程数据的质量检查是保证地形建模和数据库数据正确性的基础，这里的检查包括图形数据、属性数据、风格检查、拓扑检查等方面。

1.图形检查

数据在整理、转换的过程中可能产生各种各样的错误（如悬点、缺边等），使得图形在进行拓扑运算的时候出现错误，所以必须进行图形检查。

具体的图形检查包括以下四个方面：

第一，错误图形记录检查，即检查图层中是否存在如悬点、缺边等错误的图形记录。

第二，环状图形面积检查，即检查图斑的面积和图斑与自身相交造成面积不等的情况。

第三，面积检查，即检查每个行政区域内部图层的图斑面积与该行政区域面积之间的误差是否在容许范围之内。

第四，其他检查：如重叠检查、缝隙检查、自相交检查和线闭合检查等。

2.属性检查

属性检查的目的是检查属性数据是否丢失或者不完整，具体包括以下五个方面：第一，表结构检查，即检查图层的表结构和数据库中相对应的是否相同；第二，字段值非空检查，即检查特定字段是否被赋值；第三，重复编号检查，即检查某个字段是否有重复的编号；第四，字段值范围检查，即检查字段值是否在设定的范围内；第五，枚举检查，即检查字段是否在设定的枚举表中。

3.风格检查

图形风格化问题即符号化问题是数据转化过程中最再棘手的问题之一，不同绘图平台下图形数据的符号（如颜色、线宽、线型等）是不能兼容的，这是因为不同软件的符号库和符号化方式是不同的。所以，要解决不同平台之间的数据转换中风格的丢失问题，只有通过要素编码将不同要素对应起来，也就是将符号库对应起来，才能实现风格的转换。风格检查也就是要素编码的检查。

4.拓扑检查

一些数据模型支持拓扑关系（如Coverage），而另一些数据模型则不支持拓扑关系（如Shape file），而且不同软件支持的拓扑关系也可能不一致。当从支持拓扑关系的数据模型向不支持拓扑关系的数据模型转入数据时，拓扑关系会丢失；当从不支持拓扑的数据模型向支持拓扑的数据模型转入数据时，必须重新建立拓扑关系。重建的拓扑关系是否正确、是否有所丢失，这些信息都要通过拓扑检查来获得。

（三）测绘工程的过程控制

测量是测量人员进行的一组操作。测量本身也是一个过程，经过投入资源，如由有资格的测量人员，利用经过校准或检定合格的测量设备，按照规定的测量程序，在受控的环境条件下进行测量操作，实现测量过程的转化，由被测对象转化成为具有准确可靠测量信息的产品。

测绘工程中的各项任务都是一个过程，所以测绘工程的质量管理关键是对测绘过程的控制。每个过程有三个阶段——输入、操作、输出，因此一个合理的质量管理就是输入无误、操作正确、输出合格。测绘工程必须遵照规程进行图根控制及碎部点数据的采集。在野外测绘过程中的原始记录应有操作人员签署，方为有效。测绘过程通过自查、校核、审查进行控制，消除测绘产品标识记录、数据输入、数据计算、数据输出和绘图中的差错，防止不合格品出现。所有《测绘记录》均应按照表格栏目规定执行。

测绘过程输入、输出的编目、图、表格数值等均有标识和可追溯性，并请接受人签收。

在控制测量中，输入的是起算数据和项目的各种参数指标要求。GPS控制测量输入的是已知起算点数据、坐标系、控制等级、测区中央子午线、独立基线边等；导线控制等常规控制测量输入的是已知起算点数据、坐标系、控制等级所要求的限差等；水准测量输入的是已知起算点高程、控制等级所要求的各种限差等。操作就是严格依照各项规程，由操作员通过仪器设备对观测数据的采集过程。输出的是符合相应精度指标的控制点数据及控制网精度评定结果，包括闭合差、误差椭圆、最弱边相对中误差、最弱点中误差等。

在碎部测量和线路测量中，输入的是控制测量中输出的控制点成果数据。操作是对碎部点数据的采集和属性信息获取的过程。输出的是合格的数据和信息。

在施工放样中，输入的是控制测量中输出的控制点成果数据和放样点数据信息。操作是将放样点在实地标示的过程。输出的是放样点标示结果和复测数据及误差信息。

在数据处理和绘图中，输入的是原始观测数据，操作是对原始数据的处理过程，输出的是成果数据或图形。

各种测绘过程都应按时填写相关的记录，各种质量记录是测绘工程质量管理与系统控制实施或运行的主要证据。

（四）记录和标识

测绘工程质量管理与系统控制有关的记录应进行控制并编制相应的记录控制程序文件，确保记录的标识、贮存、保护、检索、保存期和处置。所有记录表格（包括操作记录、检查记录、质量管理记录、测量设备的测量能力和测量结果的记录）均按统一规定的系统进行统一编号。与质量管理有关的记录应由记录的部门或个人保存。记录的保存应按填写日期的顺序排列，并在需要时进行装订，便于以后检索。所有记录，特别是书面记录应确保记录不丢失、不受潮、不损坏，保证记录的完整和清晰。计算机硬盘和光盘贮存的记录在完成备份的同时应采取相应的保护措施。通过采用科学分类的统一编号进行编码或计算机软件储存，确保在需要时能够迅速及时查找到所需要的记录。根据记录的用途，规定各类记录的保存期并由文件作出规定。一般记录的保存期为1～3年。

标识作为信息存在的一种方式，涉及多方面的内容。首先是测量设备必须有计量确认状态标识，采用的标识可分为合格标识（绿色）、不合格标识（红色）和准用标识（黄色）。其次是各种文件记录成果等要做好标识。

二、测绘工程实施过程中的质量控制

测绘工程生产质量是测绘工程质量体系中的一个重要组成部分，是实现测绘产品功能和使用价值的关键阶段，生产阶段质量的好坏决定着测绘产品的优劣。测绘工程生产过程就是其质量形成的过程，严格控制生产过程各个阶段的质量是保证其质量的重要环节。

（一）测绘工程质量的特点及控制方针

1.测绘工程质量特点

测绘工程产品质量与工业产品质量的形成有显著的不同，测绘工程工艺流动，类型复杂，质量要求不同，操作方法不一。特别是露天生产，受天气等自然条件制约因素影响大，生产具有周期性。由此导致了测绘工程质量控制难度较大。具体表现在：制约测绘工程质量的因素多，涉及面广。测绘工程项目具有周期性，人为和自然的很多因素都会影响到成果质量；生产质量的离散度和波动性大，测绘工程质量变异性强。测绘项目涉及面广、参与人员素质参差不齐，并且一般具有不可重复性，使得测绘工程个体质量稍不注意即有可能出现质量问题，特别是关键位置的测绘质量将直接影响到整体工程质量；质量隐蔽性强。大部分测绘工程只能在工程完工后才能发现质量问题，因此在测绘生产过程中必须现场管理，以便及时发现测绘质量问题。所以，对测绘工程质量应加倍重视、一丝不苟、严加控制，使质量控制贯穿于测绘生产的全过程，更应注意对测绘量大、面广的工程。

2.测绘工程质量控制的方针

质量控制是为达到质量要求所采取的作业技术和活动。它的目的在于，在质量形成过程中控制各个过程和工序，实现以“预防为主”的方针，采取行之有效的技术措施，达到规定要求，提高经济效益。

“质量第一”是我国社会主义现代化建设的重要方针之一，是质量控制的主导思想。测绘工程质量是国家建设各行各业得以实现的基本保证。测绘工程质量控制是确保测绘质量的一种有效方法。

（二）测绘工程质量控制的实施

1.测绘生产质量控制的内容和要求

坚持以预防为主，重点进行事前控制，防患于未然，把质量问题消除在萌芽状态；既应坚持质量标准，严格检查，又应热情帮助促进；测绘生产过程质量控制的工作范围、深度、采用何种工作方式，应根据实际需要，结合测绘工程特点、测绘单位的能力和管理水平等因素，事先提出质量检查要求大纲，作为合同条件的组成内容，在测绘合同中明确规定；在处理质量问题的过程中，应尊重事实，尊重科学，立场公正，谦虚谨慎，以理服人，做好协调工作。

2.测绘人员的素质控制

人员的素质高低直接影响产品的优劣。质量控制的重要任务之一就是推动测绘生产单位对参加测绘生产的各层次人员特别是专业人员进行培训。在分配上公正合理，并运用各种激励措施，调动广大人员的积极性，不断提高人员的素质，使质量控制系统有效地运行。在测绘生产人员素质控制方面应主要抓以下三个环节。

（1）人员培训

人员培训的层次有领导者、测量技术人员、队（组）长、操作者的培训。培训重点是关键测量工艺和新技术新工艺的实施，以及新的测量规范、测量技术操作规程的操作等。

（2）资格评定

应对特殊作业、工序操作人员进行考核和必要的考试、评审，如对其技能进行评定，颁发相应的资格证书或证明，坚持持证上岗等。

（3）调动积极性

健全岗位责任制，改善劳动条件，建立合理的分配制度，坚持人尽其才、扬长避短的原则，以充分发挥人的积极性。

3.测绘生产组织设计的质量控制

测绘生产组织设计包括以下两个层次：一是测绘项目比较复杂，需要编制测绘生产组织总设计。就质量控制而言，它是提出项目的质量目标以及质量控制，保证重点工程质量的方法与手段等。二是工程测绘生产组织设计。

4.测绘仪器的质量控制

测绘仪器的选型要因地制宜，因工程制宜。按照技术先进经济合理、使用方便性能可靠、使用安全、操作和维修方便等原则选择相应的仪器设备。对于工程测量，应特别着重对电磁波测距仪、经纬仪、水准仪以及相应配套附件的选型。对于平面定位而言，一般选用性能良好、操作方便的电子全站仪和GPS仪器较为合适。针对高程传递，一般选择水准仪或用三角高程方法的电子全站仪。针对保证垂直度，一般选择激光铅直仪、激光扫平仪。针对变形监测，应选择相应的水平位移及沉陷观测遥测系统。任何产品都必须有准产证、性能技术指标以及使用说明书。

仪器设备的主要技术参数要有保证。技术参数是选择机型的重要依据。对于工程测量而言，应首先依据合理限差要求，按照事先设计的施工测量方法和方案，结合场地的具体条件，按精度要求确定相应的技术参数。在综合考虑价格、操作方便的前提下，确定相应的测量设备。如果发现某些测量仪器在施工期间存在质量问题，必须按规定进行检验、校正或维修，确保其自始至终的质量等级。

5.施工测量控制网和施工测量放样的质量控制

施工测量的基本任务是按规定的精度和方法，将建筑物、构造物的平面位置和高程位置放样（或称测设）到实地。因此，施工测量的质量将直接影响到工程产品的综合质量和工程进度。此外，为工程建成后的管理、维修与扩建，应进行竣工测量和质量验收。为测定建筑物及其地基在建筑荷载及外力作用下随时间变化的情况，还应进行变形观测。以下主要介绍在施工测量工作中，对测量质量的监控内容。

（1）施工测量控制网

为保证施工放样的精度，应在建筑物场地建立施工控制网。施工控制网分为平面控制网和高程控制网。施工控制网的布设应根据设计总平面图和建筑物场地的地形条件确定。对于丘陵地区，一般用三角测量或三边测量方法建立。对于地面平坦而通视比较困难的地区，如在扩建或改建的工业场地，则可采用导线网或建筑方格网的方法。在特殊情况下，根据需要也可布置一条或几条建筑轴线组成简单图形作为施工测量的控制网。现在已经用GPS技术建立平面测量控制网。不管何种施工控制网，在进行实际放样前，必须对其进行复测，以确认点位和测量成果的一致性及使用的可靠性。

（2）工业与民用建筑施工放样

工业与民用建筑施工放样应从设计总平面图中查得拟建建筑物与控制点间的关系尺寸及室内地平标高数据，取得放样数据和确定放样方法。平面位置检核放样方法一般有直角坐标法极坐标法、角度交会法距离交会法等，高程位置检核放样方法主要是水准测量方法。放样内容要点是：房屋定位测量，基础施工测量，楼层轴线投测以及楼层之间高程传递。在高层楼房施工测量时，特别要严格控制垂直方向的偏差，使之达到设计要求。例如，可以用激光铅直仪方法或传递建筑轴线的方法加以控制。

（3）高层建筑施工测量

随着我国社会主义现代化建设的发展，电视发射塔高楼大厦、工业烟囱、高大水塔等高耸建筑物不断兴建，这类工程的特点是基础面小、主体高，施工必须严格控制中心位置，确保主体竖直垂准。这类施工测量工作的主要内容是：建筑场地测量控制网（一般有田字形、圆形及辐射形控制网）；中心位置放样；基础施工放样；主体结构平面及高程位置的控制；主体建筑物竖直垂准质量的检查；施工过程中外界因素（主要指日照）引起变形的测量检查。

（4）线路工程施工测量

线路工程包括铁路、公路、河道输电线、管道等，施工测量复核工作大同小异，归纳起来有以下三项：一是中线测量，主要内容有起点、转点、终点位置的检核；二是纵向坡度及中间转点高度的测量；三是地下管线架空管线及多种管线汇合处的竣工检核等。

（三）测绘产品质量管理与贯标的关系

1.贯标的概念

通常所说的贯标就是指贯彻关于质量管理体系的标准，以顾客为关注焦点，以顾客满意为唯一标准，通过发挥领导的作用，全员参与，运用过程方法和系统方法，持续改进工作的一种活动。加强贯标工作是一个企业规避质量风险品牌风险、市场风险的基础工作。

2.测绘质量管理体系运行中有关注意事项

测绘生产单位只有切实、有效地按照标准建立质量管理体系并持续运行，才能够通过贯标活动改进内部质量管理。因此，在体系运行中要抓好以下五个控制环节：其一，统一思想认识，尤其是领导层，树立“言必信，行必果”的工作作风；其二，党政工团组织发挥作用，协同工作，使全体人员具有浓厚的质量意识；其三，使每个人员明确其质量职责；其四，规定相应的奖惩制度；其五，协调内部质量工作，明确规定信息渠道。

3.测绘质量监督管理办法

测绘产品必须经过检查验收，质量合格的方能提供使用。测绘产品质量检验有监督检验和委托检验两种不同类型，它们的区别主要表现在以下六个方面：一是检验机构服务的主体不同。监督检验服务的主体是审批，下达监督检验计划的测绘主管部门和技术监督行政管理部门。委托检验服务的主体是用户或委托方。二是检验根据不同。监督检验依据的是国家有关质量的法律，地方政府有关质量的法律，法规、规章，以及国民经济计划和强制性标准。委托检验依据的一般是供需双方合同约定的技术标准。三是检验经费来源不同。监督检验所需费用一般由中央或地方财政拨款。委托检验费用则由生产成本列出。四是取样母本不同。监督检验的样本母体是验收后的产品。委托检验的样本母体是生产单位最终检查后的产品。五是责任大小不同。监督检验承检方需对批量产品质量结论负责。委托检验则根据抽样方式决定承检方责任大小。如果是委托方送样，承检方仅对来样的检验结论负责。若是承检方随机抽样，则应对批产品质量结论负责。六是质量信息的作用不同。监督检验反馈的质量信息供政府宏观指导参考，奖优罚劣。委托检验的质量信息仅供委托方了解产品质量现状，以便采取应对措施。

上述区别决定了产品质量监督检验和委托检验采用的质量检验方法和质量评判规则的不同。在市场经济体制下，测绘产品质量委托检验在质检机构的业务份额中占据的比重越来越大。质检机构在承检委托检验业务时的首项工作就是确定检验技术依据，而采用何种检验技术依据，一般应由委托方提出。检验技术依据选择的正确与否，将直接关系到产品质量判定的准确性。因此，质检机构的检验工作都是在确立的检验技术依据的基础上进行的，如检验计划的制定、检验计划的实施以及产品质量的判定等。因此，正确地选用检验技术依据就显得尤为重要。

第三章　测绘工程技术

第一节　大地测量技术

一、大地测量技术的内涵

大地测量技术涵盖了地球表面的精确测量和测绘领域。它包括对地球的大小、形状、质量分布和引力场的测定，以及地球表面的各种地理要素（如地形、地貌、水体、土地利用）的精确测量和建模。这一领域还涉及测量仪器和方法的发展，如全站仪、测距仪、GNSS（全球导航卫星系统）等，以及数据处理和分析技术的应用。大地测量技术在地图制作、导航、土地规划、资源管理、灾害监测等各个领域都发挥着重要作用，对社会和经济发展具有重要意义。

二、大地测量技术的分类

（一）按测量方法分类

1.地面测量

地面测量是一种传统的测量方法，使用各种测量仪器和工具在地面上进行测量和测绘工作。这种测量方法在不同领域具有广泛的应用，包括土地测量、建筑工程、道路设计、城市规划、资源管理等。全站仪是地面测量中常用的仪器之一，它能够同时测量水平角度、垂直角度和斜距，从而确定点的三维坐标。水准仪则用于测量高程差异，帮助建立地形图和地图。地面测量的优势在于它的可靠性和精度，特别适用于小范围的工程和详细的测绘工作。然而，它通常需要耗费较多的时间和人力资源，并且受到地理地形和天气条件的限制。尽管卫星导航系统如GPS等已经成为测量领域的主要工具，但地面测量仍然不可或缺，因为它可以提供更精确的数据，特别是在建筑和城市环境中。地面测量技术在确保工程准确性、土地规划和资源管理方面起着关键作用，为各种应用领域提供了可靠的地理信息数据。

2.卫星测量

卫星测量是一种现代化的测量技术，利用卫星导航系统，如GPS（全球定位系统）、GLONASS（俄罗斯全球导航卫星系统）、BeiDou（中国北斗卫星导航系统）等，进行测量，以获取全球范围内的位置和坐标数据。这种技术已在各个领域得到广泛应用，包括导航、地图制作、定位服务、交通管理、军事应用和科学研究等。卫星测量的优势在于其高度的精确性和全球覆盖能力。通过接收多颗卫星发射的信号，用户可以确定自己的精确位置，并在几米到亚米的范围内获得坐标数据。这对于导航、车辆追踪、飞行导航和海洋航行等应用至关重要。卫星测量还在科学研究中发挥着重要作用，用于测量板块运动、地壳变形、海平面上升等地球科学问题。它还支持遥感卫星的数据校准和地面控制点的确定，为地球观测和环境监测提供了基础数据。卫星测量技术已经成为现代测量和导航的不可或缺的工具，为我们提供了高精度、实时的地理信息，对社会、经济和科学研究产生了深远影响。

（二）按测量目的分类

1.大地测量

大地测量是一门关注地球的形状、尺寸、质量分布以及引力场的测定的科学和技术领域。这种测量对于地球科学和导航应用至关重要。大地测量帮助科学家们更好地理解地球本身。通过测量地球的形状和尺寸，我们可以确定地球是一个略呈椭球形的椭球体，而不是一个完美的球体。此外，大地测量也可用于测定地球的质量分布，揭示地球内部结构和地球物理过程，如板块运动、地壳变形等。大地测量在导航应用中扮演着至关重要的角色。卫星导航系统如GPS依赖于大地测量数据，通过精确的地球模型来确定接收器的位置。这使得导航成为可能，无论是在陆地、海洋还是在空中，都能够实现高度精确的定位。大地测量不仅有助于我们更好地了解地球自身的性质和变化，还为导航和定位等实际应用提供了基础数据，对于地球科学和现代社会的各个领域都具有重要意义。

2.工程测量

工程测量是一门专注于工程项目的测量领域，旨在确保工程设计的准确性、安全性和可行性。这种测量在各种工程项目中都起着关键作用，包括土地测量、建筑测量、道路和桥梁建设等。土地测量是工程测量的重要组成部分，用于确定工程项目的地理位置和边界。这包括土地分割、土地使用规划、地籍测量等。土地测量为土地开发和规划提供了必要的基础数据。建筑测量涉及建筑物的设计、布局和建设过程中的测量工作。这包括建筑物的尺寸、高度、位置、基础测量等，以确保建筑的结构安全并符合设计规范。道路和桥梁建设也需要工程测量来确定道路线路和坡度及桥梁的位置和高度等参数。这有助于确保道路和桥梁的安全性和通行性。工程测量的最终目标是确保工程项目的顺利进行，并满足设计和法规的要求。通过精确的测量数据，工程师能够做出明智的决策，降低工程风险，提高工程质量，从而保障人们的生活质量和安全。因此，工程测量是工程领域不可或缺的一环。

（三）按测量对象分类

1.地形测量

地形测量是一种专注于测量地表高程、地形和地貌特征的测量领域，具有广泛的应用范围，涉及土地规划、水资源管理、环境保护等多个领域。地形测量通过测定地表的高程，可以创建地形地图和数字高程模型，帮助我们了解地区的地形特征。这对土地规划和城市设计非常重要，因为它允许规划者考虑地势、坡度和水流等因素，以制订合理的土地用途和基础设施布局。地形测量在水资源管理中扮演着关键角色。通过测量河流、湖泊和水库的高程，可以监测水位变化，预测洪水，规划水资源的合理利用，确保供水和灌溉系统的稳定运行。地形测量还有助于环境保护和自然灾害管理。通过监测地表的地形特征，可以识别潜在的自然灾害风险，如山体滑坡、洪水、地震等，有助于保护生态系统和野生动植物栖息地。地形测量提供了关键的地理信息数据，有助于土地规划、水资源管理和环境保护等多个领域的决策制订和实施。它为社会发展提供了重要支持，确保了资源的可持续利用和自然环境的保护。

2.水文测量

水文测量是一种专注于测量水体的深度、流速、水位以及其他相关参数的领域，广泛应用于洪水预测、水资源管理以及环境保护等方面。水文测量的重要性在于它有助于洪水预测和管理。通过测量河流和溪流的水位、流速和流量，可以监测降雨事件和雪融过程对水体的影响，预测潜在的洪水风险，及时采取措施减轻洪水的影响，保护人民的生命和财产。水文测量对于水资源管理至关重要。测量水体的深度和流量有助于监测河流和湖泊的水量变化，确保供水系统的可靠性，同时有助于灌溉农田，维护生态平衡，实现水资源的可持续利用。水文测量可还用于环境保护和生态监测。通过监测水质和水位，可以检测水体中的污染物质，及时采取措施净化水源，保护水生生物和生态系统的健康。水文测量在洪水预测、水资源管理和环境保护等领域发挥着不可或缺的作用。它提供了重要的数据支持，有助于确保水资源的可持续利用，减轻洪水风险，保护自然环境，这对社会和经济发展都具有重要意义。

第二节 海洋测绘技术

一、海洋测绘技术的内涵

海洋测绘技术是一种专门用于测量和描述海洋环境的工程技术。这一领域涵盖了多种高科技手段和方法，旨在获取有关海洋地理、地形、水文、地质等方面的详尽信息。通过运用卫星遥感、声呐技术、激光测距、地理信息系统（GIS）、无人机等先进工具，海洋测绘技术能够实现对海洋空间的全面监测和数据采集。这些数据不仅对海洋科学研究有着深远的影响，而且在航海、资源勘探、海底管道布设、环境保护等领域发挥着重要作用。海洋测绘技术的不断发展与创新推动着人类更深入地理解和利用海洋资源，同时为应对气候变化、自然灾害等全球性问题提供了必要的科学支持。

二、海洋测绘技术的分类

（一）海洋大地测量技术

海洋大地测量（带测绘工程）是陆地大地测量在海域范围的扩展和延伸，旨在确保海洋测绘具有可靠的控制基准。该领域涵盖了建立海洋测绘的重力和磁力（物理学方面）以及平面和高程（几何学方面）基准体系，并维护相关框架的大地测量技术。这是进行海洋科学研究和各种海洋工程的基础测绘工作的至关重要的组成部分。除了海洋物理大地测量，即海洋重力测量外，它在大地测量学、地球科学、航天科技、海洋科学、水下地磁匹配导航以及海洋军事活动等方面同样具有重要意义。目的是研究地球形状和内部构造、进行海洋矿产资源勘查，以及保障航天和远程武器发射等活动。磁力测量作为海洋地球物理探测的一部分，利用岩石磁性差异来研究海底岩石的磁性不均匀性，推断地壳结构和构造、洋底生成和演化历史以及勘查大陆边缘地区的矿产分布。磁力测量在水下沉船、铁锚、光电缆、海底路由管线等目标的探测中发挥着重要作用，也用于水下小目标，包括泥沙下磁性目标的检测等。海洋大地测量还包括海洋控制网的建立，覆盖海岸、岛礁、水体和海底，作为大地控制网的组成部分，是陆地平面坐标框架网向海洋的延伸。海洋垂直基准是海洋垂直测量的起算参考，包括陆地高程基准、平均海平面和深度基准面。通常，通过潮位站获取的潮位数据来确定海洋垂直基准，但随着卫星测高、GNSS等技术的发展，确定海洋垂直基准采用的数据源和表达方式发生了深刻的变革。这些测绘工程的实施对于海洋资源的科学利用、环境保护以及导航和军事活动等方面都具有重要意义。

（二）海洋导航定位技术

所有海洋活动都对位置提供的服务有着迫切需求。目前，海上的位置服务主要依赖全球导航卫星系统（GNSS），包括美国的GPS、欧盟的GALILEO、俄罗斯的GLONASS以及中国的北斗卫星导航系统。船只导航通常采用GNSS单点定位技术；在中小比例尺水下地形测量中，导航定位主要使用GNSS广域差分或星际差分技术；而在高精度测量中，定位则主要依赖于GNSS RTK（实时动态定位技术）、PPK（后处理动态定位技术）和PPP（精密点定位技术）。水下导航定位通常采用水声定位系统，包括长基线（LBL）、短基线（SBL）和超短基线（USBL）等技术。LBL、SBL和USBL均采用交会定位方法，并常常组合使用。这些水声定位系统在使用上有一些区别，LBL和SBL水声定位系统需要在海床和船体上分别安装固定的接收基阵，而USBL则将水听器组件封装在一个精密的容器中。总体而言，USBL定位技术由于具备便携性和独立性的优势，已成为水声定位设备研究的热点。通常会综合利用声学定位技术、惯性导航系统、航位推算系统等，以确保水下导航定位的精度，并提高其稳健性。近年来，为了保证水下潜器导航的连续性和长时性，特别是为了提高隐蔽性，经常将惯性导航系统与海底几何场（地形、地貌）或物理场（重力、磁力）的匹配导航技术相结合，形成（无源）自主导航定位系统，以服务于水下潜器导航。这些先进的技术在海洋测绘工程中发挥着重要作用，为海洋资源开发、环境监测和科学研究提供了支持。

（三）水深测量及水下、海岛礁与海岸带地形测量

1.水深测量

海底和海岸带地形测量是海洋测绘的基本组成部分之一。传统的海底地形测量通常通过对潮汐、吃水、深度、涌浪等进行直接测量，获取相关数据。然而，现代水下和海岸带地形测量采用更为先进的方法，呈现立体、高效、高精度的测量趋势。作为水下地形测量的重要环节，水深测量目前采用了多种先进技术。其中，水深测量常使用单波束（一次测量获取一个测深点，通常适用于中小比例尺或小区域大比例尺水下地形测量）、多波束测深（一次测量可在航行正交扇面内获得几百个测点，实现对海底全覆盖扫测）系统和机载激光（LiDAR）全覆盖测深等技术。水深测量是海道测量的基本手段，旨在通过测量水深获取理论深度基准面上的水深数据。除了确保船舶安全航行外，水深测量也是影响海图制图的重要因素之一，而且还是海底地形测量的基本手段。这些先进技术在海洋测绘工程中发挥着关键作用，不仅有助于确保海上交通的安全，而且为海图制图提供了重要数据。此

外，水深测量也在海底地形测量的广泛应用中起到基础性的作用，为海洋资源勘探、环境保护和科学研究提供了支持。带有测绘工程的海底地形测量不仅要求高效、高精度的数据采集，还需要综合运用各种先进技术，以满足不同海洋测绘任务的需求。

2.水下、海岛礁与海岸带地形测量

水下地形测量的起算面通常基于多年获取的平均海水面数据或1985国家高程基准，广泛应用于海洋工程建设和相关施工图等任务。GNSS一体化水深测量技术代表了现代船基水深测量的先进手段，通过综合采集航行中的多源信息、数据融合，显著减少和削弱各类误差的影响，从而提高海底地形测量的精度，并提高作业效率。反演技术包括卫星遥感反演水深，借助可见光在水中传播和反射后的光谱变化，结合实测水深构建反演模型，实现大面积水深反演，再结合遥感成像时刻水位反算得到海底地形。海底地形的反演可通过重力异常和海底地形在一定波段内的高度相关性实现。另外，SFS（shape from shading）方法基于声呐图像实现海底高分辨率地形反演。海岸带一体化地形测量技术关注于海岸带地形，作为连接岸上地形与海底地形的过渡地带，对其进行测量对于海洋工程建设和海洋空间规划至关重要。传统的海岸带地形测量常使用全站仪、RTK等工具，但效率相对较低，有些区域施测难度较大。

近年来，机载LiDAR（雷达）与GNSS结合、遥感技术、航空摄影、水下近岸一体化测量等技术得到广泛应用。一体化测量系统在水域中的堤坝、码头等应用效果显著。水上水下一体化移动测量因其快速、动态和低成本等特点，从未来发展趋势看，应该是海岛礁与海岸带地形测量的首选。带有测绘工程的水下地形测量在这些新技术的支持下，能够更好地满足海洋工程的需求，提高测量的精度和效率。

（四）海洋遥感

卫星遥感是通过国内外各类卫星资源，对海洋进行实时、全方位的立体监测，以获取包括波浪、温度、海冰、风力等在内的海洋环境数据。这种技术能够提供长期、稳定、可靠的海洋观测资料，为海洋研究和应用提供了重要的数据支持。带有测绘工程的卫星遥感技术可广泛应用于海洋资源勘查、环境监测、海洋灾害预警等领域。机载遥感测量技术主要依靠机载设备，包括可见光相机、可见光摄像机、高光谱成像仪、红外相机、雷达、合成孔径雷达等，用于海岸带地形测量、岸线监测、植被分析、水色监测等。这些设备通过航空平台获取高分辨率的图像和数据，为地理信息系统（GIS）提供了丰富的空间信息，对海岸带地形和相关地貌进行监测。声呐遥感包括带状海底成像设备侧扫声呐系统（SSS，Side-Scan Sonar）、多波束成像技术、合成孔径声呐（SAS，Synthetic Aperture Sonar）等。侧扫声呐系统通过船载设备在海底进行快速线扫描成像，提供二维声呐图像，用于海底地形测量和目标检测。多波束成像技术通过多个声束同时测量，提供更为详细的海底地形信息。合成孔径声呐利用合成孔径技术主动成像，实现高分辨率的三维声呐成像，广泛用于水下地形测量。

此外，在清澈的海水环境下，光学近景摄影技术也被应用于水下地形测量。这些遥感技术在带有测绘工程的应用中发挥着关键作用，为海洋地理信息的获取和海洋环境监测提供了强大的工具和手段。在测绘工程中，它们被广泛应用于海洋勘测、导航辅助、资源调查等领域，为海洋工程的规划和实施提供了不可或缺的数据支持。

（五）海洋水文测量

海洋测量中的水文测量是其重要组成部分。依据调查任务设定水文观测项目，旨在了解海洋水文要素的分布状况和变化规律，包括与其他海洋测量项目相关的水位、流速等要素。具体而言，水文观测包括对海流、泥沙、波浪、海水温度、盐度、水色、透明度、含沙量、浑浊度、海发光以及海冰等多个要素的监测。多要素水文观测在危险化学品污染监测、赤潮监测、海洋溢油调查、海岸侵蚀调查、海洋倾倒区选划、海洋自然保护区选划、特殊海区发展规划、海水增养殖区监测和陆源污染物排海监测等工作中发挥着重要作用。海流、泥沙等水文要素的观测对于码头和航道区的选址规划、海洋环境评价、滩涂演变分析等方面具有重要价值。水文观测的手段包括卫星遥感、机载遥感、海洋浮标、岸基监测以及船基测验等。观测方式主要包括大面观测、断面观测以及连续观测。带有测绘工程的水文观测工作为海洋工程的规划和实施提供了基础数据，支持着海洋环境的保护和可持续利用。这些观测数据不仅对海洋科学研究有着深远的影响，也在海洋工程、导航、环境保护等多个领域发挥着重要作用。通过全面监测海洋水文要素，可以更好地理解和管理海洋环境，确保海洋资源的可持续利用。

（六）海洋底质探测与侧扫声呐测量

1.海洋底质探测

海洋底质探测是海洋测量中的重要内容。其在海洋动力学研究、海洋矿产资源开发与利用、船舶锚地选择、海底管线铺设、水下潜器座底、海洋工程建设等领域具有重要意义，为相关领域提供了基础数据支持。海底底质探测主要针对海床表面及浅层沉积物性质进行，旨在获取海床表面及浅表层沉积物的类型、分布等相关信息。目前常用的方法包括表层采样、取样、柱状采样、浅地层剖面测量和单道反射地震等。表层采样取样和柱状采样通过钻孔取芯或者采样器取样，以分析结果。然而，这些方法成本高、效率低。因此，对海洋底质探测技术的研究和改进具有重要意义，可以提高海洋资源开发利用效率，促进相关领域的发展。

2.浅地层剖面测量

浅地层剖面测量是一种基于声波回波特征与底质相关性的底质探测方法，其具有高效率和高分辨率的特点。通过单道反射地震技术，可以实现对海床底质的有效探测，为地质构造研究、填海工程、航道疏浚、海上基建项目选址等提供可靠依据。此外，单道反射地震技术还广泛应用于隧道、海底管线以及各种掩埋物等的勘测、调查和研究中。侧扫声呐测量也是海洋测绘中的重要技术之一。侧扫声呐系统利用海上航行器左右舷的换能器阵列发射宽扫幅波束，通过对海底进行走航扫描，形成可反映海底目标分布、地貌特征以及水体带状条形图像。这种条带式海底成像设备和扫海测量手段，为海底地形的高精度成像提供了重要手段。随着侧扫声呐系统技术的不断发展，其向着多脉冲、多频段、多波束等同时具备测深及成像功能方向不断进化。因此，侧扫声呐系统在水下目标探测、扫海测量、裸露海底管线调查、海底障碍物探测等方面的应用范围越来越广泛。浅地层剖面测量和侧扫声呐测量技术在海洋测绘中扮演着重要角色，为海洋资源开发利用、海洋工程建设以及海上交通安全等领域提供了重要支持和保障。随着技术的不断创新和完善，相信这些技术将会在未来发挥更重要的作用。

（七）海洋工程测量

海洋测量还包括海洋工程测量，它是海洋工程建设中勘查、设计、施工、建造和运行管理过程的测量技术总称，内容比较宽泛，几乎涵盖海洋测绘的所有内容。近年来，海洋工程增多，复杂程度加大，海洋工程测绘技术也有了新的发展。水下声学定位、三维声呐和水下激光扫描仪用于水下建筑物检测、智能水下机器人搭载多波束水深测量、水面无人船巡检和水下潜器定姿等新技术不断涌现，以满足各类海洋工程建设、海洋资源调查、海洋科学考察、单一要素测量、多要素综合测量、多测合一等不同需求。除此之外，海洋测绘技术还包括海洋地理信息系统或海岸带地理信息系统构建。MGIS以海面、海底、水体、海岸带以及大气的自然环境与人类所进行的各类活动为研究对象，对不同来源的空间数据进行采集、处理、集成、存储、显示和管理，为各类用户提供综合制图（包括电子海图绘制等）、可视化表达、空间分析、模拟预测及决策支持等服务，应用Web技术还能够实现海洋数据和相关MGIS功能的实时共享。MGIS为涉海管理部门的规划、评价、监视以及各类决策提供支持，实现涉海单位的信息资源共享，进而满足海岸带资源和海洋环境综合治理、管控的需要以及航道整治工程测量、针对海底地形环境复杂地区的海洋磁力测量需要等。

第三节 无人机摄影测量与遥感

一、无人机摄影测量

（一）无人机摄影测量技术概述

无人机摄影测量技术是一种创新性的测绘方法，它利用无人机（无人驾驶飞行器）执行航拍任务，并通过摄影测量方法对获取的图像进行处理和分析。这项技术在现代地理信息领域发挥着重要作用，将航空摄影测量和遥感技术有机融合，为多个应用领域提供了高效而灵活的解决方案。无人机摄影测量技术的核心是利用无人机搭载的摄影设备进行高空拍摄，捕捉目标区域的图像。通过对这些图像进行后续处理，包括三维重建、影像配准和地物提取等步骤，可以获取高精度的地理信息数据。这项技术在地理信息系统（GIS）中的应用非常广泛。通过采集大量的空中图像，无人机摄影测量技术能够创建高分辨率的地图，为GIS系统提供详细而准确的地理信息，支持城市规划、土地利用管理和自然资源监测等方面的工作。在土地测绘领域，无人机摄影测量技术为测绘任务提供了高效的解决方案。通过无人机航拍，可以快速获取大面积地块的图像数据，并通过数字图像处理技术生成高精度的地形模型和地物信息，支持土地界址测绘和地籍调查等工作。在城市规划中，无人机摄影测量技术为城市设计和规划提供了新的视角。通过无人机航拍获取的图像数据，可以用于建筑高程测量、交通流分析和城市绿化评估等，为城市规划决策提供科学依据。无人机摄影测量技术还在环境监测领域发挥着重要作用。通过对大范围区域进行高分辨率图像采集，可以实时监测自然灾害、植被覆盖变化、土地利用变化等环境因素，提供数据支持环境保护，实现可持续发展。无人机摄影测量技术的出现为各个领域提供了一种灵活、高效且经济的数据采集方法，为地理信息科学和实际应用领域带来了全新的可能性。

（二）无人机测量技术在测绘工程中的应用优势

无人机测量技术主要通过方向传感器完成拍摄工作，从而获取高分辨率的图像信息。通过应用这项技术，还可以在地质条件较为复杂的区域获取各种地理图像数据，从而有效解决传统测绘工作中存在的不足。无人机测量技术在测绘工程中的应用优势，主要体现在以下几个方面。

1.有效降低了测绘成本

在传统的测绘工程施工过程中，想要顺利完成各项测绘工作，往往需要消耗大量的时间和资源，还要提前招募许多专业技术人员，准备好足够的精密仪器，这些情况都极大地增加了测绘工程的整体成本。特别是在进行各种大型工程时，需要专业的测量人员进行非常大规模的测量。在这样的情况下开展测量活动，不仅规模较大，而且对测量和工作的进度也有更高的要求。要想完成测量工程的有关目标，就需要投入大量资金，如果工程项目的资金不足，就会使工程测量活动停滞。同时，为了保证专业技术人员在测量过程中的安全性，还需要为工作人员配备足够数量的安全防护装备，这些防护装备也导致了成本上升。而通过应用无人机技术，许多需要通过人力手段完成的测绘工作就可以直接借助无人机来实现。专业技术人员只需对无人机传输回的图像数据进行全面分析，就可获得各项重要的地理数据。在这样的情况下，不需要使用过多的专业测量设备，这对降低测量工作的成本有着重要意义。而且，工作人员在日常工作中，也只需要做好无人机的日常维护和保养，不需要租用和购买各种大型测量设备。同时，无人机在维护保养方面，相较于其他的精密测量设备，不仅操作更加简单，成本也得到了极大降低。

2.有效拓展了测量范围

在传统的测绘工程中，需要专业测量人员携带专业的测量设备，到测量现场进行实地考察和分析，使测量活动的范围受到了限制。并且，负责测量的专业技术人员的个人素质，对测量工作的质量也产生了一定影响。而应用无人机技术，就可以有效提高测量数据的准确性，同时更好地扩大测量范围。特别是在对某些地形较为特殊的区域进行测量时，技术人员只需操作无人机在这些特殊地形的区域上方飞行，就可以获得足够的图像数据。然后，根据这些图像数据就能够制作出符合实际情况的测绘数据库。而随着科学技术的进步，应用无人机摄影技术得出的图像的分辨率也会不断提升，进而提升测绘工作的效率。

3.有效提高了测绘工作效率

我国国土面积庞大，且许多区域都有着非常独特的地形分布，这种情况使得负责测绘工作的专业技术人员，很难在短时间内对测量区域内部的地理条件进行全面的分析和掌握。如果依照传统的测绘工作模式开展策划工作，不仅工作质量难以保证，需要消耗大量的时间，而且，如果遇到特殊的自然灾害，还会对测量人员的人身安全造成不利影响。而无人机则可以有效地保证测量人员的人身安全，同时更高效地完成对特殊地理区域的全面测绘工作。

4.有效实现了高效的数据传输

负责测量的工作人员获得的有关数据，无法在第一时间传输给工程项目的设计部门。工作人员在完成测量后，必须先对测量数据进行初步处理，然后才可以将处理完的数据传输到设计部门，从而开展后续工作。在这样的情况下，需要消耗大量的时间才可以完成数据处理工作，且工程项目的设计部门获得的数据也不是初始数据，如果测量过程出现了工作失误，那么将会使工程项目整体的设计方案出现错误。一旦出现了这样的情况，就需要消耗大量的人力和物力开展测量工作。而通过无人机开展测绘活动，工程设计人员就可以实时地通过无人机传输各项数据，传输数据的整体质量也得到了充足保障。

（三）无人机摄影测量技术的应用策略

1.测量建模

对于无人机摄影测量技术，测量建模是非常基础的工作，同时产生的影响也比较大。测量建模的实施主要是通过建模软件完成的，一般使用自动化的方式，或是半自动化的方式完成，将测量得到的影像制作成三维模型。影像测量的结果需要按照真实还原的方法去处理，因此三维模型也被称为实景真三维模型。在测量建模以后，可以对测量的结果和测量的内容进行有效推敲，不仅能够得到比较真实的信息，还可以在长期测量过程中得到准确的结论，这为长期测量的发展奠定了坚实的基础。测量建模的开展，比较符合技术应用标准，在建模过程中对于可能出现问题的环节，或者是容易出现精度问题的地方，提前通过建模的方式进行修改，这样在技术操作的时候，可以直接有效回避这些问题，同时，未来的测量工作也能够朝着更高的目标前进。由此可见，测量建模要仔细地实施。

2.像控点布设

无人机摄影测量技术的应用，要坚持在像控点布设方面合理优化，若像控点布设不合理，会直接导致测量结果出现严重的误差，对于测绘工程造成的负面影响是非常大的。多数情况下，像控点的布设，要经过周密复杂的计算来完成，确保测量的数据和测量的影像是高度准确、高度清晰的。应提前考察像控点布设的位置，有些区域存在较多的外部影响因素，所以在布设时有可能造成较多的问题。像控点一般布设在航线附近，建议选择平缓的地区，这样的区域地势起伏较小，所以不会产生较大的影响。地势起伏复杂，或者是倾斜角比较大的区域，都不是最佳选择。像控点布设的时候，还要加强辅助拍摄关键部位的分析，坚持数据和图像的记录高度准确。

3.像控点测量

相对而言，像控点测量的要求比较多，该方面的工作开展，在于获取像控点的平面位置和高程，所以在测量的过程中应把握好技术的规范操作，以数据的高精度为准，不能总是通过简便方法完成，避免对最终的测量结果造成不利影响。像片控制点采用基于CORS网络RTK技术施测，为了保证像控点和航测相片的POS处于同一个坐标系，作业时需要保证无人机连接的网络CORS端口、接入点与RTK接收机连接一致。在采集像控点的过程中要始终保证对中杆的气泡处于居中的状态，采集完成后，要对控制点拍摄远景照及近景照，便于空三加密人员准确刺点。由此可见，像控点测量的优化，为技术的长期应用和创新奠定了坚实的基础，未来的测量机制要进一步完善，提高测量的效率。

4.影像数据采集

无人机摄影测量技术的每一个环节都具有独特的作用，影像数据采集是不可忽视的部分，在采集的过程中要把握好采集的合理性，不能随意采集。一般情况下，采集工作的开展是按照规划好的航线来操作，但是为了避免采集过程中出现遗漏的现象，需要在地面上仔细观察，有效地判断无人机的飞行状态，确保影像采集的时候是高度稳定的，这样不会造成数据丢失。另外，地面工作的辅助，还可以避免无人机出现偏离航线的现象，促使测量工作朝着更高的目标进步。正式起飞之前，要通过地面仔细检测相机拍照情况，确保没有任何问题，要保证相机可以正常拍照，而且内存卡要能正常存储影像数据，对于影像采集的所有细节问题，都要采取科学的方法去调整。

5.三角测量

在无人机摄影测量技术的应用过程中，三角测量是不可或缺的组成部分，在测量过程中建议通过空中加密测量技术进行辅助。该项技术的应用，促使特定区域的测量工作得到了较多的保障，而且在空间地理位置加密以后，能够减少数据泄露的问题，有利于技术管理的优化，在技术作业的过程中减少隐藏的危险。平坦区域的测量工作，同样要有效实施空中三角加密，建议通过添加数量控制的方法，加强边缘位置的规划，坚持在测量加密的过程中减少疏漏，确保整体测量给出更多的依据。三角测量对于无人机摄影测量技术的辅助效果不错，让每一个区域的测量工作，能够按照独立测量的方法实施，整体上的测量手段应用，开始按照新的思路和新的方法进行调整，一系列的工作开展取得了不错的成果。

（四）无人机摄影测量技术的发展方向

1.选择优秀设备

目前，无人机摄影测量技术的应用得到了业界的高度认可，长期测量工作的开展，基本上没有出现新的问题，不仅技术非常成熟，同时在技术的功能上达到了多样化的目标。该项技术的发展，应坚持在设备上合理优化，尽量选择优秀的设备。无人机的更新换代速度不断加快，尤其是细节零部件的更换持续加强，这促使测量工作能够根据不同的测量任务按照差异性的测量方法进行调整，不仅提高了测量的效率，还可以达到定制化的目标。选择无人机设备前，要明确测量任务的难度，要仔细分析测量过程中影响设备使用的因素。比如，有些区域的地理环境并不理想，对无人机造成的干扰较多，有可能造成外部的破坏，此时在选择设备时，应加强无人机的外部保护设施，避免出现突然损毁的情况。无人机设备的选用，要加强各个区域的有效测试。

2.培育专业技术从业人员

无人机摄影测量技术与从业人员存在密切的关系，有些人的技术水平较高，在操作时可以应对各类复杂环境，同时得到的信息和数据也比较多元化，测量结果的精度较高，各项工作的开展能够得到突出的成绩。但是很多人对于技术的把控并不强，虽然理论理解能力较强，但是在实践工作方面并不能得到卓越的成果。为此，应不断加大技术培训力度，坚持给予从业人员科学的指导，让大家在不同的测量环境下积极锻炼，识别测量环境的优势和劣势，在长期测量的过程中采取科学、合理的方法去作业。另外，技术从业人员的培训，要加强技术责任制应用，让大家明确自己的作业要求和作业标准，对于可能出现的问题及时上报，避免对测量结果造成不利影响。

3.优化测量方案

无人机摄影测量技术的应用要根据实际需求，逐步优化测量方案，对于测量工作的开展不断调整，确保长期测量的过程中给出更多的依据，把握好测量的先进性。测量方案设计前，要开展实地考察分析，对于测量覆盖的范围高度明确，有些测量工程的范围比较大，需要多个无人机同时测量，此时不仅提高了测量的难度，还要在测量操作上保持高度的灵活，否则有可能出现严重的内部损耗。测量方案实施过程中要观察外部动态因素和突发问题的影响，比如极端天气的影响，或者是区域范围内临时封闭等，都要停止测量，并且积极配合相关部门工作，敲定再次测量的时间，及时完成测量任务。测量方案的履行，还要分析测量成本，有些测量方案的成本过高，并不可行，要合理降低成本。

二、无人机遥感技术

在通过无人机实施遥感测量的过程当中，通过遥控操作来使无人机前往指定区域，同时利用无人机所安装的摄像设备来拍摄并测量地面被测目标，从而给地形图的测绘工作提供相应的数据信息。随着我国无人机技术的迅速发展和水平不断提高，并且此技术在实际应用中能够灵活地开展各种测绘任务，测绘效率高且成本较低，无人机技术在工程测量中的应用越来越广泛。在测绘工程中，采用无人机遥感测量技术，能够非常有效地减少测绘所需时间，提高测绘工作的效率。因此，相关社会人员必须要充分把握无人机遥感测量技术的要点，掌握有关的操作规程，从而使无人机遥感测量技术的作用可以得到充分发挥。

（一）无人机遥感测量技术概述

将无人机遥感测量技术运用到测绘当中，和卫星测绘的方式相比，无人机遥感测量具有更高的测绘精度，同时还可以给用户带来更准确的测量信息，测绘所需的成本不高，在实际应用中能够发挥重要作用。通过无人机遥感测量技术进行测绘，主要工作内容就是野外像控点布设及测量、获取测区影像数据、数字测图等。在进行测量时，该技术可以较为高效地得到具有较高精度的低空影像，提高了小面积低空摄影测量的精确性。此外，无人机有较高的适应性，可以在许多人力不能够到达的区域开展工作，高效地收集有关地形信息。无人机在进行测绘时对于飞行条件没有太高的要求，并且在起降地形上也不存在特殊要求，可以低空飞行，应用价值较高。在进行测绘时，无人机利用所装设的彩色数码摄影机及数码相机等设备，可以高效收集到地表影像，同时在此基础上生成三维可视化数据，通过网络技术来快速传输数据，从而确保工作人员在开展地形图测绘工作的过程中能够有充分的数据支持。

（二）无人机遥感测量技术在测绘工程测量中应用的重要性

在测绘工程测量的应用当中，相较于传统的测绘技术而言，无人机遥感测绘技术在许多方面都有着更好的表现，它有助于测绘工程测绘结果精确度的提高。在进行测绘工程测量工作的过程中，相关测绘人员应当结合具体的地貌特点，合理运用全站式的自动化采集模式和自动化系统来收集相关的地理位置信息。首先，有效运用对无人机遥感测量技术，不但可以使采集数据的准确性、可靠性得到提高，还能够有效避免工作人员输入导致的测量误差。其次，无人机遥感测量技术有着较高的自动化程度，它主要通过电子信息技术自动化来实现对勘测数据的准确计算与分析，结合具体的工作条件来对相应的符号、颜色等进行匹配，从而提高地形图的规范性与美观性。最后，在实际应用当中，无人机遥感测量技术能够更加快捷地存储数据。数据化信息存储介质有着体积小、存储容量大的特点，也不容易出现变形损害的情况，因而在测绘工程中得到了广泛应用。此外，其对于所存储的数据信息能够实现重复利用，相关测绘人员能够随时处理这些数据信息，减少了工程测绘的成本，使测绘工程效益得到提高。

（三）无人机遥感测量在测绘工程中的应用要点

1.像控点布设

在应用无人机遥感测量技术时，针对像控点所进行的布置是非常关键的一项工作，主要就是网点布设与像片控制点测量。在对网点进行布设时，能够结合航空拍摄线路跨度把区域网点划分成4条基线。在布设不规则区域网点的过程中，需要对不均匀凹凸位置实施平高点的补充布设。在针对像片控制点进行测量时，选择GPS控制节点，同时测量起算点与检测点，通过接收设备和控制手簿，把它纳入整体网络RTK控制系统，结合RTK运行特点实施像控点测量。在实际应用中能够提前把整体区域当中的像控点设置成平高点，在统一的CORS网络之内，对RTK流动站进行设置，从而确保数据控制终端和无人机航拍数据的正常传输。在RTK测量流动站运行观测效果和标准要求相符的前提下，需要结合相应区域地理坐标，针对测量手簿流动站点运行参数实施平面、高程收敛精度和参数设置，从而确保参数点数据的通信出现问题。在布设像控点时，需要针对无人机和数码摄像设备实施初始化设置，在得到无人机和数码摄像设备固定节以后，需要于各站点设定三次观测频率。

2.遥感测量的空中三角测量

在无人机遥感测量当中，空中三角测量也是非常常见的技术。在无人机当中通过航空数码摄像设备实施空中三角测量，可以有效测量地形的准确位置。在实际应用中，空中三角测量的主要优势就是通过前编辑的系统程序来实现自动计算，获取到准确的地形位置信息。这就有效减少了烦琐复杂的人工设置航空数码摄像设备的步骤。将空中三角测量技术运用到测绘工程中，能够有效实现相对定向。在完成此步骤以后，通过系统将测量航带和测量模型连接，之后再通过空中三角测量计算数据，把所获取到的连接点数据及相控点作为调试信息即可绘制得到具有较高精度的地形图。

3.测量数据的立体采编

在利用无人机遥感测量得到有关数据以后，能够通过业内立体信息来对测量区域内的地形数据信息实施采编和管理。倘若要确保所测数据的立体采编是准确且可靠的，就要利用手动的方式来对等高线的重要信息进行采编，而普通信息则通过计算机立体采编。必须要重视的是，在此过程中需要对物体线节点和地形结构数据等进行严格控制，同时还需要对无人机航空摄影获取的数据进行确定，保证所有数据都是精确的，以免对立体采编准确性造成不利影响。倘若是针对房屋结构进行的信息测绘，就需要先对房屋外部的边缘轮廓进行处理，同时还要矫正房檐边或轮廓等，保证所测得的数据是准确的。倘若有不能够测量的区域要及时标记，防止对地形测量的准确性造成影响。

4.空中测量盲点的外业补测

无论采用何种测绘工具，都难以实现对全部区域的测量，通过无人机遥感测量也存在这样的问题。针对有测量网点的区域，应当以人工补测的方式来进行测量。在此过程中必须要重视外业补测时的对比分析，即对比实际测得的数据与无人机遥感测量的数据，从而验证测绘数据的准确性。倘若有明显偏差，就需要通过分析来明确误差存在于人工测量还是无人机测量，在明确误差位置后需要尽快修正，以保证测绘结果是足够可靠的。在此过程中需要注意，在无人机航空测量的过程中，一定要最大限度防止受到人为因素的干扰，同时还要防止出现传统测量过程中容易出现的测量事故，提高测绘数据的准确性。

（四）无人机遥感技术在测绘工程测量中的具体应用

1.在土地资源信息采集中的应用

在科技水平不断提高的今天，测绘技术不再仅仅是地面上所开展的工作，利用卫星来进行监控及定位，同样是不可缺少的工作。借助于卫星技术能够实现对相关数据信息的分析及监测，从而为相关单位的勘察工作提供更好的条件。无人机遥感技术在测绘工作中发挥了非常大的作用。借助于无人机遥感技术所具有的遥感测绘功能，能够通过三维动态的方式来把土地资源信息展现出来，在此技术的作用之下，可以获取到更为准确的测绘数据信息，同时还使得测绘工作的效率大大提高。对于无人机遥感技术的合理运用，能够进一步加强土地资源管理的调查更新功能。应用卫星影像技术，能够及时对土地资源的相关信息进行更新，这就可以使测量的工作量变得更少，同时还使测绘管理工作的效率得到提高。在应用无人机遥感技术的过程中，必须要尽可能地提高管理人员的专业能力，保证其在开展工作时不会由于人为因素而产生问题，对无人机遥感技术的运用造成影响。对于管理工作人员而言，必须要真正掌握无人机遥感技术的运用方式及操作规范，结合测绘工程的相关政策，对测绘工程的准则进行完善，站在总体的角度上，对测绘技术的反馈数据进行优化，在此基础上生成数据图表，从而使测绘工程的相关信息可以得到更为直观的反映。由于无人机遥感技术具备完善的自动更新功能，能够及时更新相关的数据信息，对于这些方面的数据信息，为了保证统计分析的完整性，管理人员要建立起相应的数据信息库，从而实现对更新检测数据信息的有效统计，做好对于数据信息的整理工作。

2.在土地勘测定界中的应用

遥感技术就是通过电磁波来进行远距离探测的技术，应用对该技术，能够高效地实现对有关地理数据信息的收集和整理。借助于不同光谱的反馈，明确具体的地理结构。在进行土地资源管理工作的过程中，能够利用遥感技术来实现对土地资源的有效划分，利用所反馈的数据信息来深入分析土地资源。与此同时，对原始的数据资料进行利用，对资料内容进行整合，并在此基础上绘制相关的图像，这就能够使管理人员更好地辨别有关数据。在无人机遥感技术的帮助下，将能够更高效地实现对测绘工程数据信息的收集，为测绘工程规划工作的进行提供更好的条件，并且其在测绘工程勘察定界工作当中还发挥着非常大的作用。勘察定界主要就是针对各种功能土地所进行的划分，这样的划分可使测绘工程中资源的开发运用效率变得更高，使资源能够被控制在要求的范围之内。对测绘工程而言，其既涉及能够用来经济生产的土地资源，还涉及短时间内不能够带来经济效益的土地资源。传统的技术方式往往难以实现对各种类型土地资源可再生性的区分和改善，而在无人机遥感技术的作用之下，就能够实现对土地资源的科学划分，使资源的应用范围能够得到明确。为了提高土地资源管理的效率及质量，必须要针对土地资源相关数据信息进行科学的整理与分析。

3.在动态监测测绘工程测量中的应用

在无人机遥感技术中，动态监测是其非常关键的一项应用，能够给测绘工程测量工作的进行创造更好的条件。在传统的测绘工程测量工作中，通常无法实现对于测绘工程数据信息的实时更新，这就对测绘工程测量工作的进行造成了很大影响。而在无人机遥感技术的帮助下，能够实现对测绘工程的动态化建设，这就大大提高了测绘工程测量工作信息的实时性。如对各种无人机遥感技术的应用，就能够做到对测绘工程的动态化监测并且还能够及时整理并分析相关的测绘工程数据信息，促使相关管理部门真正掌握测绘工程的具体状况。通过其所具有的数字化处理功能，做好对于有关测绘工程数据的信息化处理，并在此基础上利用三维立体图像的方式将其展现出来，整合原始单一化的数据，让原本的测绘工程信息变得更加直观，使测绘工程测量工作顺利进行。

第四章　测量误差概述

第一节　测量误差基础概念

质量始于测量，在质量管理中，无论是应用统计过程控制（SPC），或是利用实验设计（DOE）等优化过程控制质量，都直接依靠于对过程数据的整理分析，因此，测量数据的质量对于管理实践而言具有至关重要的意义。为了获得高质量的数据，就需要对测量系统的诸多误差源进行分类、分析。

测量是为确定被测对象的量制而进行的实验过程。但是在测量中，人们通过实验的方法来求被测量对象的真值时，由于对客观规律认识的局限性、测量仪器不准确、测量手段不完善、测量条件发生变化以及在测量工作中的疏忽或错误等原因，都会造成测量结果与真值不相等，这个差别就是测量误差。为了使测量结果更真实地反映测量对象，应该掌握误差的规律，在一定的条件下尽量减小误差。

一、测量基础

（一）测量现状与发展

1.工程测量的现状与发展趋势

随着传统测绘技术到数字化测绘技术和信息化测绘技术的发展，工程测量的服务面不断拓宽，与其他学科的互相渗透和交叉不断加强，新技术、新理论的引进和应用更加深入。因此，今后工程测量总的发展趋势为：测量数据采集和处理向一体化、实时化、数字化方向发展；测量仪器和技术向精密、自动化、智能化、信息化方向发展；工程测量产品向多样化、网络化、社会化方向发展。具体表现在以下几个方面。

（1）大比例尺工程测（成）图数字化。大比例尺地形图和工程图的测绘是工程测量的重要内容和任务。工程建设规模扩大、城市迅速发展以及土地利用、地籍测量的紧迫要求，都希望缩短成图周期和实现成图自动化。目前，国内外已研制出大比例尺成图数字化系统，正在进行推广和完善。

从野外数据采集、处理到绘图的数字化系统，以20世纪80年代初瑞士Wild厂的Geomap整体式测图系统为代表。整个系统形成了一个数据流，而且是双向的，包括全站型仪器处理机和数控绘图桌。另一种是Geocomp机助测量系统，实际上是一个组合式的系统。其功能包括机助测量和工程软件两部分：机助测量为彩色及黑色的各种图的显示和绘制，如由控制绘图机画出工程地形图、等高线图、带状平面图、立体透视图、纵横断面图、剖面图、地籍图、竣工图、地下管网图等；工程软件包括数据处理软件、数字地面模型软件及应用软件三大部分，可以进行工程量计算，如计算模型面积、体积及填挖方量等，还可进行土地规划及工程设计。这种机助成图系统不仅用在城市、工矿地区测图和地籍测量中，而且在欧美一些先进国家也用到公路、铁路、输电线路及水利等测量部门。

国内大比例尺工程测图数字化在近几年内得到了迅速的发展，已经推出了多种商业化数字测（成）图软件系统。利用袖珍计算机、掌上计算机和便携机及全站仪、半站仪进行数据采集和成图处理，既适合中国国情，也为数字化测图做出了贡献。

（2）工业测量系统的最新进展。20世纪80年代以来，现代工业生产进入了一个新的阶段，许多新的设计、工艺要求对生产的自动化流程、生产过程控制、产品质量检验与监测等工作进行快速、高精度的测点、定位，并给出工件或复杂形体的三维数学模型，这是传统的光学、机械等工业测量方法所无法完成的。工业测量系统是指以电子经纬仪、全站仪、数字相机等为传感器，在计算机的控制下，完成工件的非接触和实时三维坐标测量，并在现场进行测量数据的处理、分析和管理的系统。与传统的工业测量方法相比较，工业测量系统在实时性、非接触性、机动性和与CAD/CAM联结等方面有突出的优点，因此在工业界得到了广泛的应用。

①经纬仪测量系统。经纬仪测量系统（MTS）是由多台高精度电子经纬仪构成的空间角度前方交会测量系统，如Leica在1995年前推出的ManCAT系统和ECDS3系统，最多可接8台电子经纬仪，现在波音和麦道飞机制造公司及其合作伙伴（如中国沈飞、上飞、西飞等）还在使用ManCAT系统。经纬仪测量系统的硬件设备主要由高精度的电子经纬仪72000/T3000与TPS5000系列（也可联结Kern的E2/E20电子经纬仪）、基准尺、接口和联机电缆及微机等组成。采用手动照准目标、经纬仪自动读数、逐点观测的方法。MTS在几米到十几米的测量范围内的精度可达到0.02~0.05mm。

②全站仪极坐标测量系统。全站仪极坐标测量系统是由一台高精度的测角、测距全站仪构成的单台仪器三维坐标测量系统（STS）。例如Leica在1995年前推出的商业化系统PCMSplus，其全站仪采用TC2002，测角精度为0.5”，测距标称精度为1mm+1ppm。TC2002在近距离测距时，无须校镜作为测距目标，只须采用特制的不干胶（或磁性）反射片贴到被测物的表面上，软件处理时顾及了标志的厚度。

极坐标测量系统的发展方向是自动极坐标测量系统，自动极坐标测量系统（APS）是由一台TM3000D马达驱动电子经纬仪和一台Leica测距仪构成的。APS的照准和观测完全自动化，特别适用于露天矿建设等工地的滑坡变形监测。最新的APS-Win系统采用TM1800马达经纬仪或TCA1800/TCA2003/TCA5005自动跟踪全站仪。TCA1800全站仪采用了所谓的自动目标识别（ATR）技术，能自动瞄准棱镜进行测量。它的基本原理是ATR与望远镜同轴安装，并向目标发射激光束，返回的激光束被仪器中的CCD相机捕获从而计算出反射光点中心的位置，并化算为水平角和垂直角改正数，最后驱动马达步进到棱镜的中心位置。

由多台TCA1800构成的自动极坐标测量系统已经应用于香港地铁的变形监测中，其中一台仪器可监测200m左右的断面，每个断面上按一定间隔安装专用的微型棱镜，并在固定点上也安装棱镜，多台仪器同时对固定站和变形点进行观测，从而实现对2个地铁车站间隧道的24小时不间断自动化测量。

③激光跟踪测量系统。激光跟踪测量系统（LTS）的代表产品为SMART310。与常规经纬仪测量系统不同的是，SMART310激光跟踪测量系统可全自动地跟踪反射装置，只要能让反射装置在被测物的表面移动，就可实现该表面的快速数字化。由于干涉测量的速度极快（每秒最多到500次读数），其坐标重复测量精度高达到Sppm，因此它特别适用动态目标的监测，如机器人的检校等。SMART310的测量原理同样是极坐标法，测量硬件为一台激光跟踪仪（Laser Tracker），它的测量头的设计与经纬仪类似，也有横轴和竖轴，并用码盘分别测量水平角和垂直角。斜距通过激光干涉测量法获得，由于干涉测量只能获得相对距离，因此绝对距离需要从某一距离已知的点上起算。

最新的激光跟踪测量系统为Axy-LTM，它的硬件为LTS00/LTD500激光跟踪仪，其测量速度比SMART310快一倍，而LTD500为带绝对测距仪的激光跟踪仪，在测量信号被遮挡后，绝对测距仪能及时测出绝对距离，保证跟踪仪能继续测量，因此工作速度更快，可用于放样和检测。

④数字摄影测量系统。美国大地测量服务公司（CSI）生产的V-STARS是数字摄影测量系统的典型产品。它是采用数字近景摄影测量原理，通过2台高分辨率的柯达数字相机对被测物同时拍摄，得到物体的数字影像，经计算机图像处理后得到精确的x、y、z坐标。V-STARS系统为了保证最佳的图像量测精度和效果，其被测点的标志比较讲究，采用特制的回光反射标志RRT（retro recite target）。在拍摄图像时采用多姿态和不同角度以消除镜头的畸变差，数字相片的相对定向和绝对定向采用专用磁性定向标志和标准尺放在物方空间，同时被拍摄到图像中。相对定向由鼠标控制完成，而影像匹配则由计算机自动完成。V-STARS特别适用于动态物体的快速坐标测量，其操作方便，对现场环境无任何要求，尤其在有毒、有害的环境下是其他工业测量系统所无法比拟的。在近距离范围内它的测量精度达到了0.1~0.03mm。

数字摄影测量的最新进展是采用高分辨率的数字相机来提高测量精度，另外，利用条码测量标志可以实现控制点编号的自动识别，采用专用纹理投影设备可以代替物体表面的标志设置，这些最新的技术正在使数字摄影测量朝着完全自动化的方向发展。

2.施工测量自动化和智能化的进展

计算机立体视觉是自动机器人的眼睛，它能实时提供有关机器人操作目标及其周围环境的方位、距离、形状、色彩和纹理等信息，用以控制机器人完成动态目标和环境的操作任务并促使机器人智能化。

施工测量的工作量大，现场条件复杂，施工测量自动化、智能化应是其长期目标。目前出现的“自动寻标全站仪”向这个目标前进了一步，新型电子速测系统Geodimeter400系列，由一台Geodimter400和智能反射器RPU（remote Processor unit）组成。操作时只需携带一个反射器到待测设的点上，由RPU发射一个信号，则速测仪接收后自动启动并搜索RPU，找到后自动照准并显示方向、距离、竖角、平距及三维坐标，观测员利用RPU键盘和显示器检查测量过程。

由GPS和智能全站仪构成的自动测量和控制系统在施工测量自动化方面已迈出了可喜的一步，实现了开挖和掘进的自动化。我国自行开发的利用多台TCA1800自动目标照准全站仪构成的顶管自动引导测量系统在上海市的地下顶管施工中发挥了巨大的作用。系统利用4台TCA1800全站仪，在计算机的控制下按自动导线测量方式，实时测出机头的位置并与设计坐标进行比较，从而在不影响顶管施工的情况下实时引导机头走向正确的位置。

3.工程测量仪器和专用仪器向自动化方向发展

（1）精密角度测量仪器已发展到用光电测角代替光学测角，光电测角能够实现数据的自动获取、改正、显示、存储和传输，测角精度与光学仪器相当并有超过迹象。如T2000、T3000电子经纬仪采用动态测量原理，测角精度达到0.5"。马达驱动的电子经纬仪和目标识别功能实现了目标的自动照准。

（2）精密工程安装、放样仪器，以全站式电子测速仪发展最为迅速。全站仪不仅具有测角和电子测距的功能，而且具有自动记录、存储和运算能力，有很高的作业效率。最新的全能型全站仪，在完善的硬件条件下，包含了丰富的软件，可实现地面控制测量、施工放样和大比例尺碎部测量的一体化，同时还解决了中文菜单的提示和操作问题。

（3）精密距离测量仪器，其精度与自动化程度越来越高。干涉法测距精度很高，例如：欧洲核子中心（CERN）在美国HP5526A激光干涉仪基础上，设计了有伺服回路控制的自准直反射器系统，施测60m以内距离误差小于0.01mm；瑞士与英国联合生产的MES000电磁波测距仪，采用He-Ne红色激光束，单镜测程达5km，精度为±0.2mm±（0.1~0.2ppm）。

（4）高精度定向仪器，陀螺经纬仪在自动化观测方法上有了较大进步。采用电子计时法，定向精度从±20"提高到±4"。新型陀螺经纬仪由微处理器控制，可以自动观测陀螺连续摆动，并能补偿外部干扰，因此时间短、精度高，例如德国DMT生产的Gyromat2000陀螺经纬仪只需观测9min就能获得±3"的精度。目前陀螺经纬仪正向激光陀螺定向发展。

（5）精密高程测量仪器，采用数字水准仪实现了高程测量的自动化。例如，LeicaNA3000和TopconDL101全自动数字式水准仪和条码水准标尺，利用图像匹配原理实现自动读取视线高和距离，测量精度达到每公里往返测量标准差为0.4mm，测量速度比常规水准测量快30%；德国REN002A记录式精密补偿器水准仪和Telamat激光扫平仪实现了几何水准测量的自动安平、自动读数和记录、自动检核，为高程测量和放样提供了极大的便利。

（6）工程测量专用仪器，主要是指用于应变测量、准直测量和倾斜测量等的专用仪器。应变测量仪器有直接使用的各种传感器，以及用机械法和激光干涉法的精密测量应变的仪器，如欧洲核子中心研制的Distinvar是精密机械法测距的装置，精度达0.05mm，激光干涉仪测量精度达10^{-7}以上，可用于直接变形测量，还可检核其他仪器。用于地面或高大建筑物倾斜测量的倾斜仪，一类是根据“长基线”做成的静力水准仪，精度高达0.001"，如国产的FSQ；另一类采用垂直摆或水平气泡作为参考线，通过机械法或电学法测量倾斜，精度为0.01"。测倾斜仪主要用于监测滑坡、地面沉陷、地壳形变等方面。波带板激光准直系统的精度在大气中为10^{-3}–10^{-4}，在真空中为10^{-7}以上。它已成功地用于精密的轨道安装和加速器磁块的定位、大坝变形观测等，例如北京正负电子对撞机工程的直线加速器的安装。

4.特种精密工程测量的发展

为了保证各种大型建设工程的顺利进行，需要进行特种精密工程测量。特种精密工程测量的特点是把现代大地测量学和计量学结合起来，使用精密测量和计量仪器，在超出计量的条件下，获得10″以上的相对精度。

大型精密工程，不仅结构复杂而且对测量精度有较高要求，例如研究基本粒子结构和性质的高能粒子加速器工程，要求安装两相邻电磁铁的相对径向误差不超过±（0.1~0.2）mm，在直线加速器中漂移管的横向精度为0.05–0.3mm。紧缩场工程的检校测量精度为0.02mm。工程测量要满足这样高的精度，就要开展一系列的研究工作，包括选择最优布网方案，埋设最稳定标志，研制专用的测量仪器，采用合理的测量方法，进行数据处理和建立数据库等。以大型核电厂工程测量为例，60m长、20m宽的汽轮发电机组，其平面控制点精度要小于2mm，水平位移和垂直位移精度控制在±（0.2–0.5）mm。为此需要建立自动化持续的监测系统，包括液体静力水准测量系统（σ=±0.1mm），电子应变仪（测量基础与汽轮机组之间的距离变化，测程2mm时，σ=±0.007mm；测程8mm时，σ=±0.02mm），电子铅直仪（测量汽轮机组基座平面位移，测程5mm时，

σ = ± 0.05mm），电子测倾仪（σ = ± 1"）等。

5.工程测量数据处理自动化和数据库

测量仪器的发展，一方面由于仪器精度的提高，使许多一般性的工程测量问题变得简单，而另一方面又因所获得的信息量很大，对数据动态处理和解释的要求提高，从而对结果的可靠性和精度要求也大大提高。特别是大型建筑和工业设备的施工、安装、检校、质量控制以及变形测量等，要求工程测量工作者除了具有丰富的经验外，还应在测量技术方案设计、仪器方法选择等方面，与相邻学科如地球物理、工程地质和水文地质人员密切合作，在研究和制订恰当的数据处理方法及计算机软件等方面，应具有丰富的专业知识和独立的工作能力。随着计算机技术的发展，工测数据处理正在逐步走向自动化。主要表现在对各种控制网的整体平差、控制网的最优化设计和变形观测的数据处理和分析等方面。

随着工程测量数据采集和数据处理的逐步自动化、数字化，测量工作者如何更好地使用和管理大量的工程测量信息，其最有效和最好的方法是建立工程测量数据库，或与cIs技术结合建立各种工程信息系统。目前许多工程测量部门已经建立了各种用途的数据库和信息系统，如控制测量数据库、地下管网数据库、道路数据库、营房数据库、土地资源信息系统、城市基础地理信息系统、军事工程信息系统等，为管理部门进行信息、数据检索与使用管理的科学化、实时化和现代化创造了条件。

（二）工程测量基础

1.控制测量

控制测量分为平面控制测量和高程控制测量。平面控制测量确定控制点的平面坐标，高程控制测量确定控制点的高程。在传统测量工作中，平面控制网与高程控制网通常分别单独布设。目前，有时候也将两种控制网合起来布设成三维控制网。控制测量起到控制全局和限制误差积累的作用，为各项具体测量工作和科学研究提供依据。

（1）平面控制测量。在传统测量工作中，平面控制通常采用导线测量和交会测量等常规方法建立。必要时，还要进行天文测量。目前，全球定位系统GPS已成为建立平面控制网的主要方法。

将控制点用直线连接起来形成折线，称为导线，这些控制点称为导线点，点间的折线边称为导线边，相邻导线边之间的夹角称为转折角（又称导线折角、导线角）。另外，与坐标方位角已知的导线边（称为定向边）相连接的转折角，称为连接角（又称定向角）。

通过观测导线边的边长和转折角，根据起算数据经计算而获得的导线点的平面坐标，即为导线测量。导线测量布设简单，每点仅需与前、后两点通视，选点方便，特别是在隐蔽地区和建筑物多而通视困难的城市，应用起来方便灵活。

（2）交会测量。交会测量是加密控制点常用的方法，它可以在数个已知控制点上设站，分别向待定点观测方向或距离，也可以在待定点上设站向数个已知控制点观测方向或距离，而后计算待定点的坐标。常用的交会测量方法有前方交会、后方交会、测边交会和自由设站。

（3）高程控制测量。高程控制主要通过水准测量方法建立，而在地形起伏大、直接利用水准测量较困难的地区建立低精度的高程控制网，以及图根高程控制网，可采用三角高程测量方法建立。在全国范围内采用水准测量方法建立的高程控制网，称为国家水准网。国家水准网遵循从整体到局部、由高级到低级、逐级控制、逐级加密的原则分四个等级布设，各等级水准网一般要求自身构成闭合环线或闭合于高一级水准路线上构成环形。国家一、二等水准网采用精密水准测量建立，是研究地球形状和大小、海洋平均海水面变化的重要资料，同时根据重复测量的结果，可以研究地壳的垂直形变规律，是地震预报的重要数据。国家三、四等水准网直接为地形测图和工程建设提供高程控制点。

在国家水准测量的基础上，城市高程控制测量分为二、三、四等，根据城市范围的大小，城市首级高程控制网可布设成二等或三等水准网，用三等或四等水准网作进一步加密，在四等以下再布设直接为测绘大比例尺地形图用的图根水准网。

2.地形测量

碎部测量就是以控制点为基础，测定地物、地貌的平面位置和高程，并将其绘制成地形图的测量工作。碎部测量的实质就是测绘地物和地貌碎部点的平面位置和高程。碎部测量工作包括两方面内容：一是测定碎部点的平面位置和高程，二是利用地图符号在图上绘制各种地物和地貌。

地面数字测图是指对利用全站仪、GPS接收机等仪器采集的数据及其编码，通过计算机图形处理而自动绘制地形图的方法。地面数字测图基本硬件包括：全站仪或GPS接收机、计算机和绘图仪等。软件基本功能主要有：野外数据的输入和处理、图形文件生成、等高线自动生成、图形编辑与注记和地形图自动绘制。

地面数字测图的工作内容包括野外数据采集与编码、数据处理与图形文件生成、地形图与测量成果报表输出。野外数据采集采用全站仪或GPS接收机进行观测，并自动记录观测数据或经计算后的碎部点坐标，每个碎部点记录通常有点号、观测值或坐标、符号码以及点之间的连线关系码。这些信息码用规定的数字代码表示。由于在地面数字测图中计算机是通过识别碎部点的信息码来自动绘制地形图符号的，因此，输入碎部点的信息码极为重要。数据处理包括数据预处理、地物点的图形处理和地貌点的等高线处理。数据预处理是对原始记录数据作检查，删除已废弃的记录与和图形生成无关的记录，补充碎部点的坐标计算和修改含有错误的信息码并生成点文件。图形文件生成即根据点文件，将与地物有关的点记录生成地物图形文件，与等高线有关的点记录生成等高线图形文件。图形文件生成后可进行人机交互方式下的地形图编辑，主要包括删除错误的图形和无须表示的图形，修正不合理的符号表示，增添植被、土质等配置符号以及进行地形图注记，最终生成数字地形图的图形文件。地形图与测量成果报表输出，即将数字地形图用磁盘存储和通过自动绘图仪绘制地形图。

二、测量误差基本概念

在测量工作中，闭合水准路线的高差总和往往不等于零；观测水平角时，两个半测回（或各测回）测得的角值不完全相等；距离往返丈量的结果总有差异。这些都说明观测值中不可避免地有误差存在，即任何观测值都包含测量误差。

任何一个观测量客观上总是存在着一个能代表其真正大小的数值，这一数值就称为真值。每次观测所得的数值称为观测值。设观测对象的真值为X，观测值为L_i（i=1，2，…，n），则观测值与真值之差称为真误差，其定义式为：

$$\Delta_i = L_i - X \quad (i=1, 2, \cdots n) \tag{4-1}$$

三、测量误差产生的原因

（一）仪器误差

仪器的误差是客观存在的，由仪器本身的电路设计、安装、机械部分环境不完善所引起的误差称为仪器误差，主要包括读数误差、内部噪声误差、稳定性误差，其他误差等。仪器误差是产生测量误差的主要原因之一。仪器误差常表现为以下三种情况：

（1）示值误差。如电表的轴承磨损引起示值不准等。

（2）零值误差。如电表在使用之前未调整零位等。

（3）仪器机构和附件误差。如电桥的标准电阻不准等。

（二）使用误差

泛指测量过程中因操作不当而引起的误差，也称为操作误差。例如用万用表测量电压或电流，由于选择挡位不正确而造成的误差；测量电阻时，没有进行欧姆校零而产生的误差。

（三）人身误差

由人的感觉器官所产生的误差，即由测量者的分辨能力、责任心等主观因素，造成测量数据不准确所引起的误差。人的听力、视力及动作都会产生人身误差。如在使用停表计时中，有的人失之过长，有的人失之过短；在电表读数时，有人偏左而有人偏右；在估计读数时，有人习惯偏大而有人习惯偏小等。

（四）环境误差

是与测量工作环境要求不一致，受外界环境因素影响（如温度、湿度、气压、电磁场、光照、声音、放射线、机械振动等）产生的误差。

（五）理论误差

就是建立在用近似公式或者不完善理论处理结果的基础上所产生的误差。

四、误差的分类

根据误差的性质和特点，可将测量误差分为系统误差、随机误差和疏忽误差3类。

（一）系统误差

系统误差又称为系差，是指在相同条件下，多次测量同一量值时，误差的绝对值和符号保持不变，或在条件改变时，按一定规律变化的误差。它又可分为恒定系差和变值系差。这类误差是测量误差的主要部分，对测量结果的影响较为严重。

（1）恒定系差是指误差的数值在一定条件下保持不变的误差。如测量仪器的零点未调整好，或者安装不平而朝某一方向倾斜等。

（2）变值系差是指误差的数值在一定条件下，按某一固定规律变化的误差。根据变化规律可将之分为：

①累进性系差，它是指在整个测量过程中，误差的数值是在逐渐增加或逐渐减少的系统误差。

②周期性系差，它是指在测量过程中，误差的数值发生周期性变化的系统误差。例如测角仪，如果它存在偏心，则各分度线误差的变化就符合这种规律。

③按复杂规律变化的系差，如电工仪表整个分度线上存在的系统误差，其变化规律就属于此类系差。通常只能用曲线、表格或经验公式来表示。

系统误差的特点是，测量条件一经确定，误差就为一确切的数值。用多次测量取平均值的方法，并不能改变误差的大小。系统误差的产生原因是多方面的，但总是有规律的。我们仍旧能设法事先预见或找出系统误差产生的根源，针对其产生原因，采取相应的技术措施消除或减弱影响，也可以估计出其影响程度，在测量结果中加以修正。

（二）随机误差（偶然误差）

在相同条件下，多次测量同一量值时，误差的绝对值和符号均发生变化，其值时大时小，其符号时正时负，没有确定的变化规律，也不可以预见的误差被称为随机误差。

随机误差主要是由那些对测量值影响较微小，又互相关联的多种因素共同造成的。例如热骚动，噪声干扰，电磁场的微变，空气扰动，测量人员感觉器官的各种无规律的微小变化，等等。由于上述这些因素的影响，从宏观上来看，或者从平均意义上来说，虽然测量条件没变，比如使用的仪器准确的程度相同，周围环境相同，测量人员以同样的细心进行工作，等等，但只要测量装置的灵敏度足够高，就会发现测量结果有上、下起伏的变化，这种变化就是由随机误差造成的。就一次测量而言，随机误差没有规律，不可预见，但是当足够多次测量时，其总体服从统计的规律，多数情况下接近正态分布。

随机误差具有以下几个特点。

（1）在多次测量中误差绝对值的波动有一定的界限，即具有有界性。

（2）绝对值相等的正误差和负误差出现的机会相同，即具有对称性。假设无系统误差情况下的实际值。

（3）当测量次数足够多时，随机误差的算术平均值趋近于零，即具有抵偿性。

（4）由大量重复测量获得的测量值或数据，会以其算术平均值为中心集中分布，即具有单峰性。

这种误差的特点与正态分布的特点和规律是相同的，而与按复杂规律变化的系统误差有着本质的区别。因为系统误差服从确切的函数关系，无论规律怎样复杂，如果多次重复测量，该规律仍然不变。随机误差却没有这种重复性。

（三）疏忽误差

在一定的测量条件下，测量值明显地偏离其真值（或实际值）所形成的误差称为疏忽误差，又叫作粗大误差。

产生这种误差的原因有二。其一，一般情况下，它不是仪器本身固有的，主要是在测量过程中由于疏忽造成的。例如测量者工作过于疲劳，缺乏经验，操作不当或工作责任心不强等造成的读错刻度、记错读数或计算错误。这是产生疏忽误差的主观原因。其二，由于测量条件突然变化，如电源电压、机械冲击等引起仪器示值的改变，这是产生疏忽误差的客观原因。凡确认含有疏忽误差的测量数据统称为坏值，应当剔除不用。

五、测量结果的处理

测量结果通常用数字或曲线图形表示，测量结果的处理就是要对测量数据进行计算、分析、整理和归纳，以得出正确的科学结论。

（一）测量结果的数字处理

由于在实验过程中不可避免地存在误差，所以测量结果一定是近似值，这就涉及如何用近似数恰当地表达测量结果的问题，亦即有效数字的问题。

有效数字是指从左边第一个非0数字算起，直到右边最后一位数字为止的所有各位数字。例如，375kΩ、2.50mA、7.09V、0.0436MHz等都是三位有效数字。上面的0.0436MHz，可以写成43.6kHz，但不能写成43600Hz，后者为五位有效数字，两者的意义不同，所以有效数字不能因选用的单位变化而改变。若用10的方幂来表示数据，则“10”的方幂前面的数字都是有效数字，如30.40×10^3Hz，它的有效数字是4位。测量中有效数字是几位，要视具体情况而定，但可以根据舍入规则保留有效数字为几位。关于有效数字的运算规则，在物理实验中已有介绍，这里不再复述。

（二）测量结果的列表处理

列表处理就是将一组测量数据中的自变量、因变量的各个数值按一定的形式和顺序一一对应列出来。一个完整的表格应包括表的序号、名称、项目（应用单位）、说明及数据。这种方法的优点是同一表格内可以同时表示几个变量的关系，数据便于比较，形式紧凑，而且简单易行。

（三）测量结果的曲线处理

测量结果除了常用数字表示外，还常用各种曲线表示。在分析两个（或多个）物理量之间的关系时，用曲线比数字或公式更形象直观，对曲线的形状、特性和变化趋势的分析研究，可以给我们许多启示，从而有利于得出正确的结论。要做出一条符合客观规律、反映真实情况的曲线，应注意以下几点。

（1）合理选用坐标，最常用的是直角坐标，也可选用单对数、双对数等其他坐标系。横坐标代表自变量，纵坐标代表因变量。

（2）合理选用坐标分度，标明坐标所代表的物理量和单位，纵、横坐标的比例不一定取得一样，如果坐标分度不合适，可能反映不出曲线变化的细微特征。例如测量电路的频率特性，由于频率变化范围很大，若用均匀分度的坐标，则低频部分被挤缩，低频特性变化规律不明显，此时就可将代表频率的横坐标取为对数坐标。

（3）合理选择测量点，并准确标记各测试点。测量点的多少，应根据曲线的具体形状而定，对于曲线变化平坦的部分，可少取测量点，而曲线变化剧烈的部分和某些重要的细节部分，测量点应相对多取，以免漏掉变化的过程。

（4）修匀曲线。由于测量过程中各种误差的影响，测得的数据将出现离散现象，如果将各测量点直接连起来，常常不会是一条光滑的曲线（直线），而是一条不规则的波动曲线。我们可以运用误差理论，把因随机因素引起的曲线波动抹平，使之成为一条光滑均匀的曲线，这个过程称为曲线的修匀。

修匀曲线通常可以采用凭直觉法和分组平均法。当测量要求不高或测量点离散程度不大时，可用曲线板作出一条光滑的、基本上对称通过所有测量点的曲线，称为凭直觉法。当测量点离散程度较大时，采用一种简单、可行的工程方法—分组平均法。这种方法是将各测量点分成若干组，每组含2~4个测量点，然后分别估取各组的几何重心，再将这些重心连接起来，画一条光滑的曲线。由于这条曲线进行了数据平均，在一定程度上减少了随机误差的影响，所以较为符合实际情况。

六、误差处理措施

错误的存在不仅大大影响测量成果的可靠性，而且往往造成返工浪费，给工作带来难以估量的损失，必须采取适当的方法和措施，保证观测结果中不存在错误。

系统误差对于观测结果一般有累积的作用，它对观测成果的质量影响也特别显著。在实际工作中，应该采用各种方法来消除或减弱系统误差对观测成果的影响，达到实际上可以忽略不计的程度。

当观测序列中已经排除了系统误差的影响，或者说系统误差与偶然误差相比已处于次要地位，即该观测序列中主要是存在着偶然误差。对于这样的观测序列，就称为带有偶然误差的观测序列。这样的观测结果和偶然误差便都是一些随机变量，如何处理这些随机变量是测量平差这一学科所要研究的内容。

七、测量平差的任务

由于观测结果不可避免地存在着偶然误差的影响，在实际工作中，为了提高成果的质量，防止错误发生，通常要使观测值的个数多于未知量的个数，也就是要进行多余观测。

由于偶然误差的存在，通过多余观测必然会发现观测结果之间不相一致，或不符合应有关系而产生的不符值。因此，必须对这些带有偶然误差的观测值进行处理，消除不符值，得到观测量的最可靠的结果。由于这些带有偶然误差的观测值是一些随机变量，因此，可以根据概率统计的方法来求出观测量的最可靠结果，这就是测量平差的一个主要任务。测量平差的另一个主要任务是评定测量成果的精度。

八、精密度、精确度与准确度

用同一测量工具与方法在同一条件下多次测量，如果测量值随机误差小，即每次测量结果涨落小，说明测量重复性好，称为测量精密度好，也称稳定度好，因此，测量偶然误差的大小反映了测量的精密度。

根据误差理论可知，在测量次数无限增多的情况下，可以使随机误差趋于零，而获得的测量结果与真值偏离程度—测量准确度，将从根本上取决于系统误差的大小，因而系统误差大小反映了测量可能达到的准确程度。

精确度是测量的准确度与精密度的总称，在实际测量中，影响精确度的可能主要是系统误差，也可能主要是随机误差，当然也可能两者对测量精确度的影响都不可忽略。在某些测量仪器中，常用精度这一概念，实际上包括了系统误差与随机误差两个方面，例如常用的仪表就以精度划分仪表等级。

仪表精确度简称精度，又称准确度。精确度和误差可以说是孪生兄弟，因为有误差的存在，才有精确度这个概念。简言之，仪表精确度就是仪表测量值接近真值的准确程度，通常用相对百分误差（也称相对折合误差）表示。仪表精确度不仅和绝对误差有关，而且和仪表的测量范围有关。绝对误差大，相对百分误差就大，仪表精确度就低。如果绝对误差相同的两台仪表，其测量范围不同，那么测量范围大的仪表相对百分误差就小，仪表精确度就高。精确度是仪表很重要的一个质量指标，常用精度等级来规范和表示。精度等级就是最大相对百分误差去掉正负号和%。按国家统一规定划分的等级有0.05，0.02，0.1，0.2，1，5等。数字越小，说明仪表精确度越高。

九、减小测量误差的方法

熟悉测量仪器，掌握正确的测量方法，分析误差的来源，采用有效的方法可以减小测量误差。

（一）减小仪器误差

仪器误差主要来自仪器本身，所以要定期对仪器进行维护和校准。正确保养、使用仪器是减小仪器误差的重要环节。

（二）减小使用误差

熟悉仪器的使用方法，严格遵守操作规程，提高使用技巧和对各种现象的分析能力。

（三）减小人身误差

除了人的耳朵、眼睛等感觉器官所产生的不可克服因素外，应尽量提高操作技巧和改进方法，以减小人身误差。

（四）减小环境误差

一定要按照实验的要求在适合的环境下进行实验，此外，还要在仪器设备所能承受的环境下进行实验。否则不仅会损坏仪器设备，还会造成测量误差比较大。根据被测量对象的特性和要求，采用合理的测量方法，选用合理的精确仪，营造一个合理的测试环境。

（五）正确处理测量数据

测量结果既可以是数字也可以是图形。在记录数据时，要精确地算出符合要求的结果。利用精确的公式和理论得出测量结果。

总而言之，对于仪器操作、使用人员而言应该正确组织实验过程，合理选用仪器，合理选择测量方法，正确处理测量和实验数据，合理分析实验结果。对于设计人员，误差分析的主要任务是：找出产生误差的根源；研究误差对仪器精度的影响。从使用角度分析误差，可以依据误差的来源和误差性质采用相应的理论进行数据处理，力求测量数据能够客观反映被测量的规律。

第二节　偶然误差的特性

偶然误差产生的原因纯系随机性的，只有通过大量观测才能揭示其内在的规律，这种规律具有重要的实用价值。现通过一个实例来阐述偶然误差的统计规律。

在相同的观测条件下，独立地观测了358个三角形的全部内角，每个三角形内角之和应等于它的真值180°。但是，由于观测值存在测量误差而往往与真值不相等。根据式（4-2）可计算各三角形内角和的真误差为：

$$\Delta_i = (L_1 + L_2 + L_3)\ i - 180° \quad (4\text{-}2)$$

式中，$(L_1+L_2+L_3)$ 为第i个（i=1，2，…n）三角形内角观测值之和。现取误差区间的间隔$d\Delta$=5′，将这一组误差按其正负号与误差值的大小排列。出现在某区间内误差的个数称为频数，用K表示，频数除以误差的总个数（K/n），称为误差在该区间的频率。统计结果列于表4-1，此表被称为频率分布表。

表4-1　频率分布表

误差区间	Δ为负值			Δ为正值		
	K	K/n	$(K/n)/\Delta$	K	K/n	$(K/n)/\Delta$
0″ ~5″	45	0.126	0.0252	46	0.128	0.0256
5″ ~10″	40	0.112	0.0224	41	0.115	0.0230
10″ ~15″	33	0.092	0.0184	33	0.092	0.0184
15″ ~20″	23	0.064	0.0128	21	0.059	0.0118
20″ ~25″	17	0.047	0.0094	16	0.045	0.0090
25″ ~30″	13	0.036	0.0072	13	0.036	0.0072
30″ ~35″	6	0.017	0.0034	5	0.014	0.0028
35″ ~40″	4	0.011	0.0022	2	0.006	0.0012
40″ 以上	0	0	0	0	0	0
Σ	181	0.505	0.101	181	0.495	0.099

为了更直观地分析研究偶然误差之特性，根据表4-1的数据画出如图4-1的图形。图中横坐标0表示误差的大小，纵坐标y为各区间内误差出现的频率除以区间的间隔，即（K/n）/dΔ。这样，图4-1中每个误差区间上的长方条面积就代表误差出现在该区间的频率。例如，图中画有斜线的面积就是误差出现在+10"~+15"区间的频率，其值为（K/n）/dΔ×dΔ=0.092。这种图在统计上称为直方图。

通过对表4-1所列数据的分析，可以将偶然误差的特性归纳如下。

（1）在一定观测条件下的有限个观测值中，其偶然误差的绝对值不会超过一定的界限。或者说，超过一定限值的观测误差，其出现的概率为零。

（2）绝对值较小的误差比绝对值较大的误差出现的次数多。或者说，小误差出现的概率大，大误差出现的概率小。

（3）绝对值相等的正误差与负误差出现的次数大致相同。或者说，它们出现的概率相同。

（4）当观测次数n无限增多时，偶然误差的算术平均值趋近于零，即

$$\lim_{n\to\infty}\frac{\Delta_1+\Delta_2+\ldots+\Delta_n}{n}=\lim_{n\to\infty}\frac{[\Delta]}{n}=0 \qquad (4\text{-}3)$$

式中，[Δ]为偶然误差总和的符号。换言之，偶然误差的理论均值趋近于零。

从上述偶然误差的特性可以看出：特性一说明误差出现的范围，即误差的有界性；

特性二说明误差呈单峰性，或称小误差的密集性；特性三说明误差方向的规律，称为对称性；特性四是由特性三导出的，说明误差的抵偿性。抵偿性是偶然误差最本质的统计特性，换言之，凡有抵偿性的误差，原则上都可按偶然误差处理。

如果继续观测更多的三角形，即增加误差的个数，当$n\rightarrow\infty$时，各误差出现的频率也就趋近于一个完全确定的值，这个数值就是误差出现在各区间的概率。此时，如将误差区间无限缩小，那么图4–1中各长方条顶边所形成的折线将成为一条光滑的连续曲线，如图4–2所示，这条曲线称为误差分布曲线，也称为正态分布曲线。曲线上任一点的纵坐标y均为横坐标0的函数，其函数形式为：

$$y=f(\Delta)=\frac{1}{\sqrt{2\pi}\sigma}e^{-\frac{\Delta^2}{2\sigma^2}} \tag{4–4}$$

式中，e= 2.7183为自然对数的底；σ为观测值的标准差，其平方σ^2称为方差。

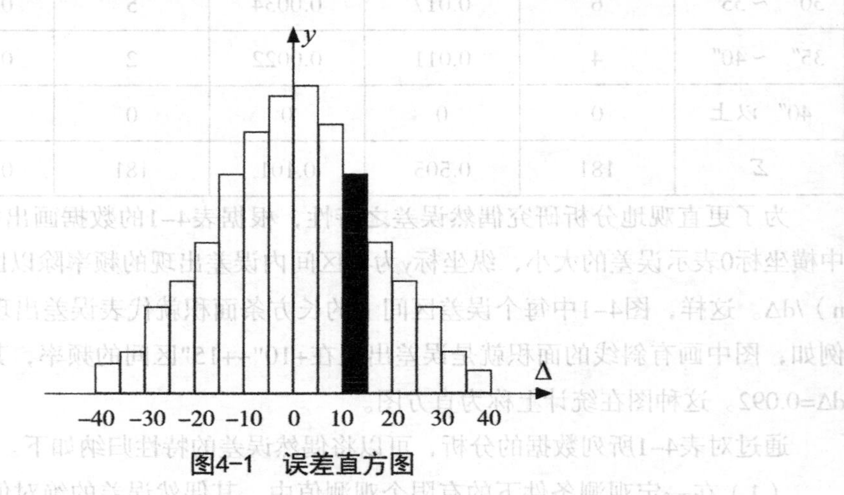

图4–1　误差直方图

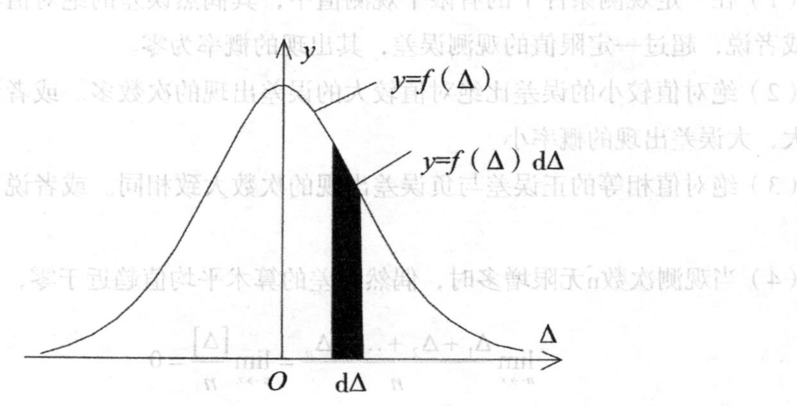

图4–2　误差分布（正态分布）曲线

图4–2中小长方条的面积$f(\Delta)\mathrm{d}\Delta$，代表误差出现在该区域的概率，即

$$P = f(\Delta)d\Delta \tag{4–5}$$

由上式可知，当函数$f(\Delta)$较大时，误差出现在该区间的概率也大，反之则较小，因此，称函数$f(\Delta)$为概率密度函数，简称密度函数。图中分布曲线与横坐标轴所包围的面积为：$\int_{-\infty}^{+\infty} f(\Delta)\mathrm{d}\Delta = 1$（直方图中所有长方条面积总和也等于1），即偶然误差出现的概率为1，是必然事件。

图4–3中，有三条误差分布曲线y_1、y_2及y_3，代表不同标准差σ_1、σ_2及σ_3的三组观测。从图4–3中可以看出，曲线1较高而陡峭，表明绝对值较小的误差出现的概率大，分布密集；曲线2较低而平缓，曲线3最低、平缓，可见2、3组观测误差分布较离散。因此，第1组的观测精度最高，第2组次之，第3组最低。根据误差分布的密集和离散的程度，可以判断观测的精度，但是求误差分布曲线的函数式比较困难，故以误差分布曲线的标准差（σ）来比较不同组别观测值的精度。当Δ=0时，由式（4–4）可知函数$f(\Delta)$有最大值：

$$y = f(\Delta) = \frac{1}{\sqrt{2\pi\sigma}}，而且y_1 > y_2 > y_3，则\sigma_1 < \sigma_2 < \sigma_3。$$

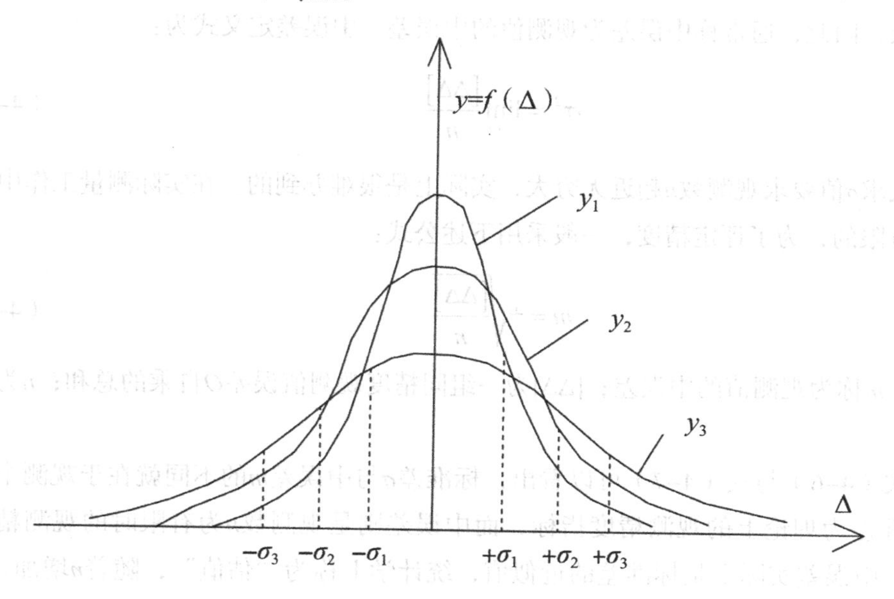

图4–3　三组错误曲线对比图

以上分析表明，标准差越小，误差分布越密集，观测精度越高。所以观测成果质量的优劣常用标准差来衡量。标准差在分布图上的意义是分布曲线拐点的横坐标，即$\Delta_{拐} = \pm\sigma$，σ可由函数$f(\Delta)$的二阶导数等于零求得。

第三节 评定精度的标准

在相同的观测条件下，对某量进行多次观测，为了评定观测成果的精确程度，必须有一个衡量精度的标准。

一、中误差

中误差是衡量观测精度的一种数字标准，亦称“标准差”或“均方根差”。在相同观测条件下的一组真误差平方中数的平方根，因真误差不易求得，所以通常用最小二乘法求得的观测值改正数来代替真误差。它是观测值与真值偏差的平方和观测次数n比值的平方根。

中误差不等于真误差，它仅是一组真误差的代表值。中误差的大小反映了该组观测值精度的高低，因此，通常称中误差为观测值的中误差。中误差定义式为：

$$\sigma^2 = \lim_{n \to \infty} \frac{[\Delta\Delta]}{n} \tag{4-6}$$

用上式求σ值要求观测数n趋近无穷大，实际上是很难办到的。在实际测量工作中，观测数总是有限的，为了评定精度，一般采用下述公式：

$$m = \pm\sqrt{\frac{[\Delta\Delta]}{n}} \tag{4-7}$$

式中，m称为观测值的中误差；$[\Delta\Delta]$为一组同精度观测值误差O自乘的总和；n为观测值个数。

比较式（4–6）与式（4–7）可以看出，标准差σ与中误差m的不同就在于观测个数的区别，标准差为理论上的观测精度指标，而中误差则是观测数n为有限时的观测精度指标。所以，中误差实际上是标准差的近似值，统计学上称为“估值”，随着n增加，m将趋近σ。

必须指出的是，在相同的观测条件下进行的一组观测，测得的每一个观测值都为同精度观测值，也称为等精度观测值。由于它们对应着一个误差分布，具有一个标准差，其估值为中误差，因此，同精度观测值具有相同的中误差。但是同精度观测值的真误差彼此并不相等，有的差异还比较大，这是因为真误差具有偶然误差的性质。

二、相对误差

在测量工作中，有时用中误差还不能完全表达观测结果的精度。例如，分别丈量了1000m 及 500m 两段距离，其中误差均为 ±0.1m，并不能说明丈量距离的精度，因为量距时其误差的大小与距离的长短有关，所以应采用另一种衡量精度的方法，这就是相对中误差或相对误差，它是中误差的绝对值与观测值的比值，通常用分子为 1 的分数形式表示。例如，上例中前者的相对误差为 $\frac{0.1}{1000}=\frac{1}{10000}$，后者为 $\frac{0.1}{500}=\frac{1}{5000}$，前者的分母大比值小，丈量精度高；后者分母小比值大，丈量精度低。

三、允许误差

中误差是反映误差分布的密集或离散程度的，不是代表个别误差的大小，因此，要衡量某一观测值的质量，决定其取舍，还要引入允许误差的概念，允许误差简称限差。由偶然误差的第一特性可知，在一定条件下，误差的绝对值有一定的限值。另根据误差理论，在等精度观测的一组误差中，误差落在区间（$-\sigma$，$+\sigma$）、（-2σ，$+2\sigma$）、（-3σ，$+3\sigma$）的概率分别为：

$$\left.\begin{array}{r} P(-\sigma+\ \Delta<+\sigma)+68.3\% \\ P(-2\sigma<\ \Delta<+2\sigma)+95.4\% \\ P(-\ 3\sigma<\ \Delta\ <+3\sigma)+99.7\%) \end{array}\right\} \qquad (4-8)$$

式（4–8）说明，绝对值大于两倍中误差的误差，其出现的概率为4.6%。特别是绝对值大于三倍中误差的误差，其出现的概率仅为3%，已经是概率接近于零的小概率事件，或者说实际上的不可能事件。因此在测量规范中，为确保观测成果的质量，通常规定以2~3倍中误差为偶然误差的允许误差，即

$$\Delta_{允}=2\sigma=2m \qquad (4-9)$$

或

$$\Delta_{允}=3\sigma=3m \qquad (4-10)$$

前者要求较严，后者要求较宽，在测量工作中对于超出限差的观测值，或舍去不用，或重测。

第四节　误差传播定律

有些未知量往往不能直接测得，而是由某些直接观测值通过一定的函数关系间接计算而得。例如，在水准测量中，每一测站的高差是根据前视、后视标尺读数求得，即h=a−b。又如，两点间的坐标增量是由直接测得的边长D及方位角a，通过三角函数关系式（$\Delta x=D\cos a$，$\Delta y=D\sin a$）间接算得的。前者的函数形式为线性函数，后者为非线性函数。

由于直接观测值含有误差，因而它的函数必然要受其影响而存在误差。阐述观测值中误差与其函数中误差之间关系的定律，称为误差传播定律。现就线性函数与非线性函数两种形式分别讨论如下。

一、线性函数

线性函数的一般形式为

$$Z = K_1x_1 \pm K_2x_2 \pm \cdots \pm K_nx_n \tag{4-11}$$

式中，x_1、x_2、…、x_n为n个独立观测值，其中误差分别为m_1、$m_2 \cdots m_n$；K_1、K_2、…K_n为常数。

设函数Z的中误差为mz，下面来推导两者中误差的关系。为推导简便，先对两个独立观测值进行讨论，则式（4-11）为：

$$Z = K_1x_1 \pm K_2x_2 \tag{a}$$

设x_1和x_2的真误差为Δx_1和Δx_2，则函数Z必有真误差ΔZ，即

$$(Z+\Delta Z) = K_1(x_1+\Delta x) \pm (x_2+\Delta x_2) \tag{b}$$

式（b）减式（a）得真误差的关系式为：

$$\Delta Z = K_1\Delta x_1 \pm K_2\Delta x_2 \tag{c}$$

对x_1及x_2均进行n次观测，可得一组观测值与其函数真误差之关系式：

$$\Delta Z_i = K_1(\Delta x_1)_i \pm K_2(\Delta x_2)_i \quad (i=1, 2, 3\cdots, n) \tag{d}$$

将式（d）等号两边平方、求和，并除以n，则得

$$\frac{[\Delta Z\Delta Z]}{n}=K_1^2\frac{[\Delta x_1\Delta x_1]}{n}\pm 2K_1K_2\frac{[\Delta x_1\Delta x_2]}{n}+K_2^2\frac{[\Delta x_2\Delta x_2]}{n} \quad (e)$$

由于中误差的定义，由式（e）可得观测值函数中误差与观测值中误差的关系式为：

$$m_Z^2=K_1^2m_1^2+K_2^2m_2^2 \quad (4\text{–}12)$$

推而广之，可得线性函数中误差的关系式为：

$$m_Z^2=K_1^2m_1^2+K_2^2m_2^2\cdots+K_n^2m_n^2 \quad (4\text{–}13)$$

二、非线性函数

设非线性函数（亦称一般函数）的形式为：

$$Z=f(x_1、x_2、\cdots、x_n) \quad (4\text{–}14)$$

式（4–14）可用泰勒级数展开成线性函数的形式，并对函数取全微分，得

$$dZ=\frac{\partial f}{\partial x_1}\mathrm{d}x_1+\frac{\partial f}{\partial x_2}\mathrm{d}x_2+\cdots\frac{\partial f}{\partial x_n}\mathrm{d}x_n \quad (f)$$

因为真误差均很小，用其替代上式的$\mathrm{d}Z$、$\mathrm{d}x_1$、$\mathrm{d}x_2$、$\cdots$、$\mathrm{d}x_n$，得真误差关系式，即

$$\Delta Z=\frac{\partial f}{\partial x_1}\Delta x_1+\frac{\partial f}{\partial x_2}\Delta x_2+\cdots\frac{\partial f}{\partial x_n}\Delta x_n \quad (g)$$

式中，$\frac{\partial f}{\partial x_i}$（$i$=1，2，…，$n$）是函数对各变量所取的偏导数，以观测值代入，所得的值为常数，因此，式（g）是线性函数的真误差关系式，仿式（4–13），得函数Z的中误差为：

$$m_Z^2=(\frac{\partial f}{\partial x_1})m_1^2+(\frac{\partial f}{\partial x_2})m_2^2\cdots+(\frac{\partial f}{\partial x_n})m_n^2 \quad (4\text{–}15)$$

应用误差传播定律求观测值函数的中误差时，首先应根据问题的性质列出正确的函数关系式，而后用相应的公式来求解。如果问题属于较复杂的一般函数（非线性函数），则可对函数式进行全微分，获得真误差关系式后，再求函数的中误差。应用时应注意，观测值必须是独立的观测值，即函数式等号右边的各自变量应互相独立，不包含共同的误差，否则应作并项或分项处理，使其均为独立观测值。

第五节　等精度观测直接平差

一、算术平均值

设对某量进行n次等精度观测，观测值为L_i（i=1，2，…n），算术平均值为$\hat{L}$，Δ_i为各观测值的真误差，则有

$$\left.\begin{aligned}\Delta_1 &= L_1 - X\\ \Delta_2 &= L_2 - X\\ &\cdots\\ \Delta_n &= L_n - X\end{aligned}\right\} \tag{4-16}$$

将上列等式相加并除以n，得

$$\frac{[\Delta]}{n}=\frac{[L]}{n}-X \tag{4-17}$$

根据偶然误差的第四个特性，有

$$\lim_{n\to\infty}\frac{[\Delta]}{n}=0 \tag{4-18}$$

由此得

$$X=\lim_{n\to\infty}\frac{[L]}{n} \tag{4-19}$$

即

$$\lim_{n\to\infty}\hat{L}=X \tag{4-20}$$

由上式可知，当观测次数无限增多时，观测值的算术平均值就是该量的真值。但实际工作中观测次数总是有限的，这样算术平均值就不等于真值，但它与所有观测值比较更接近于真值。因此，可认为算术平均值是该量的最可靠值，又称最或是值。

二、按观测值的改正数求观测值的中误差

算术平均值$\hat{L}$与观测值L_i之差称为观测值改正数v_i，即

$$\left.\begin{aligned} v_1 &= \hat{L} - L_1 \\ v_2 &= \hat{L} - L_2 \\ &\cdots \\ v_n &= \hat{L} - L_n \end{aligned}\right\} \tag{4–21}$$

将上列等式相加得 $[v]=n\hat{L}-[L]$

$$由\ \hat{L}=\frac{[L]}{n}\ 得：\ [v]=n\frac{[L]}{n}-[L]=0$$

由上式可知，一组观测值取上述平均值后，其改正数之和等于零。这一特性可以作为计算中的校核。

根据评定精度的中误差公式（定义式），即 $m=\pm\sqrt{\frac{[\Delta\Delta]}{n}}$ 式中，$\Delta_i=L_i-X$，（i=1，2，…n）。由于真值一般难以知道，那么真误差也就难以求得，因此在实际工作中往往用观测值的改正数v来推求观测值的中误差，为此，将式（4–1）与式（4–21）相加得：

$$\Delta_i+v_i=L_i-X+\hat{L}-L_i$$

则

$$\Delta_i=(\hat{L}-X)-v_i\ （i=1，2，\cdots n） \tag{4–22}$$

将式（4–22）等号两边自乘取和，得

$$[\Delta\Delta]=n(\hat{L}-X)^2+[vv]-2(\hat{L}-X)[v] \tag{4–23}$$

将式（4–23）等号两边再除以n，并顾及$[v]=0$，得：

$$\frac{[\Delta\Delta]}{n}=\frac{[vv]}{n}+(\hat{L}-X)^2 \tag{4–24}$$

式（4–24）中，$\hat{L}-X$是最或是值（算术平均值）的真误差，也难以求得，通常以算术平均值的中误差 $m_{\hat{L}}$ 代替。算术平均值的中误差为：$m_{\hat{L}}=\frac{m}{\sqrt{n}}$，则

$$(\hat{L}-X)^2=m_{\hat{L}}^2=\frac{m^2}{n} \tag{4–25}$$

将（4–25）代入（4–24），并且 $m=\pm\sqrt{\frac{[\Delta\Delta]}{n}}$，得：

$$m^2=\frac{[vv]}{n}+\frac{m^2}{n} \tag{4–26}$$

经整理得：

$$m=\pm\sqrt{\frac{[vv]}{n-1}} \tag{4-27}$$

式（4-27）是在等精度观测时，用观测值的改正数求观测值中误差的公式，又称为白塞尔公式。

三、算术平均值的中误差

根据误差传播规律，等精度观测由观测中误差m求得算术平均值中的中误差$m_{\hat{L}}$为：

$$m_{\hat{L}}=\pm\frac{m}{\sqrt{n}}=\sqrt{\frac{[vv]}{n(n-1)}} \tag{4-28}$$

第六节　非等精度观测直接平差

一、权的概念

权是权衡利弊、权衡轻重的意思。在测量工作中权是一个表示观测结果可靠程度的相对性指标。

设一组不同精度的观测值为I_i，其中误差为m_i（I=1，2…n），选定任一大于零的常数λ，则定义权为：

$$P_i=\frac{\lambda}{m_i^2} \tag{4-29}$$

称P_i为观测值L_i的权。

（一）权的定义

对于一组已知中误差m_i的观测值而言，选定一个大于零的常数λ值，就有一组对应的权；由此可得各观测值权之间的比例关系：

$$P_1:P_2:\cdots:P_n=\frac{\lambda}{m_1^2}:\frac{\lambda}{m_2^2}:\cdots:\frac{\lambda}{m_n^2}=\frac{1}{m_1^2}:\frac{1}{m_2^2}:\cdots:\frac{1}{m_n^2} \tag{4-30}$$

（二）权的性质

（1）权表示观测值的相对精度；

（2）权与中误差的平方成反比，权始终大于零，权大则精度高；

（3）权的大小由选定的λ值确定，但测值权之间权的比例关系不变，同一问题仅能选定一个λ值。

二、观测值的权

在不同的观测条件下进行观测（如观测时使用的仪器精度不同，或采用不同的观测方法，或观测次数不同），观测值的可靠程度（精度）就不同。在求观测量的最或是值时，就不能使用简单算术平均值的公式。较可靠的观测值应给予其最或是值以较大的影响，或者说，精度高的观测值在其最或是值中占的比例应较大。

不等精度观测时，用以衡量观测值可靠程度的数值，称为观测值的权，通常以P表示。观测值精度越高权就越大，它是衡量可靠程度的一个相对性数值。例如，观测某一量，用相同的仪器和相同的方法，分两组按不同的次数观测，第一组观测了两次。第二组观测了四次，其观测值与中误差列表于表4-2中。

表4-2 非等精度观测值的中误差

组别	观测值	观测值中误差	算术平均值	算术平均值中误差
1	l_1,l_2	$m_1=m_2=m$	$\hat{L}=\frac{l_1+l_2}{2}$	$m_{\hat{L}}=\pm\frac{m}{\sqrt{2}}$
2	l_1,l_2,l_3,l_4	$m_1=m_2=m_3=m_4=m$	$\hat{L}=\frac{l_1+l_2+l_3+l_4}{4}$	$m_{\hat{L}}=\pm\frac{m}{\sqrt{4}}$

由表4-2可知，第二组算术平均值的中误差小，结果比较精确可靠，应有较大的权。因此，可以根据中误差来确定观测值的权。

三、加权平均值

在不等精度观测时，考虑各观测的权，通常采用取加权平均值的方法计算未知量（观测量）的最或是值。

设对某未知量进行n组不等精度观测，其观测值、中误差及权各为：

观测值：l_1，l_2，…，l_4

中误差：m_1，m_2，…，m_n

权：P_1，P_2，…，P_n

其加权平均值为：

$$\hat{L}=\frac{P_1l_1+P_2l_2+\cdots+P_nl_n}{P_1+P_2+\cdots+P_n} \tag{4-31}$$

第五章　工程地质测绘与调查

第一节　工程地质测绘的意义和特点

工程地质测绘是岩土工程勘察的基础工作，在诸项勘察方法中最先进行。按一般勘察程序，主要是在可行性研究和初步勘察阶段安排此项工作。但在详细勘察阶段为了对某些专门的地质问题做补充调查，也进行工程地质测绘。

工程地质测绘是运用地质、工程地质理论，对与工程建设有关的各种地质现象进行观察和描述，初步查明拟建场地或各建筑地段的工程地质条件。将工程地质条件诸要素采用不同的颜色、符号，按照精度要求标绘在一定比例尺的地形图上，并结合勘探、测试和其他勘察工作的资料，编制成工程地质图。这一重要勘察成果可对场地或各建筑地段的稳定性和适宜性做出评价。

工程地质测绘所需仪器设备简单，耗费资金较少，工作周期又短，所以岩土工程师应力图通过它获取尽可能多的地质信息，对建筑场地或各建筑地段的地面地质情况有深入的了解，并对地下地质情况有较准确的判断，为布置勘探、测试等其他勘察工作提供依据。高质量的工程地质测绘还可以节省其他勘察方法的工作量，提高勘察工作的效率。

根据研究内容的不同，工程地质测绘可分为综合性测绘和专门性测绘两种。综合性工程地质测绘是对场地或建筑地段工程地质条件诸要素的空间分布以及各要素之间的内在联系进行全面综合的研究，为编制综合工程地质图提供资料。在测绘地区如果从未进行过相同的或更大比例尺的地质或水文地质测绘，那就必须进行综合性工程地质测绘。专门性工程地质测绘是对工程地质条件的某一要素进行专门研究，如第四纪地质、地貌、斜坡变形破坏等，研究它们的分布、成因、发展演化规律等。所以专门性测绘是为编制专用工程地质图或工程地质分析图提供资料的。无论何种工程地质测绘，都是为工程的设计、施工服务的，都有其特定的研究目的。

工程地质测绘具有如下特点。

（1）工程地质测绘对地质现象的研究，应围绕建筑物的要求进行。对建筑物安全、经济和正常使用有影响的不良地质现象，应详细研究其分布、规模、形成机制、影响因素，定性和定量分析其对建筑物的影响（危害）程度，并预测其发展演化趋势，提出防治对策和措施。而对那些与建筑物无关的地质现象则可以粗糙一些，甚至不予注意。这是工程地质测绘与一般地质测绘的重要区别。

（2）工程地质测绘要求的精度较高。对一些地质现象的观察描述，除了定性阐明其成因和性质外，还要测定必要的定量指标。例如，岩土物理力学参数，节理裂隙的产状隙宽和密度等。所以应在测绘工作期间，配合以一定的勘探、取样和试验工作，携带简易的勘探和测试器具。

（3）为了满足工程设计和施工的要求，工程地质测绘经常采用大比例尺专门性测绘。各种地质现象的观测点需借助于经纬仪、水准仪等精密仪器测定其位置和高程，并标测于地形图，以保证必要的准确度。

第二节　工程地质测绘的范围、比例尺和精度

一、工程地质测绘范围的确定

工程地质测绘不像一般的区域地质或区域水文地质测绘那样，严格按比例尺大小由地理坐标确定测绘范围，而是根据拟建建筑物的需要在与该项工程活动有关的范围内进行。原则上，测绘范围应包括场地及其邻近的地段。

适宜的测绘范围，既能较好地查明场地的工程地质条件，又不至于加大勘察工作量。根据实践经验，由以下三方面确定测绘范围，即拟建建筑物的类型和规模、设计阶段以及工程地质条件的复杂程度和研究程度。

建筑物的类型、规模不同，与自然地质环境相互作用的广度和强度也就不同，确定测绘范围时首先应考虑到这一点。例如，大型水利枢纽工程的兴建，由于水文和水文地质条件急剧改变，往往引起大范围自然地理和地质条件的变化；这一变化甚至会导致生态环境的破坏和影响水利工程本身的效益及稳定性。此类建筑物的测绘范围必然很大，应包括水库上、下游的一定范围，甚至上游的分水岭地段和下游的河口地段都需要进行调查。房屋建筑和构筑物一般仅在小范围内与自然地质环境发生作用，通常不需要进行大面积工程地质测绘。

在工程处于初期设计阶段时，为了选择建筑场地一般都有若干个比较方案，它们相互之间有一定的距离。为了进行技术经济论证和方案比较，应把这些方案场地包括在同一测

绘范围内，测绘范围显然是比较大的。但当建筑场地选定后，尤其是在设计后期阶段，各建筑物的具体位置和尺寸均已确定，就只需在建筑地段的较小范围内进行大比例尺的工程地质测绘。可见，工程地质测绘范围是随着建筑物设计阶段（岩土工程勘察阶段）的提高而缩小的。

一般情况是，工程地质条件越复杂，研究程度越差，工程地质测绘范围就越大。工程地质条件复杂程度包含两种情况：一种情况是场地内工程地质条件非常复杂。例如，构造变动强烈且有活动断裂分布，不良地质现象强烈发育，地质环境遭到严重破坏，地形地貌条件十分复杂。另一种情况是场地内工程地质条件比较简单，但场地附近有危及建筑物安全的不良地质现象存在。例如，山区的城镇和厂矿企业往往兴建于地形比较平坦开阔的洪积扇上，对场地本身来说工程地质条件并不复杂，但一旦泥石流暴发则有可能摧毁建筑物。此时工程地质测绘范围应将泥石流形成区包括在内。又如，位于河流、湖泊、水库岸边的房屋建筑，场地附近若有大型滑坡存在，当其突然失稳滑落所激起的涌浪可能会导致灭顶之灾。显然，地质测绘时应详细调查该滑坡的情况。这两种情况都必须适当扩大工程地质测绘的范围，在拟建场地或其邻近地段内如果已有其他地质研究成果的话，应充分运用它们，在经过分析、验证后做一些必要的专门问题研究。此时工程地质测绘的范围和相应的工作量可酌情减小。

二、工程地质测绘比例尺选择

工程地质测绘的比例尺大小主要取决于设计要求。建筑物设计的初期阶段属选址性质的，一般往往有若干个比较场地，测绘范围较大，而对工程地质条件研究的详细程度并不高，所以采用的比例尺较小。但是，随着设计工作的进展，建筑场地的选定，建筑物位置和尺寸越来越具体明确，范围愈益缩小，而对工程地质条件研究的详细程度愈益提高，所以采用的测绘比例尺就需逐渐加大。当进入设计后期阶段时，为了解决与施工、运用有关的专门地质问题，所选用的测绘比例尺可以很大。在同一设计阶段内，比例尺的选择则取决于场地工程地质条件的复杂程度以及建筑物的类型、规模及其重要性。工程地质条件复杂、建筑物规模巨大而又重要者，就需采用较大的测绘比例尺。总之，各设计阶段所采用的测绘比例尺都限定于一定的范围之内。

现行相关规范规定工程地质测绘及其调查的范围应包括场地及其附近地段，测绘的比例尺满足以下要求。

（1）测绘比例尺，可行性研究勘察阶段可选用1：5000～1：50000，属小、中比例尺测绘。

（2）初步勘察阶段选用1：2000～1：10000，属中、大比例尺测绘。

（3）详细勘察阶段选用1：500～1：2000，属大比例尺测绘。

（4）条件复杂时比例尺可适当放大；对工程有重要影响的地质单元体（滑坡、断层、软弱夹层及洞穴等），可采用扩大比例尺表示。

三、工程地质测绘的精度要求

工程地质测绘的精度包含两层意思，即对野外各种地质现象观察描述的详细程度，以及各种地质现象在工程地质图上表示的详细程度和准确程度。为了确保工程地质测绘的质量，这个精度要求必须与测绘比例尺相适应。

对野外各种地质现象观察描述的详细程度，在过去的工程地质测绘规程中是根据测绘比例尺和工程地质条件复杂程度的不同，以每平方千米测绘面积上观测点的数量和观测线的长度来控制的。现行相关规范对此不作硬性规定，而原则上提出观测点布置目的性要明确，密度要合理，要具有代表性。地质观测点的数量以能控制重要的地质界线并能说明工程地质条件为原则，以利于岩土工程评价。为此，要求将地质观测点布置在地质构造线、地层接触线、岩性分界线、不同地貌单元及微地貌单元的分界线、地下水露头以及各种不良地质现象分布的地段。观测点的密度应根据测绘区的地质和地貌条件、成图比例尺及工程特点等确定。一般控制在图上的距离为2～5cm。例如在1：5000的图上，地质观测点实际距离应控制在100～250m。此控制距离可根据测绘区内工程地质条件复杂程度的差异并结合对具体工程的影响而适当加密或放宽。在该距离内应作沿途观察，将点、线观察结合起来，以克服只孤立地作点上观察而忽视沿途观察的偏向。当测绘区的地层岩性、地质构造和地貌条件较简单时，可适当布置“岩性控制点”，以备检验。地质观测点应充分利用天然的和已有的人工露头。当露头不足时，应根据测绘区的具体情况布置一定数量的勘探工作以揭露各种地质现象。尤其在进行大比例尺工程地质测绘时，所配合的勘探工作是不可少的。

为了保证测绘填图的质量，在图上所划分的各种地质单元应尽量详细。但是，由于绘图技术条件的限制，应规定单元体的最小尺寸。过去工程地质测绘规程曾规定为2mm。根据这一规定，在1：5000的图上，单元体的实际最小尺寸被定为10m。现行相关规范对此未作统一规定，以便在实际工作中因地、因工程而异。但是，为了更好地阐明测绘区工程地质条件和解决岩土工程实际问题，对工程有重要影响的地质单元体，如滑坡、软弱夹层、溶洞、泉、井等，必要时在图上可采用扩大比例尺表示。

为了保证各种地质现象在图上表示的准确程度，在任何比例尺的图上，建筑地段的各种地质界线（点）在图上的误差不得超过3mm，其他地段不应超过5mm。所以实际允许误差为上述数值乘以比例尺的分母。

地质观测点定位所采用的标测方法，对成图的质量有重要意义。根据不同比例尺的精度要求和工程地质条件复杂程度，地质观测点一般采用的定位标测方法是小、中一比例尺目测法和半仪器法（借助于罗盘、气压计、测绳等简单的仪器设备）及大比例尺—仪器法（借助于经纬仪、水准仪等精密仪器）。但是，有特殊意义的地质观测点，如重要的地层岩性分界线、断层破碎带、软弱夹层、地下水露头以及对工程有重要影响的不良地质现象等，在小、中比例尺测绘时也宜用仪器法定位。

为了达到上述规定的精度要求。通常野外测绘填图所用的地形图应比提交的成图比例尺大一级。例如，进行比例尺为1：10000的工程地质测绘时，常采用1：5000的地形图作野外填图底图，随后再缩编成1：10000的成图作为正式成果。

第三节　工程地质测绘和调查的前期准备工作、方法及程序

一、工程地质测绘和调查的前期准备工作

在正式开始工程地质测绘之前，还应当做好资料收集、踏勘和编制测绘纲要等准备工作，以保证测绘工作的正常有序进行。

（一）资料收集和研究

应收集的资料包括如下几个方面。

（1）区域地质资料：如区域地质图、地貌图、地质构造图、地质剖面图。

（2）遥感资料：地面摄影和航空（卫星）摄影相片。

（3）气象资料：区域内各主要气象要素，如年平均气温、降水量、蒸发量，对冻土分布地区还要了解冻结深度。

（4）水文资料：测区内水系分布图、水位、流量等资料。

（5）地震资料：测区及附近地区地震发生的次数、时间、震级和造成破坏的情况。

（6）水文及工程地质资料：地下水的主要类型、赋存条件和补给条件、地下水位及变化情况、岩土透水性及水质分析资料、岩土的工程性质和特征等。

（7）建筑经验：已有建筑物的结构、基础类型及埋深、采用的地基承载力、建筑物的变形及沉降观测资料。

（二）踏勘

现场踏勘是在收集研究资料的基础上进行的，目的在于了解测区的地形地貌及其他地质情况和问题，以便于合理布置观测点和观测路线，正确选择实测地质剖面位置，拟订野外工作方法。

踏勘的内容和要求如下。

（1）根据地形图，在测区范围内按固定路线进行踏勘，一般采用“之”字形曲折迂回而不重复的路线，穿越地形、地貌、地层、构造、不良地质作用有代表性的地段。

（2）踏勘时，应选择露头良好、岩层完整、有代表性的地段做出野外地质剖面，以便熟悉和掌握测区岩层的分布特征。

（3）寻找地形控制点的位置，并抄录坐标、标高等资料。

（4）访问和收集洪水及其淹没范围等情况。

（5）了解测区的供应、经济、气候、住宿、交通运物等条件。

（三）编制测绘纲要

测绘纲要是进行测绘的依据，其内容应尽量符合实际情况，测绘纲要一般包含在勘察纲要内，在特殊情况下可单独编制。测绘纲要应包括如下几方面。

（1）工作任务情况（目的、要求、测绘面积、比例尺等）。

（2）测区自然地理条件（位置、交通、水文、气象、地形地貌特征等）。

（3）测区地质概况（地层、岩性、地下水、不良地质作用）。

（4）工作量、工作方法及精度要求，其中工作量包括观测点、勘探点的布置、室内及野外测试工作。

（5）人员组织及经费预算。

（6）材料、物资、器材及机具的准备和调度计划。

（7）工作计划及工作步骤。

（8）拟提供的各种成果资料、图件。

二、工程地质测绘和调查的方法

工程地质测绘和调查的方法与一般地质测绘相近，主要是沿一定观察路线作沿途观察和在关键地点（或露头点）上进行详细观察描述。选择的观察路线应当以最短的线路观测到最多的工程地质条件和现象为标准。在进行区域较大的中比例尺工程地质测绘时，一般穿越岩层走向或横穿地貌、自然地质现象单元来布置观测路线。大比例尺工程地质测绘路线以穿越走向为主布置，但须配合以部分追索界线的路线，以圈定重要单元的边界。在大比例尺详细测绘时，应追索走向和追索单元边界来布置路线。

在工程地质测绘和调查过程中最重要的是要把点与点、线与线之间观察到的现象联系起来，克服孤立地在各个点上观察现象、沿途不连续观察和不及时对现象进行综合分析的偏向。也要将工程地质条件与拟进行的工程活动的特点联系起来，以便能确切预测两者之间相互作用的特点。此外，还应在路线测绘过程中将实际资料、各种界线反映在外业图上，并逐日清绘在室内底图上，及时整理、及时发现问题和进行必要的补充观测。

相片成图法是利用地面摄影或航空（卫星）摄影相片，在室内根据判读标志，结合所掌握的区域地质资料，将判明的地层岩性、地质构造、地貌、水系和不良地质作用，调绘在单张相片上，并在相片上选择若干地点和路线，去实地进行校对和修正，绘成底图，最后再转绘成图。由于航测照片、卫星照片能在大范围内反映地形地貌、地层岩性及地质构造等物理地质现象，可以迅速让人对测区有一个较全面整体的认识，因此与实地测绘工作相结合，能起到减少工作量、提高精度和速度的作用。特别是在人烟稀少、交通不便的偏远山区，充分利用航片及卫星照片更具有特殊重要的意义。这一方法在大型工程的初级勘察阶段（选址勘察和初步勘察）效果较为显著，尤其是对铁路、高速公路的选线，在大型水利工程的规划选址阶段，其作用更为明显。

工程地质实地测绘和调查的基本方法如下。

（一）路线穿越法

沿着一定的路线（应尽量使路线与岩层走向、构造线方向及地貌单元相垂直，并应尽量使路线的起点具有较明显的地形、地物标志；此外，应尽量使路线穿越露头较多、硬盖层较薄的地段），穿越测绘场地，把走过的路线正确地填绘在地形图上，并沿途详细观察和记录各种地质现象和标志，如地层界线、构造线、岩层产状、地下水露头、各种不良地质作用，将它们绘制在地形图上。路线法一般适合中、小比例尺测绘。

（二）布点法

布点法是工程地质测绘的基本方法，也就是根据不同比例尺预先在地形图上布置一定数量的观测路线和观测点。观测点一般布置在观测路线上，但观测点的布置必须有具体的目的，如研究地质构造线、不良地质作用、地下水露头等。观测线的长度必须能满足具体观测目的的需要。布点法适合大、中比例尺的测绘工作。

（三）追索法

它是沿着地层走向、地质构造线的延伸方向或不良地质作用的边界线进行布点追索，其主要目的是查明某一局部的岩土工程问题。追索法是在路线穿越法和布点法的基础上进行的，它属于一种辅助测绘方法。

三、工程地质测绘和调查的程序

（1）阅读已有的地质资料，明确工程地质测绘和调查中需要重点解决的问题，编制工作计划。

（2）利用已有遥感影像资料，如对卫星照片、航测照片进行解译，对区域工程地质条件做出初步的总体评价，以判明不同地貌单元各种工程地质条件的标志。

（3）现场踏勘。选定观测路线，选定测制标准剖面的位置。

（4）正式测绘开始。测绘中随时总结整理资料，及时发现问题，及时解决，使整个工程地质测绘和调查工作目的更明确，测绘质量更高，工作效率更高。

第四节　工程地质测绘的研究内容

在工程地质测绘过程中，应自始至终以查明场地及其附近地段的工程地质条件和预测建筑物与地质环境间的相互作用为目的。因此，工程地质测绘研究的主要内容是工程地质条件的诸要素。此外，还应搜集调查自然地理和已建建筑物的有关资料。下面将分别论述各项研究内容的研究意义、要求和方法。

一、地层岩性

地层岩性是工程地质条件最基本的要素和研究各种地质现象的基础，所以是工程地质测绘主要研究内容。

工程地质测绘对地层岩性研究的内容：（1）确定地层的时代和填图单位；（2）各类岩土层的分布、岩性、岩相及成因类型；（3）岩土层的正常层序、接触关系、厚度及其变化规律；（4）岩土的工程性质等。

在不同比例尺的工程地质测绘中，可直接利用已有的成果确定地层时代。若无地层时代资料，应寻找标准化石、作孢子花粉分析或请有关单位协助解决。填图单位应按比例尺大小来确定。小比例尺工程地质测绘的填图单位与一般地质测绘是相同的。但是中、大比例尺小面积测绘时，测绘区出露的地层往往只有一个“组”“段”，甚至一个“带”的地层单位，按一般地层学方法划分填图单位不能满足岩土工程评价的需要，应按岩性和工程性质的差异等作进一步划分。例如，砂岩、灰岩中的泥岩、页岩夹层，硬塑黏性土中的淤泥质土，它们的岩性和工程性质迥异，必须单独划分出来。确定填图单位时，应注意标志层的寻找。所谓“标志层”，是指岩性、岩相、层位和厚度都较稳定，且颜色、成分和结构等具特征标志，地面出露又较好的岩土层。

工程地质测绘中对各类岩土层还应着重以下内容的研究。

（一）沉积岩类

软弱岩层和次生夹泥层的分布、厚度、接触关系和性状等；泥质岩类的泥化和崩解特性；碳酸盐岩及其他可溶盐岩类的岩溶现象。

（二）岩浆岩类

侵入岩的边缘接触面，风化壳的分布、厚度及分带情况，软弱矿物富集带等；喷出岩的喷发间断面，凝灰岩分布及其泥化情况，玄武岩中的柱状节理、气孔等。

（三）变质岩类

片麻岩类的风化，其中软弱变质岩带或夹层以及岩脉的特性；软弱矿物及泥质片岩类、千枚岩、板岩的风化、软化和泥化情况等。

（四）第四纪土层

成因类型和沉积相，所处的地貌单元，土层间接触关系以及与下伏基岩的关系；建筑地段特殊土的分布、厚度、延续变化情况、工程特性以及与某些不良地质现象形成的关系，已有建筑物受影响情况及当地建筑经验等。建筑地段不同成因类型和沉积相土层之间的接触关系，可以利用微地貌研究以及配合简便勘探工程来确定。

在采用自然历史分析法研究的基础上，还应根据野外观察和运用现场简易测试方法所取得的物理力学性质指标，初步判定岩土层与建筑物相互作用时的性能。

二、地质构造

地质构造对工程建设的区域地壳稳定性、建筑场地稳定性和工程岩土体稳定性来说，都是极重要的因素；而且它又控制着地形地貌、水文地质条件和不良地质现象的发育和分布。所以地质构造常常是工程地质测绘的主要内容。

（一）工程地质测绘对地质构造研究的内容

（1）岩层的产状及各种构造型式的分布、形态和规模。（2）软弱结构面（带）的产状及其性质，包括断层的位置、类型、产状、断距、破碎带宽度及充填胶结情况。（3）岩土层各种接触面及各类构造岩的工程特性。（4）晚近期构造活动的形迹、特点及与地震活动的关系等。

在工程地质测绘中研究地质构造时，要运用地质历史分析和地质力学的原理和方法，以查明各种构造结构面（带）的历史组合和力学组合规律。既要对褶曲、断裂等大的构造形迹进行研究，又要重视节理、裂隙等小构造的研究，尤其在大比例尺工程地质测绘中，小构造研究具有重要的实际意义。因为小构造直接控制着岩土体的完整性、强度和透水性，是岩土工程评价的重要依据。

在工程地质研究中，节理、裂隙泛指普遍、大量地发育于岩土体内各种成因的、延展性较差的结构面；其空间展布数米至二三十米，无明显宽度。构造节理、劈理、原生节理、层间错动面、卸荷裂隙、次生剪切裂隙等均属之。

（二）对节理、裂隙应重点研究的内容

对节理、裂隙应重点研究的内容有以下三个方面。

（1）节理、裂隙的产状、延展性、穿切性和张开性。

（2）节理、裂隙面的形态、起伏差、粗糙度、充填胶结物的成分和性质等。

（3）节理、裂隙的密度或频度。具体的研究方法在岩体力学教程中已有详细讨论，此处不再赘述。

由于节理、裂隙研究对岩体工程尤为重要，所以在工程地质测绘中必须进行专门的测量统计，以搞清它们的展布规律和特性，尤其要深入研究建筑地段内占主导地位的节理、裂隙及其组合特点，分析它们与工程作用力的关系。

目前国内在工程地质测绘中，节理、裂隙测量统计结果一般用图解法表示，常用的有玫瑰图、极点图和等密度图三种。近年来，基于节理、裂隙测量统计的岩体结构面网络计算机模拟，在岩体工程勘察、设计中已得到较广泛的应用。

在强震区重大工程场地可行性研究勘察阶段工程地质测绘时，应研究晚近期的构造活动，特别是全新世地质时期内有过活动或近期正在活动的“全新活动断裂”，应通过地形地貌、地质、历史地震和地表错动、地形变化以及微震测震等标志，查明其活动性质和展布规律，并评价其对工程建设可能产生的影响。必要时，应根据工程需要和任务要求，配合地震部门进行地震地质和宏观震害调查。

三、地貌

地貌与岩性、地质构造、第四纪地质、新构造运动、水文地质以及各种不良地质现象的关系密切。研究地貌可借以判断岩性、地质构造及新构造运动的性质和规模，搞清第四纪沉积物的成因类型和结构，以及了解各种不良地质现象的分布和发展演化历史、河流发

育史等。需要指出的是，由于第四纪地质与地貌的关系密切，因此在平原区、山麓地带、山间盆地以及有松散沉积物覆盖的丘陵区进行工程地质测绘时，应着重于地貌研究，并以地貌作为工程地质分区的基础。

工程地质测绘中地貌研究的内容有以下几项。

（1）地貌形态特征、分布和成因。

（2）划分地貌单元，地貌单元形成与岩性、地质构造及不良地质现象等的关系。

（3）各种地貌形态和地貌单元的发展演化历史。

上述各项研究内容大多是在小、中比例尺测绘中进行的。在大比例尺工程地质测绘中，则应侧重于微地貌与工程建筑物布置以及岩土工程设计、施工关系等方面的研究。

洪积地貌和冲积地貌这两种地貌形态与岩土工程实践关系密切，下面分别讨论一下它们的工程地质研究内容。

在山前地段和山间盆地边缘广泛分布的洪积物，地貌上多形成洪积扇。一个大型洪积扇，面积可达几十甚至上百平方千米，自山边至平原明显划分为上部、中部和下部三个区段，每一区段的地质结构和水文地质条件不同，因此建筑适宜性和可能产生的岩土工程问题也各异。洪积扇的上部由碎石土（砾石、卵石和漂石）组成，强度高而压缩性小，是房屋建筑和构筑物的良好地基；但由于渗透性强，若建水工建筑物则会产生严重渗漏。中部以砂土为主，且夹有粉土和黏性土的透镜体，开挖基坑时需注意细砂土的渗透变形问题；该部与下部过渡地段由于岩性变细，地下水埋深浅，往往有溢出泉和沼泽分布，形成泥炭层，强度低而压缩性大，作为一般房屋地基的条件较差。下部主要分布黏性土和粉土，且有河流相的砂土透镜体，地形平缓，地下水埋深较浅。若土体形成时代较早，是房屋建筑较理想的地基。

平原地区的冲积地貌，应区分出河床、河漫滩、牛轭湖和阶地等各种地貌形态。不同地貌形态的冲积物分布和工程性质不同，其建筑适宜性也各异。河床相沉积物主要为沙砾土，将其作为房屋地基是良好的，但作为水工建筑物地基时将会产生渗漏和渗透变形问题。河漫滩相一般为黏性土，有时有粉土和粉、细砂夹层，土层厚度较大，也较稳定，一般适宜作各种建筑物的地基；需注意粉土和粉、细砂层的渗透变形问题。牛轭湖相是由含有大量有机质的黏性土和粉、细砂组成的，并常有泥炭层分布，土层的工程性质较差，也较复杂。对阶地的研究，应划分出阶地的级数，各级阶地的高程、相对高差、形态特征以及土层的物质组成、厚度和性状等；并进一步研究其建筑适宜性和可能产生的岩土工程问题。例如，成都市位于岷江支流府河的阶地上。市区主要位于一级阶地，表层粉土厚0.4～0.7m，其下为Q_4早期的沙砾石层，厚28～100m。地下水较丰富，且埋深小（1～3m），是高层建筑良好的天然地基，但基坑开挖和地下设施必须采取降水和防水措施。东郊工业区主要位于二级阶地，表层黏性土厚5～9m，下为沙砾石层，地下水埋深为

5~8m。黏性土可作一般房屋建筑的地基。东郊广大地区为三级阶地，地面起伏不平。上部为厚达10余米的成都黏土和网纹状红土，下部为粉质黏土充填的砾石层。成都黏土为膨胀土，一般低层建筑的基础和墙体易开裂，渠道和道路路堑边坡往往容易产生滑坡。

四、水文地质

在工程地质测绘中研究水文地质的主要目的，是为研究与地下水活动有关的岩土工程问题和不良地质现象提供资料。例如，兴建房屋建筑和构筑物时，应研究岩土的渗透性、地下水的埋深和腐蚀性，以判明其对基础砌置深度和基坑开挖等的影响。进行尾矿坝与贮灰坝勘察时，应研究坝基、库区和尾矿堆积体的渗透性和地下水浸润曲线，以判明坝体的渗透稳定性、坝基与库区的渗漏及其对环境的影响。在滑坡地段研究地下水的埋藏条件、出露情况、水位、形成条件以及动态变化，以判定其与滑坡形成的关系。因此水文地质条件也是一项重要的研究内容。

在工程地质测绘过程中对水文地质条件的研究，应从地层岩性、地质构造、地貌特征和地下水露头的分布、类型、水量、水质等入手，并结合必要的勘探、测试工作，查明测区内地下水的类型、分布情况和埋藏条件；含水层、透水层和隔水层（相对隔水层）的分布，各含水层的富水性和它们之间的水力联系；地下水的补给、径流、排泄条件及动态变化；地下水与地表水之间的补、排关系；地下水的物理性质和化学成分等，在此基础上分析水文地质条件对岩土工程实践的影响。

对泉、井等地下水的天然和人工露头以及地表水体的调查，有利于阐明测区的水文地质条件。故应对测区内各种水点进行普查，并将它们标测于地形底图上。对其中有代表性的以及与岩土工程有密切关系的水点，还应进行详细研究，布置适当的监测工作，以掌握地下水动态和孔隙水压力变化等。泉、井调查内容参阅水文地质学教程的有关内容。

五、不良地质现象

不良地质现象研究的目的是评价建筑场地的稳定性，并预测其对各类岩土工程的不良影响。由于不良地质现象直接影响建筑物的安全、经济和正常使用，所以工程地质测绘时对测区内影响工程建设的各种不良地质现象必须详加研究。

研究不良地质现象要以地层岩性、地质构造、地貌和水文地质条件的研究为基础，并搜集气象、水文等自然地理因素资料。研究内容包括各种不良地质现象（岩溶、滑坡、崩塌、泥石流、冲沟、河流冲刷、岩石风化等）的分布、形态、规模、类型和发育程度，分析它们的形成机制和发展演化趋势，并预测其对工程建设的影响。各种不良现象具体的研究内容和方法将在后面章节中加以论述。

六、已有建筑物的调查

测区内或测区附近已有建筑物与地质环境关系的调查研究，是工程地质测绘中特殊的研究内容，因为某一地质环境内已兴建的任何建筑物对拟建建筑物来说，应看作一项重要的原型试验，往往可以获取很多在理论和实践两方面都极有价值的资料，甚至较之用勘探、测试手段所取得的资料更为宝贵。应选择不同的地质环境（良好的、不良的）中不同类型结构的建筑物，调查其有无变形、破坏的标志，并详细分析其原因，以判明建筑物对地质环境的适应性。经过详细的调查分析后，就可以具体地评价建筑场地的工程地质条件，对拟建建筑物可能变形、破坏情况做出正确预测，并采取相应的防治对策和措施。特别需要强调指出的是，在不良地质环境或特殊性岩土的建筑场地，应充分调查、了解当地的建筑经验，包括建筑结构、基础方案、地基处理和场地整治等方面的经验。

七、人类活动对场地稳定性的影响

测区内或测区附近人类的某些工程——经济活动，往往影响建筑场地的稳定性。例如，人工洞穴、地下采空、大挖大填、抽（排）水和水库蓄水引起的地面沉降、地表塌陷、诱发地震，渠道渗漏引起的斜坡失稳等，都会对场地稳定性带来不利影响，对它们的调查应予以重视。此外，场地内如有古文化遗迹和古文物，应妥善保护发掘，并向有关部门报告。

第五节　工程地质测绘成果资料整理

工程地质测绘资料的整理，可分为检查外业资料和编制图表。

一、检查外业资料

（1）检查各种外业记录所描述的内容是否齐全。

（2）详细核对各种原始图件所划分的地层、岩性、构造、地形地貌、地质成因界线是否符合野外实际情况，在不同图件中相互间的界线是否吻合。

（3）野外所填的各种地质现象是否正确。

（4）核对收集的资料与本次测绘资料是否一致，如出现矛盾，应分析其原因。

（5）整理核对野外采集的各种标本。

二、编制图表

根据工程地质测绘的目的和要求，编制有关图表。工程地质测绘完成后，一般不单独提出测绘成果，往往把测绘资料依附于某一勘察阶段，使某一勘察阶段在测绘的基础上做深入工作。

工程地质测绘的图件包括实际材料图、综合工程地质图、工程地质分区图、综合地质柱状图、综合工程地质剖面图、工程地质剖面图及各种素描图、照片和文字说明。对某个专门的岩土工程问题，尚可编制专门的图件。

第六节　“3S”技术在工程地质测绘中的应用

一、“3S”技术的定义和特点

3S是遥感（Remote Sensing，RS）、全球定位系统（Global Position System，GPS）和地理信息系统（Geographic Information System，GIS）的缩写，是空间技术、传感器技术、卫星定位与导航技术和计算机技术、通信技术相结合，多学科高度集成地对空间信息进行采集、处理、管理、分析、表达、传播和应用的现代信息技术的总称。

RS是20世纪60年代蓬勃发展起来的空间探测技术，其含义为遥远的感知，是指观测者不与目标物直接接触，从高空或外层空间接收来自地球表层各类地物的电磁波信息，并通过对这些信息进行扫描、摄影、传输和处理，进而识别目标物属性（大小、形状、质量、数量、位置和种类等）的现代综合技术。遥感技术是指对目标物反射、发射和散射来的电磁波信息进行接收、记录、传输、处理、判读与应用的方法与技术。

遥感技术可用于植被资源调查、气候气象观测预报、作物产量估测、病虫害预测、环境质量监测、交通线路网络与旅游景点分布等方面。例如，在大比例尺的遥感图像上，可以直接统计滑坡的数量、长度、宽度、分布形式，找出其与民房、公路、河流的关系，求出相关系数，并结合降雨、水位变化等因素，估算滑坡的稳定性与危险性。同样，遥感图像能反映水体的色调、灰阶、形态、纹理等特征的差别，根据这些影像显示，一般可以识别水体的污染源、污染范围、面积和浓度。

GPS是美国从20世纪70年代开始研制，于1994年全面建成，具有海、陆、空全方位实时三维导航与定位能力的新一代卫星导航与定位系统。GPS由空间星座、地面控制和用户设备等三部分构成。GPS测量技术能够快速、高效、准确地提供点、线、面要素的精确三维坐标以及其他相关信息，具有全天候、高精度、自动化、高效益等显著特点，被广泛应用于军事、民用交通导航、大地测量、摄影测量、野外考察探险、土地利用调查及日常生活等不同领域。

GIS是一个专门管理地理信息的计算机软件系统，它不但能分门别类、分级分层地去管理各种地理信息；而且能对它们进行各种组合、分析，此外，还能进行查询、检索、修改、输出和更新等。

地理信息系统还有一个特殊的“可视化”功能，即通过计算机屏幕把所有的信息逼真地再现到地图上，成为信息可视化工具，清晰直观地表现出信息的规律和分析结果，同时，还能在屏幕上动态地监测信息的变化。

地理信息系统具有输入、预处理、数据编辑、数据存储与管理、数据查询与检索、数据分析、数据显示与结果输出、数据更新等功能。通俗地讲，地理信息系统是信息的大管家。地理信息系统技术现已在资源调查、数据库建设与管理、土地利用及其适宜性评价、区域规划、生态规划、作物估产、灾害监测与预报等方面得到广泛应用。

二、RS的应用

（一）遥感技术的意义和特点

遥感技术包括航空摄影技术、航空遥感技术和航天遥感技术，它们所提供的遥感图像视野广阔、影像逼真、信息丰富，因而可应用于地质研究。一些发达的工业化国家，已采用RS技术提供的图像进行地籍测量工作。特别是利用航空摄影遥感图像，采用航测方法测绘地籍图，具有质量好、速度快、经济效益高且精度均匀的优点；并可用数字航空摄影测量方法，提供精确的数字地籍数据，实现自动化成图；同时，为建立地籍数据库和地理信息系统提供广阔的前景。我国自开始大规模的地籍测量以来，测绘工作者利用遥感图像进行地籍测量实践，取得了一定的成果。实践证明，航测法地籍测量无论在地籍控制点、界址点的坐标测定，还是在地籍图细部测绘中都可满足《地籍调查规程》（TD/T 1001-2012）的规定，它能加速地质调查、节省地面测绘的工作量，提高测绘精度和填图质量。

遥感技术一般在勘察初期阶段的小、中比例尺工程地质测绘中应用，主要工作是解译遥感图像资料。不同遥感图像的比例尺大小：航空照片（缩写为航片）1 ∶ 25000 ~ 1 ∶ 100000；陆地卫星影像（缩写为卫片）不同时间多波段的1 ∶ 250000 ~ 1 ∶ 500000黑白相片和假彩色合成或其他增强处理的图像；热红外图像1 ∶ 5000。一般于测绘工作开始之前，在搜集到的遥感图像上进行目视解译（此时应结合所搜集到的区域地质和物探资料等进行），勾画出地质草图，以指导现场踏勘。通过踏勘，可以起到在野外验证解译成果的作用。在测绘过程中，遥感图像资料可用来校正所填绘的各种地质体和地质现象的位置和尺寸，或补充填图内容，为工程地质测绘提供确切的信息。

对各种地质体和地质现象主要依靠解译标志进行目视解译。所谓解译标志，指的是具有地质意义的光谱信息和几何信息，如目标物的色调、色彩、形状、大小、结构、阴影等图像特征。由于各种解译目标的物理-化学属性不同，所以具有不同的解译标志组合。此外，不同的遥感图像资料其解译依据也不相同。航片的比例尺一般较大，主要依据目标物的几何特征解译；卫片则很难分辨出目标物的几何特征，主要依据其光谱信息解译。热红外图像记录的是地面物体间热学性质的差别，其解译标志虽然与前两者一样，但含义与之不同。在对航片进行解译时，一般要做立体观察，以提高解译效果，即利用航空立体镜对航片做立体像观察，以获得直观的三维光学立体模型。

（二）工程地质条件的目视解译方法

1.地层岩性

地层岩性目视解译的主要内容，是识别不同的岩性（或岩性组合）和圈定其界线；此外，推断各岩层的时代和产状，分析各种岩性在空间上的变化、相互关系以及与其他地质体的关系。岩性地层单位的分辨程度和划分的粗细程度，取决于图像分辨率的高低、岩性地层单位之间波谱特征的差异程度、图形特征反差大小以及它们的出露程度。由于航片的分辨率高，所以它识别岩性地层单位的效果通常较卫片要好。实践证明：岩类分布面积广、岩类间的色调和性质差异大，则容易识别解译；反之，则难以识别解译。

地层岩性的影像特征，主要表现为色调（色彩）和图形两个方面。前者反映了不同岩类的波谱特征，后者是区分不同岩类的主要形态标志。不同颜色、成分和结构构造的岩性，由于反射光谱的能力不同，其波谱特征就有差异。同一岩性遭受风化情况不同，它的波谱特征也有一定变化。因此可以根据不同岩性的波谱特征的规律来识别它们。不同岩类的空间产状形态和构造类型各有特色，并在遥感图像上表现为不同类型和不同规模的图形特征。因此也就可以依据图形特征识别不同的岩类。

岩性地层目视解译前，首先要将解译地区的第四系松散沉积物圈出来，然后划分三大岩类的界线，最后详细解译各种岩性地层。利用航片识别第四系松散沉积物的成因类型并确定其与基岩的分界线是比较容易的，但要详细划分岩性则比较困难。由于它与地形地貌关系密切，所以可以结合地形地貌形态的研究以确定沉积物的类型。沉积岩类普遍适用的解译标志是层理所造成的图像，一般都具有直线的或曲线的条带状图形特征，其岩性差异则可以通过不同的色调反映出来。岩浆岩类的波谱特征有明显规律可循。一般情况下，超基性、基性岩浆岩反射率低，它们在遥感图像上多呈深色调或深色彩；而中性、酸性岩浆岩则反射率中等至偏高，因此图色调或色彩较浅。与周围的围岩相比，岩浆岩的色调较为均匀一致。这类岩石在遥感图像上的图形特征主要有：侵入岩常反映出各种形状的封闭曲线；而喷发岩的图形特征较为复杂。一般喷发年代新的火山熔岩流很容易辨认，而老的火山熔岩解译程度就低，尤其是夹在其他地层中的薄层熔岩夹层，几乎无法解译。变质岩种类繁杂，较上述两大岩类解译效果要差些。一般情况下，色调特征正变质岩与岩浆岩相近，副变质岩与沉积岩和部分喷发岩接近，而图形特征比较复杂，解译时应慎重分辨。

2.地质构造

利用遥感图像解译和分析地质构造效果较好。一般来说，利用卫片可观察到巨型构造的形象，而航片解译中，小型构造形迹效果较好。

地质构造目视解译的内容，主要包括岩层产状、褶皱和断裂构造、火山机制、隐伏构造、活动构造、线性构造和环状构造等的解译以及区域构造的分析。下面简要讨论与工程地质测绘关系较密切的内容。

由沉积岩组成的褶皱构造，在遥感图像上表现为色调不一的平行条带状色带，或是圆形、椭圆形及不规则环带状的色环。尤其当褶皱范围内岩层露头较好、岩性差异较大时，则表现得尤为醒目。但是，水平岩层和季节性干涸的湖泊边缘有时也会出现圈闭的环形图像，解译时需注意区别。褶皱构造依图形特征，可区分出平缓的、紧闭的、箱状的和梳状的等类别。

在构造变动强烈的地区，由于构造遭受破坏的原因，识别时较为困难，需借助于其他的解译标志。由新构造活动引起的大面积穹状隆起的平缓褶皱，较难识别，这时可利用水系分析标志解译。在确定了褶皱存在之后，就要进一步解译背斜或向斜。这方面的解译标志较多，可参阅有关文献。

断裂构造是一种线性构造。所谓线性构造，指的是遥感图像上与地质作用有关或受地质构造控制的线性影像。线性构造较之岩性地层和褶皱的解译效果要好些。在遥感图像上影像越明显的断裂，其年代可能越新，所以在航（卫）片上可以直接解译活动断裂。断裂构造也主要借助于图形和色调两类标志来解译。形态标志较多，可分为直接标志和间接标志两种。

在遥感图像上地质体被切断、沉积岩层重复或缺失以及破碎带的直接出露等，可作为直接解译标志。间接解译标志则有线性负地形、岩层产状突变、两种截然不同的地貌单元相接、地貌要素错开、水系变异、泉水（温泉）和不良地质现象呈线性分布等。断裂构造色调解译标志远不如形态解译标志作用明显，一般只能作为间接标志。因为引起色调差异的原因很多，有不少是非构造因素造成的，解译时应慎重加以分辨。由于活动断裂都是控制和改造构造地貌和水系格局的，因此在遥感图像上仔细研究构造地貌和水系格局及其演变形迹，可以揭示这类断裂。此外，松散沉积物掩盖的隐伏断裂也可以通过水系和地貌特征以及色调变化等综合分析来识别。

3.水文地质

水文地质解译内容主要包括控制水文地质条件的岩性、构造和地貌要素，以及植被、地表水和地下水天然露头等现象。进行解析时，如果能利用不同比例尺的遥感图像研究对比，可以取得较好的效果。尤其是大的褶皱和断裂构造，应先进行卫片和小比例尺航片的解译，然后进行大比例尺航片的解译。进行水文地质解译的航片以采用旱季摄影的为好。

利用航片进行地下水天然露头（泉、沼泽等）解译，所编制的地下水露头分布图效用较大。据此图可确定地下水出露位置，描述附近的地形地貌特征、地下水出露条件、涌水状况及大致估测涌水量大小，并可进一步推断测绘区含水层的分布、地下水类型及其埋藏条件。

实践证明，红外摄影和热红外扫描图像对水文地质解译效用独特。由于水的热容量大，保温作用强，因此有地下水与周围无地下水的地段、地下水埋藏较浅与周围地下水埋藏较深的地段，都存在温度差别（季节温差及昼夜温差）。利用红外摄影和热红外扫描对温度的高分辨率（0.1～0.01℃），可以寻找浅埋地下水的储水构造场所（如充水断层、古河道潜水），探查岩溶区的暗河管道、库坝区的集中渗漏通道等。此外，利用红外摄影和热红外扫描图像还可探查地下水受污染的范围。

4.地貌和不良地质

在工程地质测绘中，一般采用大比例尺卫片（1：250000）和航片来解译地貌和不良地质现象。

地貌和不良地质现象的遥感图像解译，历来为从事岩土工程和工程地质的工程技术人员所重视，因为这两项内容解译效果最为理想，而且可以揭示其与地层岩性、地质构造之间的内在联系，为之提供良好的解译标志。地貌解译应与第四系松散沉积物解译结合进行。通过地貌解译还可提供地下水分布的有关资料。从工程实用观点讲，地貌和不良地质现象的解译，可直接为工程选址、地质灾害防治等提供依据，所以在城镇、厂矿、道路和水利工程勘察的初期阶段必须进行。

由于地貌和不良地质现象的发展演化过程往往比较快，因此利用不同时期的遥感图像进行对比研究效果更好，可以对其发展趋势以及对工程的不良影响程度作初步评价。对各种地貌形态和不良地质现象的具体解译内容和方法，这里不再论述，可参阅有关文献。

（三）遥感地质工作的程序和方法

遥感地质作为一种先进的地质调查工作方法，其具体工作大致可划分为准备工作、初步解译、野外调查、室内综合研究、成图与编写报告等阶段。现将各阶段工作内容和方法简要论述如下。

（1）准备工作阶段。本阶段的主要任务，是做好遥感地质调查的各项准备工作和制订工作计划。主要的工作内容是搜集工作区各类遥感图像资料和地质、气象、水文、土壤、植被、森林以及不同比例尺的地形图等各种资料。搜集的遥感图像数量，同一地区应有2～3套，一套制作镶嵌略图，一套用于野外调绘，一套用于室内清绘。应准备好有关的仪器、设备和工具。制订具体工作计划时，工作人员要选定工作重点区，提出完成任务的具体措施。

（2）初步解译阶段。遥感图像初步解译是遥感地质调查的基础。室内的初步解译要依据解译标志，结合前人地质资料等，编制解译地质略图。如果有条件的话，应利用光学增强技术来处理遥感图像，以提高解译效果。解译地质略图是本阶段的工作成果，利用它来选择野外踏勘路线和实测剖面位置，并提出重点研究地段。

（3）野外调查阶段。此阶段的主要工作是踏勘和现场检验。踏勘工作应先期进行，其目的是了解工作区的自然地理、经济条件和地质概况。踏勘时携带遥感图像，以核实各典型地质体和地质现象在相片上的位置，并建立它们的解译标志。需选择一些地段进行重点研究，并实测地层剖面。现场检验工作的主要内容是全面检验和检查解译成果，在一定间距内穿越一些路线，采集必要的岩土样和水样。在此期间一定要加强室内整理。本阶段工作可与工程地质测绘野外作业同时进行，遥感解译的现场检验地质观测点数，宜为工程地质测绘观测点数的30%～50%。

（4）室内综合研究、成图与编写报告阶段。这一阶段的任务是最后完成各种正式图件，编写遥感地质调查报告，全面总结测区内各地质体和地质现象的解译标志、遥感地质调查的效果及工作经验等。应将初步解译、野外调查和其他方法所取得的资料，集中转绘到地形图上，然后进行图面结构分析。对图中存在的问题及图面结构不合理的地段，要进行修正和重新解译，以求得确切的结果。必要时要野外复验或采取图像光学增强处理等措施，直到整个图面结构合理为止。经与各项资料核对无误后，便可定稿和清绘图件。最后，根据任务要求编写遥感地质调查报告，附以遥感图像解译说明书和典型图册等资料。

三、GPS的应用

全球定位系统（Global Positioning System，GPS），是美国从20世纪70年代开始研制的用于军事目的的现代卫星导航与定位系统。随着GPS系统的不断成熟和完善，其在工程测绘领域得到广泛运用。测绘界已普遍采用了GPS技术，极大地提高了测绘工作效率和控制网布设的灵活性。宾得三星GNSS SMT888 3G型号的GPS具有如下特点。

（1）三星系统跟踪GPS、俄语“全球卫星导航系统”（GLOBAL NAVIGATION SATELLITE SYSTEM，GLONASS）、伽利略卫星导航系统（Galileo satellite navigation system，GALILEO）卫星，136卫星通道。

（2）内置SIM卡，工作模式随时切换，全球移动通信系统（Global System for Mobile Communications，GSM）模块内置，支持客户自建跨域资源共享（Cross-Origin Resource Sharing，CORS）。

（3）双电池智能切换，内置双电池仓，大容量锂电池确保长时间作业，并不断电切换。

（4）基站、移动站自由互换，多台GPS可任意组合实时动态定位（Real Time Differential，RTK）作业。

（5）外置电台与GPS无须电缆连接即可作业，可扩大作业距离，并在特殊情况下移动电台获得差分数据。

（6）完全一体化的设计，在坚固小区的接收机中集成GPS主机、天线、RTK电台等，做到确确实实无电缆。

（7）内置SD卡，RTK作业可同时记载静态数据，并通过SD卡方便导出。

（8）内置电台，并具有开放友好的通信接口，有蓝牙实现高速远距离传输。

SMT888-3G的定位精度见表5-1。

表5-1　SMT888-3G的定位精度

项目	水平	垂直
单点定位	1.1m	1.9m
SBAS	0.7m	1.2m
DGPS	0.35m	0.65m
RTK性能	10mm＋1×10−6mm	$15mm + 1 \times 10^{-6}mm$
静态性能	2mm＋0.5×10−6mm	$5mm + 0.5 \times 10^{-6}mm$
平均固定所需时间	7s	
置信度	＞99.9%	

（一）GPS定位原理与方法

1.定位原理

（1）伪距定位测量

接收机利用相关分析原理测定调制码由卫星传播至接收机的时间，再乘以电磁波传播的速度，便得到卫星到接收机之间的距离。由于所测距离受到大气延迟和接收机时钟与卫星时钟不同步的影响，它不是真正星站间的几何距离，因此被称为“伪距”，通过对四颗卫星同时进行“伪距”测量，即可解算出接收机的位置。

（2）载波相位测量

载波相位测量是把接收到的卫星信号和接收机本身的信号混频，从而得到混频信号，再进行相位差测量。根据相位差和载波信号的波长，可以解算出各卫星到接收机的“伪距”，通过对四颗卫星同时进行“伪距”测量，即可解算出接收机的位置。

2.定位方法

（1）按定位模式不同，GPS定位方法被分为绝对定位和相对定位

绝对定位又称单点定位，即在协议地球坐标系中，确定观测站相对地球质心的位置。在一个待测点上，用一台接收机独立跟踪GPS卫星，测定待测点（天线）的绝对坐标。由于单点定位受卫星星历误差、大气延迟误差等影响，其定位精度较低，一般为25～30m。

相对定位，即在协议地球坐标系中，确定观测站与某一地面参考点之间的相对位置。相对定位是用两台或多台接收机在各个测点上同步跟踪相同的卫星信号，求定各台接收机之间的相对位置（三维坐标或基线矢量）的方法。只要给出一个测点（可以是某已知固定点）的坐标值，其余各点的坐标即可求出。由于各台接收机同步观测相同的卫星，这样卫星钟的钟误差、卫星星历误差和卫星信号在大气中的传播误差等几乎相同，在解算各测点坐标时，可以通过做差有效地消除或大幅度削弱上述误差，从而提高了定位精度，其相对定位精度可达（$5mm+1\times10^{-6}D$）。

（2）按接收机天线所处的状态，可将GPS定位方法分为静态定位、动态定位

静态定位：定位过程中用户接收机天线（待定点）相对于地面，其位置处于静止状态。

动态定位：定位过程中用户接收机天线（待定点）相对于地面，其位置处于运动状态。在GPS动态定位中引入了相对定位方法，即将一台接收机设置在基准站上固定不动，另一台接收机安置在运动的载体上，两台接收机同步观测相同的卫星，通过观测值求差，消除具有相关性的误差，以提高观测精度。而运动点位置是通过确定该点相对基准站的相对位置实现的，这种方法被称为差分定位，目前被广泛应用。

（二）GPS在工程测绘中的应用原理

GPS采用交互定位的原理。已知几个点的距离，则可求出未知所处的位置。对GPS而言，已知点是空间的卫星，未知点是地面某一移动目标。卫星的距离由卫星信号传播时间来测定，用传播时间乘以光速可求出距离：$R=vt$。其中，无线信号传输速度为$v=3\times10^{8}m/s$，卫星信号传到地面时间为t（卫星信号传送到地面大约需要0.06s）。最基本的问题是要求卫星和用户接收机都配备精确的时钟。由于光速很快，要求卫星和接收机相互间同步精度达到纳秒级，由于接收机使用石英钟，因此测量时会产生较大的误差，不

过也意味着在通过计算机后可被忽略。这项技术已经用惯性导航系统（Inertial Navigation System，INS）增强而开发出来了。工程中要测量的地图或其他种类的地貌图，只需让接收机在要制作地图的区域内移动并记录一系列的位置便可得到。

（三）GPS在工程测绘中的应用

GPS的出现给测绘领域带来了根本性的变革，具体表现为在工程测量方面，GPS定位技术以其精度高、速度快、费用省、操作简便等优良特性被广泛应用于工程控制测量中。时至今日可以说，GPS定位技术已完全取代了用常规测角、测距手段建立的工程控制网。在工程测量领域，GPS定位技术正在日益发挥其巨大作用。例如，利用GPS可进行各级工程控制网的测量、GPS用于精密工程测量和工程变形监测、利用GPS进行机载航空摄影测量等。在灾害监测领域，GPS可用于地震活跃区的地震监测、大坝监测、油田下沉、地表移动和沉降监测等，此外还可用来测定极移和地球板块的运动。

1.GPS技术在地籍控制测量中的应用

GPS卫星定位技术的迅速发展给测绘工作带来了革命性的变化，也对地籍测量工作，特别是地籍控制测量工作带来了巨大的影响。应用GPS进行地籍控制测量，点与点之间不要求互相通视，这样避免了常规地籍测量控制时，控制点位选取的局限条件，并且布设成GPS网状结构对GPS网精度的影响也甚小。由于GPS技术具有布点灵活、全天候观测、观测及计算速度快和精度高等优点，使GPS技术在国内各省市的城镇地籍控制测量中得到广泛应用。

利用GPS技术进行地籍控制测量具有如下优点。

（1）它不要求通视，克服了常规地籍控制测量点位选取的局限。

（2）没有常规三角网（锁）布设时要求近似等边及精度估算偏低时应加测对角线或增设起始边等烦琐要求，只要使用的GPS仪器精度与地籍控制测量精度相匹配，控制点位的选取符合GPS点位选取要求，那么所布设的GPS网精度就完全能够满足地籍规程要求。

由于GPS技术的不断改进和完善，其测绘精度、测绘速度和经济效益都大大优于常规控制测量技术。目前，常规静态测量、快速静态测量、RTK技术和网络RTK技术已经逐步取代常规的测量方式，成为地籍控制测量的主要手段。边长大于15km的长距离GPS基线矢量，只能采取常规静态测量方式。边长为10～15km的GPS基线矢量，如果观测时刻的卫星很多，外部观测条件好，可以采用快速静态GPS测量模式；如果是在平原开阔地区，可以尝试RTK模式。边长小于5km的一级、二级地籍控制网的基线，优先采用RTK方法，如果设备条件不能满足要求，可以采用快速静态定位方法。边长为5～10km的二等、三等、四等基本控制网的GPS基线矢量，优先采用GPS快速静态定位的方法；设备条件许可和外部观测环境合适，可以使用RTK测量模式。

2.利用GPS技术布设城镇地籍基本控制网

在一些大城市中，一般已经建立城市控制网，并且已经在此控制网的基础上做了大量的测绘工作。但是，随着经济建设的迅速发展，已有控制网的控制范围和精度已不能满足现实的需求，为此，迫切需要利用GPS技术来加强和改造已有的控制网作为地籍控制网。

（1）由于GPS技术的不断改进和完善，其测绘精度、测绘速度和经济效益，都大大地优于目前的常规控制测量技术，因此，GPS定位技术可作为地籍控制测量的主要手段。

（2）边长小于8～10km的二等、三等、四等基本控制网和一级、二级地籍控制网的GPS基线矢量，都可采用GPS快速静态定位的方法。由试验分析与检测证明，应用GPS快速静态定位方法，施测一个点的时间，从几十秒到几分钟，最多十几分钟，精度可达到1～2cm，完全可以满足地籍控制测量的需求，可以大大减少观测时间和提高工作效率。

（3）建立GPS定位技术布测城镇地籍控制网时，应与已有的控制点进行联测，联测的控制点不能少于两个。

3.GPS技术在地籍图测绘中的应用

地籍碎部测量和土地勘测定界（含界址点放样）工作主要是测定地块（宗地）的位置、形状和数量等重要数据。

由《地籍调查规程》（TD/T 1001–2012）可知，在地籍平面控制测量基础上的地籍碎部测量，对于城镇街坊外围界址点及街坊内明显的界址点，间距允许误差为±10cm，城镇街坊内部隐蔽界址点及村庄内部界址点，间距允许误差为±15cm。在进行土地征用、土地整理、土地复垦等土地勘测定界工作中，相关规程规定测定或放样界址点坐标的精度：相对邻近图根点点位中误差及界址线与邻近地物或邻近界线的距离中误差不超过±10cm。因此，利用RTK测量模式能满足上述精度要求。

此外，利用RTK技术进行勘测定界放样，能避免解析法等放样方法的复杂性，同时简化了建设用地勘测定界的工作程序，特别是对公路、铁路、河道和输电线路等线性工程和特大型工程的放样更为有效和实用。

RTK技术使精度、作业效率和实时性达到了最佳融合，为地籍碎部测量提供了一种崭新的测量方式。现在，许多土地勘测部门购置了具有RTK功能的GPS接收系统和相应的数据处理软件，并取得显著的经济效益和社会效益。

（四）GPS测量的特点

GPS可为各类用户连续提供动态目标的三维位置、三维速度及时间信息。

（1）功能多、用途广。GPS系统不仅可以用于测量、导航，而且可以用于测速、测时。

（2）定位精度高。在实时动态定位（RTK）和实时差分定位（Real Time Differential,

缩写为，RTD）方面，定位精度可达到厘米级和分米级，能满足各种工程测量的要求。

（3）实时定位。利用全球定位系统进行导航，即可实时确定运动目标的三维位置和速度，可实时保障运动载体沿预定航线运行，亦可选择最佳路线。

（4）观测时间短。利用GPS技术建立控制网，可缩短观测时间，提高作业效益。

（5）观测站之间无须通视。GPS测量只要求测站150m以上的空间视野开阔，与卫星保持通视即可，并不需要观测站之间相互通视。

（6）操作简便，GPS测量的自动化程度很高。GPS用户接收机一般重量较轻、体积较小、自化程度较高，野外测量时仅“一键”开关，携带和搬运都很方便。

（7）可提供全球统一的三维地心坐标。在精确测定观测站平面位置的同时，可以精确测量观测站的大地高程。

（8）全球全天候作业。GPS卫星较多，且分布均匀，保证了全球地面被连续覆盖，使得在地球上任何地点、任何时候都可进行观测工作。

（五）GPS测量的实施

GPS测量实施的工作程序可分为技术设计、选点与建立标志、外业观测、成果检核与数据处理等几个阶段。

1.技术设计

技术设计的主要内容包括精度指标的确定和网的图形设计等。精度指标通常是以网中相邻点之间的距离误差来表示，它的确定取决于网的用途。

网形设计是根据用户要求，确定具体网的图形结构。根据使用的仪器类型和数量，基本构网方法有点连式、边连式、网连式和混连式4种。

2.选点与建立标志

由于GPS测量观测站之间不要求通视，而且网的图形结构比较灵活，故选点工作较常规测量简便。但GPS测量又有其自身的特点，因此选点时应满足如下要求：点位应选在交通方便、易于安置接收设备的地方，且视野要开阔；GPS点应避开对电磁波接收有强烈吸收、反射等干扰影响的金属和其他障碍物体，如高压线、电台、电视台、高层建筑和大范围水面等。点位选定后，按要求埋设标石，并绘制点之记。

3.外业观测

外业观测包括天线安置和接收机操作。观测时天线需安置在点位上，工作内容有对中、整平、定向和量天线高。由于GPS接收机的自动化程度很高，一般仅需按几个功能键（有的甚至只需按一个电源开关键）就能顺利完成测量工作。观测数据由接收机自动记录，并保存在接收机存储器中，供随时调用和处理。

4.成果检核与数据处理

按照《全球定位系统（GPS）测量规范》（GB/T 18314—2009）要求，应对各项观测成果严格检查、验核，确保准确无误后，方可进行数据处理。由于GPS测量信息量大、数据多，采用的数学模型和解算方法有很多种，在实际工作中，一般是应用电子计算机通过一定的计算程序完成数据处理工作。

四、GIS的应用

（一）地理信息系统的概念

地理信息系统，是在计算机硬件、软件系统支持下，对现实世界（资源与环境）各类空间数据及描述这些空间数据特性的属性进行采集、存储、管理、运算、分析、显示、描述和综合分析应用的技术系统，它作为集计算机科学、地理学、测绘遥感学、环境科学、城市科学、空间科学、信息科学和管理科学于一体的新兴边缘学科而迅速地兴起和发展起来。地理信息系统中"地理"的概念并非指地理学，而是广义地指地理坐标参照系统中的坐标数据、属性数据以及以此为基础而演绎出来的知识。地理信息系统具备公共的地理定位基础、标准化和数字化、多重结构和丰富的信息量等特征。

（二）地理信息系统的功能

从应用的角度，地理信息系统由硬件、软件、数据、人员和方法五部分组成。硬件和软件为地理信息系统建设提供环境；硬件主要包括计算机和网络设备，存储设备，数据输入、显示和输出的外围设备等。GIS软件的选择直接影响其他软件的选择，既影响系统解决方案，也影响着系统建设周期和效益。数据既是GIS的重要内容，也是GIS系统的灵魂和生命。

数据组织和处理是GIS应用系统建设中的关键环节。方法为GIS建设提供解决方案，确定采用何种技术路线、采用何种解决方案来实现系统目标，方法的采用会直接影响系统性能，影响系统的可用性和可维护性。人员是系统建设中的关键和能动性因素，直接影响和协调其他几个组成部分。

地理信息系统的功能包括数据的输入、存储、编辑；运算；数据的查询、检查；分析；数据的显示、结果的输出；数据的更新。

1.数据的输入、存储、编辑

任何方式的地理信息系统必须对多种来源的信息、各种形式的信息（影像、图形、数字、文档）实现多种方式（人工、自动、半自动）的数据输入，建立数据库。数据的输入是把外部的原始数据输入系统内部，将这些数据从外部格式转化为计算机系统便于处理的内部格式。数据的存储是将输入的数据以某种格式记录在计算机内部或外部存储介质上。数据的编辑功能为用户提供了修改、增加、删除、更新数据的可能。

2.运算

运算是为满足用户的各种查询条件或必需的数据处理而进行的系统内部操作。

3.数据的查询、检查

数据的查询、检查满足用户采用多种查询方式从数据库数据文件或储存装置中查找和选取所需的数据。

4.分析功能

分析功能满足用户分析评价有关问题，为管理决策提供依据，可在操作系统的运算功能支持中建立专门的分析软件来实现，地理信息系统的分析功能的强弱决定了系统在实际应用中的灵活性和经济效益，也是判断系统本身好坏的重要标志。

5.数据的显示、结果的输出

数据显示是中间处理过程和最终结果的屏幕显示，包括数字化与编辑以及操作分析过程的显示，如显示图形、图像、数据等。

6.数据更新

由于某些数据不断在变化，因而地理信息系统必须具备数据更新的功能，数据更新是地理信息系统建立数据的时间序列，满足动态分析的前提。

（三）地理信息系统的建立

地理信息系统的建立应当采用系统工程的方法，从以下六个方面进行。

（1）地理信息系统工程的目标。根据客户的需要，确立系统的目标使用所需的各种资源，按一定的结果框架、设计、组织形成一个满足客户要求的地理信息系统。应在充分调研的基础上，分析客户的要求，将其形成文字，地理信息系统的目标是整个工程建设的基础。

（2）地理信息系统工程的数据流程与工作流程。①地理信息系统的空间数据流程。数据规范与信息源选择；数据的获得和标准化预处理；数据输入与数据库建库；数据管理；数据的处理、分析与应用；成果的输出与提供服务。②地理信息系统工程的工作流程。建立一个实用系统的工作流程分为4部分。前期准备：立项、调研、可行性分析，用户要求分析；系统设计：总体设计、标准集的产生、系统详细设计、数据库设计；施工、软件开发、建库、组装、试运行、诊断；运行，系统交付使用和更新。

（3）地理信息系统的实体框架。系统的实体框架是由系统的核心数据库和应用子系统构成。子系统可以是多个，也可以是一个，子系统还可以分成更细一级的子系统，每个子系统都有其自身的目标、边界、输入、输出、内部结构和各种流程。

（4）地理信息系统的运行环境。地理信息系统运行的环境选择应：①最大限度地满足用户的工作要求。②在保证实现系统功能的前提下，尽可能减少资金的投入。③考虑一定时期内技术的相对先进性以及软硬件之间的兼容性。

硬件的配置应选择性能价格比较高，维护性好，可靠性高，硬件的运行速度及容量满足系统用户的要求，便于扩展，硬件商有较强的技术实力、优质的售后服务。

软件配置包括其他软件和供用户进行二次开发的GIS基本软件。

（5）地理信息系统的标准。为确保地理信息系统中的各数据库和子系统数据分类，编码及数据文件命名的系统性、唯一性，保证本系统与后继系统以及省内或国内外其他信息系统的联网，实现系统兼容，信息共享，地理信息系统的设计必须充分考虑到工程的技术标准，对规范化、标准化原则予以重视，在遵守已有国家标准、行业标准、地方标准的前提下，还应根据系统本身的需要制订必要的标准、规则与规定。

（6）地理信息系统的更新。地理信息系统是在动态中进行的，应在设计阶段充分考虑系统的更新，确保系统具有旺盛的生命力，满足不同阶段客户和社会的需要。

系统的更新包括硬件更新、系统软件更新、运行数据更新、系统模型更新、系统维护的技术人员知识更新等。

（四）地理信息系统在我国勘察行业中的应用

MAPGIS工程勘察GIS信息系统，旨在利用GIS技术对以各种图件、图像、表格、文字报告为基础的单个工程勘察项目或区域地质调查成果资料以及基本地理信息，进行一体化存储管理，并在此基础上进行二维地质图形生成及分析计算，利用钻孔数据建立区域三维地质结构模型，采用三维可视化技术直观、形象地表达区域地质构造单元的空间展布特征以及各种地质参数，建立集数字化、信息化、可视化于一体的空间信息系统，为相关部门提供有效的工程地质信息和科学决策依据。系统主要由以下几个功能模块组成。

（1）数据管理。数据管理子系统主要实现对地理底图、工程勘察所获取的资料和成果的录（导）入、转换、编辑、查询等功能。

第一，数据建库。地理底图库：可用数字化仪输入、扫描输入、GPS输入、全站仪输入和文件转换输入，采用海量数据库进行管理。工程勘察数据库：可用直接导入、手工输入、数据转换（支持属性类数据的批量导入）等多种方法录入，利用大型商用数据库进行管理。

第二，数据管理查询功能。a.提供与钻孔相关的试验表类属性数据与图形数据的关联存储管理功能。b.提供对各种三维地质模拟结果、成果资料的存储管理。c.提供与钻孔相关的各种基本信息及试验结果等属性信息的查询。d.提供对多种成果图件及统计分析表单等系统资料的查询。e.提供对数据的统计功能。

（2）工程地质分析及应用。①生成与钻孔相关的钻孔平面布置图、土层柱状图、岩石柱状图和工程地质剖面图。②生成各种等值线（彩色、填充），包括地层等值线（层顶、层底、层厚）、第四纪土等值线（层底、层厚）、基岩面等值线、地下水位等值线及其他等值线等。③生成各种试验曲线：单桥静探曲线图、双桥静探曲线图、动力触探曲线图、波速曲线、十字板剪切试验曲线、孔压静力触探曲线图、三轴压缩试验曲线图、塑性图、e-p关系曲线、土的粒径级配曲线、直剪试验曲线图等。④与办公自动化OA系统的完美结合：根据工程勘察所获的数据自动生成工程勘察报告。

（3）三维地质结构建模可视化。①快速、准确地建立三维地质结构模型。系统根据用户选定的分析区域内的钻孔分层数据自动建立起表达该区域地质构造单元（地层）空间展布特征的三维地质模型；对于地质条件比较复杂的区域，可通过用户自定义剖面干预建模，处理夹层、尖灭、透镜体等特殊地质现象。②三维可视化表现功能。系统提供如模型显示、表现功能。a.系统提供对三维模型的放大（开窗放大）、缩小，实时旋转、平移、前后移动等三维窗口操作功能，支持鼠标和键盘两种操作方式。b.钻孔数据的多种三维表现形式。c.提供对钻孔数据立体散点表现形式及立体管状表现形式。d.三维地质模型与钻孔数据的组合显示。可对某些感兴趣的地层进行单独显示和分析。③三维可视化分析功能：a.任意方向切割模型。b.立体剖面图生成。c.三维空间量算功能。

（4）成果生成与输出。①资料图件输出。输出指定范围内已有资料中的多种基础平面图图件，包括本区基础地理底图、水系分布图、地貌分区图、地质图、基岩地质图、水文地质图、工程地质图等。②表格数据输出。提供对各类表格数据、报表的输出。③平面成果图件生成：a.生成与钻孔相关的钻孔平面布置图、柱状图、剖面图。b.生成各种等值线（彩色、填充），包括地层等值线（层顶、层底、层厚）、第四纪土等值线（层底、层厚）、基岩面等值线等。④三维地质模拟结果输出：a.立体剖面栅状图。b.针对三维地质模型的空间分析、量算结果。c.三维地质模型静态效果图。d.三维地质模型漫游动画。

第六章　自然资源

第一节　自然资源的概念

一、资源

“资源”的概念源于经济学科，是作为生产实践的自然条件和物质基础提出来的，具有实体性。近年来，“资源”已广泛地出现在各研究领域，其内涵和外延已有明显变化，不同领域各行其是。资源包括人力及其劳动的有形和无形积累，如资金、设备、技术和知识、制度等，甚至还有“信息资源”的提法。这种资源概念的通用化，反映了自然与社会在某些侧面具有结构和功能的相似性。广义而言，人类在生产、生活和精神上所需的物质、能量、信息、劳动力、资金和技术等的“初始投入”均可称之为资源。对于资源科学研究而言，资源则专指狭义的自然资源。

二、自然资源

自然资源是一个庞大的集合名词，它所涉及的内涵较广。作为人类生存与发展的基础，自然资源是一切可供人类利用的自然物质和自然能量的总体。由于人口的不断增长和生产规模的日益扩大，从而引起物质和能量的加速消耗，一系列与资源、环境和生态有关的社会问题便不断出现。这就促使许多学科将自然资源作为重要的研究对象。由于学科特点和研究目的不同，各个学科研究自然资源的侧重点和方向也不同，自然资源所规定的科学定义及其内涵也各不相同。地理学者认为，自然资源是自然环境中可以被人类利用，并能给人类带来利益的地理要素以及这些要素相互作用的产物。萨乌式金认为，自然资源是自然环境的各个要素，这些要素可以用作动力生产、食物和工业原料。伊萨德认为，自然资源是人类用来满足自然需求和改善自身净福利的自然条件和原料。《英国大百科全书》将自然资源定义为“对人类可以利用的自然生成物及生成这些成分的源泉的环境的功能，前者如土地、水、大气、岩石、矿物、生物及其群集的森林、草场、矿产、陆地、海洋等，后者如太阳能、地球物理的环境机能（气象、海洋现象、水文地理现象）、生态学的环境机能（植物的光合作用、生物的食物链、微生物的腐蚀分解作用等）、地球化学的循环机能（地热现象、化石燃料、非金属矿物生成作用等）”。该定义从本质上反映了地理学家对于自然资源的认识。

1972年联合国环境规划署（UNEP）指出：“所谓自然资源，是指在一定的时间条件下，能够产生经济价值以提高人类当前和未来福利的自然环境因素的总和。”我国的《辞海》中把自然资源定义为“天然存在的并有利用价值的自然物”。马克思主义认为创造社会财富的源泉是自然资源与劳动力资源，马克思引用威廉·配第的话说：“劳动是财富之父，土地是财富之母。”恩格斯在《自然辩证法》一书中也明确地指出，劳动和自然界一起才是财富的源泉。自然界为劳动提供材料，劳动把材料变成财富。由此可见，资源包括自然资源与劳动力资源两个基本要素。显然，经济学家在研究和给自然资源下定义时，十分重视自然资源的经济价值。著名生态学家雷玛德认为：“资源可以简单地规定为一种能量或物质的形式，它们对于有机体或种群的生态系统，在功能上具有本质的意义。特别是对于人来说，资源是对于完成生理上的、社会经济上的以及文化上的需要所必备的能量或物质的任何一种形式。”显而易见，生态学家对于自然资源的认识特别侧重于它的生态功能。

不同学科对于自然资源的概念的文字表达互有区别，但究其本质它们又有共同的脉络。概括起来可以发现，它们都包含三个共同的方面：自然资源不是脱离生产应用而对客观物质的抽象研究的对象，而是在不同的时空组合范围内有可能为人类提供福利的物质和能量；自然资源的范畴不是一成不变的，随着社会的进步和科学技术的发展，人类对自然资源的理解不断加深，资源开发和保护的范围不断扩大；自然环境是指人类周围所有的外界客观存在物，自然资源则是从人类的需用角度来理解这些因素存在的价值。因此，自然资源和自然环境密不可分，但二者的概念又互有差异。牛文元汲取了不同研究方向的精髓，给自然资源以如下定义，“人在自然介质中可以认识的、可以萃取的、可以利用的一切要素及其集合体，包含这些要素互相作用的中间产物或最终产物：只要它们在生命建造、生命维系、生命延续中不可缺少，只要它们在社会系统中能带来合理的福祉、愉悦和文明，即称之为自然资源”。这一概念拓宽并加深了人们对自然资源理解的广度和深度，这对于引导人们从自然资源的基本属性出发，对自然资源进行综合研究和探讨自然资源综合开发利用的途径等问题，都有一定的启迪意义。

三、自然资源的类型

（一）按照自然资源的赋存条件及特征进行分类

1.地下资源

这类资源赋存于地壳中，也可称之为地壳资源，主要包括矿物原料和矿物质能源等矿产资源。矿产资源的品种、分布、储量决定着采矿工业可能发展的部门、地区及规模；其质量、开采条件及地理位置直接影响矿产资源的利用价值及采矿工业的建设投资、劳动生产率、生产成本及工艺技术等，并对以矿产资源为原料的初级加工工业（如钢铁、有色金属、基本化工和建材等）乃至整个重工业的发展和布局有着重要的影响。矿产资源的地域组合特点影响区域经济的发展方向与工业结构特点。随着地质勘探、采矿和加工技术的进步，人类对矿产资源利用的广度和深度不断拓展。

2.地表资源

这类资源赋存于生物圈中，也可称之为生物圈资源，主要包括由地貌、土壤和植被等因素构成的土地资源，由地表水、地下水构成的水资源，各种植物和动物构成的生物资源，以及由光、热、水等因素构成的气候资源等。

（二）按照自然资源的地理特性进行分类

根据自然资源的形成条件、组合状况、分布规律及与地理环境各圈层的关系等地理特性，常把自然资源划分为矿产资源（岩石圈）、土地资源（地球表层）、水资源（水圈）、生物资源（生物圈）和气候资源（大气圈）五大类。随着海洋地位的日益突出，海洋资源已开始作为第六类资源进入资源科学的研究领域，且作用日趋重大。海洋资源是指形成和存在于海水或海洋中的有关资源，包括海水中生存的生物，溶解于海水中的化学元素，海水波浪、潮汐及海流所产生的能量、贮存的热量，滨海、大陆架及深海海底所蕴藏的矿产资源，以及海水所形成的压力差、浓度差等。广义的海洋资源还包括海洋提供给人们生产和娱乐的所有空间和设施。按资源性质或功能，海洋资源可以划分为海洋生物资源和水域资源。世界水产品中的85%左右产于海洋，以鱼类为主体，占世界海洋水产品总量的80%以上，还有丰富的藻类资源。海水中含有丰富的海水化学资源，已发现的海水化学物质有80多种。其中，11种元素（氯、钠、镁、钾、硫、钙、溴、碳、锶、硼和氟）占海水中溶解物质总量的99.8%以上，可提取的化学物质达50多种。由于海水运动产生的海洋动力资源，主要有潮汐能、波浪能、海流能及海水因温差和盐差而引起的温差能与盐差能等。估计全球海水热能的可利用功率达100×10^8kW，潮汐能、波浪能、河流能及海水盐差能等可再生功率在100×10^8kW左右。

（三）按照自然资源在不同产业部门中的作用进行分类

这种分类方法根据自然资源在不同产业部门中所占的主导地位，把自然资源划分为农业自然资源、工业自然资源、医药自然资源等。每种类型又可进行更细致的分类。农业自然资源是指在农业生产过程中发挥作用的自然物质和能量，又可分出土地资源、水资源、气候资源、牧地和饲料资源、森林资源、野生动物资源、渔业资源、遗传物质资源等。

1.整体性

各农业自然资源要素相互依存、相互制约，构成统一的农业自然资源整体。发展农业生产必须按照各种自然资源优化组合和生态平衡的要求，进行科学合理的配置。

2.地域性

不同区域农业自然资源的分布和组合特征均有一定差异，发展农业生产必须遵循因地制宜的原则。

3.动态平衡性

各种农业自然资源及其组合即生态系统，都是不断发展演变的，由平衡到打破平衡，再到建立新的平衡，农业生态系统始终处在动态变化之中。

4.可更新和再生性

如气候的季节更迭、水分的循环补给、土壤肥力的恢复和生物繁衍等，只要坚持开发利用和保护培育相结合，则可实现永续利用的目标。

5.数量有限性和潜力无限性

农业自然资源的蕴藏量和可利用量是有限的，人类利用自然资源的能力、利用范围也是有限的，但是由于农业自然资源具有可更新和再生性，加之随着科学技术的进步，人类可以寻找新的资源和扩大资源利用范围，不断提高资源利用率和生产能力。

工业化的历史实质上是自然资源开发利用的发展变化历史。工业化大体经历了从蒸汽机时代到内燃机、电动机时代，即从煤炭时代发展到石油时代，自然资源的供应和需求状况发生了重大的变化。工业自然资源可以分为：①工业原料。一般把采掘与农牧业生产的产品称为原料，如原煤、原油、原木、各种金属和非金属矿石；农业生产的植物或动物性产品，如谷类、原棉、甘蔗、牲畜、鱼类、乳类等。②能源。能源是可产生各种能量（如热能、电能、光能和机械能等）或可做功的物质的统称，包括煤炭、原油、天然气、煤层气、水能、核能、风能、太阳能、地热能、生物质能等一次能源和电力、热力、成品油等二次能源，以及其他新能源和可再生能源。20世纪20年代，全球煤炭消费量超过全部能源消费总量的1／2，世界进入“煤炭时代”，直到20世纪60年代，世界工业发展的煤炭时代持续了大约半个世纪。此后，人类进入石油时代。1967年石油在一次能源消费结构中的比例达到40.4%，超过煤炭消耗（38.8%）。工业化的主要表现就是化石燃料能源成为主要的能源物质，可以称为“化石矿物能源时代”。迄今为止，世界仍然处于化石矿物能源时代，大多数发达国家仍处于石油时代，整个世界的发展仍然处在“石油依赖”时期。尽管各国的能源利用效率和节能技术有了很大的提高，GDP的能耗强度有了显著下降，但除了英、法、德等少数欧洲国家外，大多数国家处于传统能源消耗总量不断增长的状态。因此，整个世界还处于高耗能发展阶段。即使在已经实现了工业化的发达国家，工业化社会的基本特征仍然显著存在。所以，人类还远未离开工业化资源路线所决定的资源开发利用路径。

（四）按照自然资源的用途及利用方式进行分类

按照用途及利用方式的不同，可将自然资源分为生活资料自然资源和生产劳动资料自然资源两大类。前者主要包括植物界中的天然食物（根、茎、叶、果等）、森林和草原中的各种动植物，以及河流、湖泊、海洋中的鱼类等各种水产品；后者主要包括可以直接用于生产的矿物燃料、原料和木材等。

（五）按照自然资源的性质进行分类

这种分类方法中以按照自然资源的再生性特征的分类方法最为通用。目前，自然资源的分类已逐渐由单一特征的分类走向多因素的综合分类。如我国学者李文华等人根据自然资源的数量、变异性、再生性和重新使用性等方面的特征，建立了比较完整的自然资源分类系统。按照自然资源的持续利用性可将其分为耗竭性资源和非耗竭性资源两大类。耗竭性资源又可细分为再生性资源和非再生性资源两类。再生性资源主要是指由各种生物和非生物要素组成的生态系统，如土地资源、森林资源、水产资源等，在正确的管理和维护下，该类资源可以不断地被更新和利用；反之，则会遭到破坏乃至消耗殆尽。非再生性资源主要是指各种矿物和化石燃料。其中一些非消耗性的宝石矿物和贵重金属（如金、铂、银等）多能重复使用；而另一些资源如化石燃料（石油、天然气、煤炭等）、大多数非金属矿物和消耗性金属矿物等，则会因为被大量使用而消耗殆尽，它们属于不可重复使用的资源。非耗竭性资源又可细分为恒定性资源和易误用性资源两类。前者如风能、原子能、潮汐能、降水等，它们不会因人类活动而发生明显变异，故称之为恒定性资源：后者如大气、水能、广义景观等各种资源，当人们对它利用不当时会发生较大变异并污染环境，因此称之为易误用性资源。自然资源的分类不仅对建立完整的自然资源学科体系具有重要的理论意义，而且对自然资源的利用和保护也具有重要的指导作用。

第二节 自然资源的基本属性与系统

一、自然资源的基本属性

自然资源的属性是指自然资源所特有的自然和社会性质。自然资源的自然属性是指具有特定组成、结构、功能和边界的自然资源系统所具有的整体性、层次性、周期性等特点。自然资源的社会属性是指自然资源作为人类社会生产不可缺少的劳动手段和劳动对象的性质。任何种类的自然资源都具有可使用性，这是它区别于自然界中非资源成分的根本所在。自然资源的自然属性为人类开发利用自然资源创造了前提条件，使其具有一定的使用价值；自然资源的社会属性使自然资源的开发利用带有强烈的社会烙印，并使其成为商品进入流通领域，从而产生一定的经济价值。

（一）自然资源的整体性

各种自然资源在生物圈中互相依存、互相制约，构成了完整的资源生态系统。不仅构成生物圈资源的各要素本身形成一个自然综合体，而且它们相互依存、相互联系，从而形成一个整体。认识自然资源的整体性要从两个方面考虑：首先，系统的每个要素都承担着特殊的作用，都是系统不可或缺的组成部分，也就是说，离开某一要素，系统的功能就要受到影响，原有系统就会出现质的改变。其次，系统各要素之间的互相联系是整体性形成的唯一原因。系统各要素之间通过能量流、物质流和信息流维系在一起，形成复杂的统一整体。由于系统各要素之间有能量流、物质流和信息流的联系，所以如果某一个流通环节出现故障，势必影响其他要素的功能的发挥，甚至使系统发生变化。因此，人类在改变一种资源或资源生态系统中的某些成分时，不可能使其周围的环境完全保持不变；任何一个生态系统内部某些要素的改变必然引起该资源生态系统内部结构的变化，而且一个系统的变化还不可避免地影响到与之有关的其他系统。因此，对自然资源的开发利用要充分认识自然资源系统的整体性特点，使系统结构稳定地朝着有利于人类生活和生产的方向发展。

（二）自然资源的社会性

在自然资源系统内部机制中必然有附加的人类劳动，也就必然内含有社会因素。自然资源是与一定的社会经济、技术水平相联系的，人类对自然资源的认识、评价和开发利用，都受特定时间、特定空间的制约，这就是自然资源的社会性。对资源问题的看法，历来都是对人与自然关系的认识的基础。人与自然的关系表现出从“天人合一”“神化自然”“天人对立”到“唯心辩证”“唯物辩证”等多种形态，经历了天命论、自然决定论、或然论、征服论等多种认识阶段及其相应的处理方式，才进入协调论的现代。就在不远的过去，人们还认为自己是自然的主宰，可以通过自己的力量去征服自然、统治自然、支配自然中的一切事物。这几乎成为工业时代的信条。用这个信条所支配的资源观实际上是征服主义的，对资源采取了耗竭式的开发、占有和使用方式，不断使人与自然这个大系统产生强烈扰动。进入现代，人们逐渐悟出，人类只不过是人与自然这个大系统中的一个要素，必须和其他要素协调发展。人类社会经济发展在目标模式选择上大体经历过3个时期：增长时期、发展时期和可持续发展时期。早期人类社会谋求社会财富的增长，那时，人类把资源当作取之不尽、用之不竭的自由取用之物，这在生产力水平较低、资源还有支撑能力的情况下是允许的。随着社会的发展，人类注意到了资源的结构性短缺，意识到了利用自然资源必须在效率上做文章，出现了“发展”的概念，强调在增长的基础上重视结构调整。这时人类在对待自然资源的行为方式上，不仅继承了自然资源的开发利用，而且注意到了资源配置问题。配置资源的机制选择（计划和市场等）就成为“发展”时代社会关注的焦点，以致现代经济学主要就是研究具有稀缺性的资源及其配置问题。到了第三阶段，资源的总量和结构量都发生了短缺，环境问题也凸显出来，成为制约发展、影响人类生活质量的重要因素，“可持续发展”的理念和概念应运而生。在这种情况下，人们把经济社会同资源环境的协调发展当作最基本的目标，于是在资源问题上，人类追求资源利用的区际公平和代际公平。这一时期人们不仅要求资源要节约利用、合理配置，而且要对资源进行建设，使其具有更新能力，保持资源系统的动态平衡。

（三）自然资源的时间性

自然资源的时间性是指自然资源随时间变化的性质。自然资源的范畴不是一成不变的，随着人类社会的不断发展和科学技术的进步，人类对自然资源的认识不断深化，自然资源开发利用和保护的范围不断扩大。例如，过去被视为外在的环境因素，如空气、风景等，现在已属于自然资源的范畴。自然资源的时间性主要表现在两个方面：源数量的增减变化；资源种类的增减变化。引起自然资源随时间变化的原因：自然规律的支配；人类活动的影响。不同的资源生态系统随时间的变化有不同的表现形式：经过长期演化而形成的结构复杂的资源生态系统，其组分间的比例关系常能维持相对稳定的平衡，对外界干扰有较强的抵抗能力；结构简单的资源生态系统的稳定性则较为脆弱，抗干扰能力较差。从资源管理的角度出发，就要认识各种资源生态系统随时间变化的特点，主要是认识系统的稳定性和对外界干扰的负载能力，据此预测资源的范畴。

（四）自然资源的空间性

自然资源的空间性也称自然资源的地区性或地域性。自然资源的分布，有的受地带性因素的影响，有的受非地带性因素的制约。不仅不同种类的自然资源的地带性分布规律会有很大差异，而且同一种自然资源因受不同属性的地带性规律的影响也表现出很大的空间差别。气候、水、土壤和生物的地域分布主要受地带性因素的影响，但同时受非地带性因素的制约，如地质、矿产、地貌等主要受非地带性因素的控制。此外，自然资源开发利用的社会经济条件和技术工艺水平也具有地域性差异。因此，对自然资源的研究和开发利用必须遵循因地制宜的原则。

（五）自然资源的有限性

在具体的空间和时间范围内，自然资源是有限的，尤其是资源分布的地域差异性使得自然资源在一定的地域空间内总是有限的。由于生命发展的高需求性以及存在许多种不可再生、消耗性使用的自然资源，致使某些资源供给处于某种程度的紧张中。在人类历史的初始阶段，人口数量少，生产力水平低，自然资源的有限性表现得不够明显。进入20世纪以后，随着人口的剧增、生产力水平的提高以及生产、生活物质消耗的增加，自然资源的有限性就日益明显地表现出来，自然资源供给的紧张状况已经对经济的繁荣、社会的发展甚至人类的生存带来了一定的威胁。自然资源不断地被人类消耗，而且消耗速度急剧增长，使自然资源日益明显地表现出稀缺的本质特征。在自然资源的开发利用与管理中，无论人们所取时段的长短如何，从发展的观点去考察，人类开发利用自然资源的活动总会具有无限大的延续性。但是，就其自身的数量形体而言，自然资源总是有限的，这就使得每个时段所拥有的自然资源量趋于无穷小，即自然资源表现出稀缺特征。稀缺的自然资源作为一个最终的限制因子，制约着区域、国家乃至全球的经济发展前景。

（六）自然资源的传布性

自然资源的传布性是指自然资源在地域空间上的流动性。自然资源的存在有其“空间域”的限制，尽管诸如大气、水甚至固体物质在重力的统一作用下，会发生规模、尺度不同的运动。广义的物质资源和能量资源进行着某种意义上的“主动传布”，但另一类自然资源，诸如矿产资源、植物资源等，本身的“主动传布”能力十分有限。与此相应，由于受体（要求提高资源的实体）的可移动性，如通过交通运输和类似的方式获取所要求的自然资源，就成了在被动传布状态下的自然资源扩散。由于自然资源的地域分布总具有非均衡性的特征，就势必存在事实上的自然资源浓度梯度。这种梯度的存在必然孕育着自然资源移动的潜在动力，无论通过主动传布方式还是通过被动传布方式，自然资源所具有的传布性都是正确的。在自然资源研究中，尤其是在自然资源管理的问题上，传布行为一直是核心问题之一。资源流动是指资源在人类活动作用下，在产业、消费链条或不同区域之间所产生的运动、转移和转化。它既包括资源在不同地理空间资源势的作用下发生的空间位移（所谓“横向流动”），也包括资源在原态、加工、消费、废弃这一连环运动过程中形态、功能、价值的转化过程（所谓“纵向流动”）。自然资源的流动具有如下特点。

1.动态性

动态性包括自然资源的动态性和流动过程的动态性两个方面。首先，从资源科学的角度出发，自然资源是一个可变的历史范畴，是一个动态的系统过程，它与人类社会、经济、文化、技术的发展密切相关；其次，资源流动本身是一个动态过程，随着生产、消费活动的开展，自然资源在物质形态、功能、空间等方面发生转变和移动，也促使有限的资源流向效益好、效率高的区位或部门中去。

2.时空性

时间和空间是物质运动的基本属性。资源的流动过程中同样也具有时间和空间的属性，具体表现在：第一，资源的种类多，具有不同的形态和性质，因此，在其流动过程中表现出各自不同的规律和特性，同样的资源在不同的地域，受外部环境影响，其流动也表现各异；第二，资源流动包括了资源在不同空间位置、不同产业组群、不同消费链条之间的运动、转移和转化。自然资源的人为传布具有鲜明的趋利性、就近性、聚集性和结构合理性等。自然资源流向某个地区的强度取决于该地区在区位条件、资源禀赋、基础设施、政策法规、社会环境等方面的相对优劣。自然资源进入社会经济系统后，在不同区域、不同产业、不同消费领域之间发生流动。这一流动过程产生两种效应：生态环境效应和社会经济效应。自然资源可持续利用的目标应该是最大限度地发挥资源的社会经济效应，并最大限度地减少其生态环境的负面效应。

（七）自然资源的层次性

自然资源既有十分广泛的内涵，又有明显的层次。以生物资源为例，从一种植物的资源化学成分到物种，从物种种群、生态系统直到整个生物圈，都可以成为自然资源研究和开发利用的对象。从自然资源研究的空间范围来看，它可以是一个局部地段、自然区域或经济区域，也可以是一个国家甚至整个地球。因此，在进行自然资源研究时，必须首先明确研究对象所处的层次和等级，然后确定所需的自然资源属性信息以及采集信息的方法。自然资源研究者不仅要善于收集大量的有关资料，而且要善于根据研究对象的层次和等级逐层进行信息的传递和筛选，以取得适用的信息。

（八）自然资源的多用性

大部分自然资源都具有多种功能和用途。以森林资源为例，森林可以提供多种原料，如木材、燃料、木本粮油和其他林副产品等；森林具有保护环境的功能，如森林在水土保持、防风固沙、净化空气、涵养水源等方面具有不可替代的作用；森林可以提供多种不同的货币效益和土地利用效益；森林具有观光旅游价值。此外，森林还是重要的物种基因库，是陆地上重要的生态系统，在自然界物质和能量的循环交换中具有重要的生态作用。应当指出，并非自然资源所有的功能及用途都具有同等重要的地位。因此，在自然资源开发利用时要全面权衡，必须按经济效益、社会效益和生态效益相统一的原则，借助于系统分析手段，通过科学的优化方式选择最佳方案。

（九）自然资源的竞争性

1.自然资源增长的竞争

1931年沃尔特拉研究了种群之间的竞争，指出两个物种为同一资源而竞争，在某种程度上比捕食—被捕食关系，即一个物种被另一个物种歼灭更具有毁灭性。竞争最终将导致生长能力较弱的物种灭绝，而捕食—被捕食关系只不过使物种数目围绕一个中间值周期性地上下波动。这种关系在生物群落系统中已经得到说明，但完全可以说这种关系也有着社会学的意义。

2.自然资源开发的竞争

在众多的自然资源种类中，人们总是要努力选择那些（一种或数种）在其应用上最为合适的、经济上最为合算的、时间上最为适宜的资源，并将其作为优先开发利用的对象，自然资源的竞争性也正是表现在人们对其开发利用选择的过程中。

3.同一类自然资源的竞争

不同地域、不同国家，在生产的许多部门中以及在生活的许多方面，都不同程度地需要同一类自然资源，从而引起对自然资源的竞争。由于生存和发展对自然资源的严重依赖，也由于自然资源权属的天然缺位，人类为争夺自然资源的所有权进行了漫长而残酷的斗争。由自然资源引发的斗争，是人类社会最原始、最悠久的斗争之一。原始社会人们对生存必需的自然资源是直接获取的。随着人口数量的不断增加，自然资源日益短缺，由资源争夺而引发的战争频繁发生。随着资源争夺战的继续，许多自然资源被人类以武力占为己有，拥有事实所有权。初始的资源争夺只是为了占有某片森林或生活栖息地，后来逐渐发展到土地、山川、河流、海域乃至地下矿藏，造成了各民族对陆地和海洋无休止的分割和再分割。各民族间不间断的冲突和战争导致了国家的产生，军事打击成为争夺自然资源的主要手段。联合国气候问题工作小组相继推出系列报告，指出随着全球气候日趋变暖，南北两极将是人类最后的家园。同时，随着南北极冰盖的日趋消融，以及人类深海钻探技术的精进，南北极蕴藏的丰富石油、天然气以及各种稀有矿物也是各国自然资源竞争的焦点。地球能源资源的枯竭正驱使人们飞向月球去探寻新的替代能源。

（十）自然资源的增值性

自然资源的开发利用，本身就意味着资源价值的增长，这种增长显然是有效能投入的结果。以矿产资源为例，一种矿石被从与环境的结合中剥离出来而成为粗矿→品位较低的粗矿经过处理变成品位较高的精矿→精矿经过处理变为原材料→原材料经过加工变为社会需要的产品，这一系列程序表明了资源价值的逐步增加和提高。应当说，资源加工的层次越多，物化在实物资源中的劳动量也就越多，资源的附加值也就越大。自然资源增值的直接原因是有效能的投入，间接原因则是社会需要、供需关系以及人的心理状态、文化传统习俗等方面的综合作用。随着社会生产力的发展和科技水平的提高，人类利用资源的广度和深度不仅不断拓展，而且可以相对地增加资源的数量和提高资源的质量，使资源价值进一步提升。

（十一）自然资源的国际性

自然资源的国际性是指资源要素来源的国际化、生产过程的国际化和产品市场的国际化。这种国际化过程的结果是各类资源突破了国家和地域的界线，成为人类共同的财富，在世界经济格局中扮演着越来越重要的角色。近三四十年来，人们对资源问题的关注已经远远超过历史上任何一个时期，特别是1992年联合国召开世界环境大会以后，不仅进一步强化了各国领导层对资源、环境必须加强全球合作的意识，而且世界各国都已把实施可持续发展作为一项共同的战略任务，因此，全球化、国际化已成为资源科学研究的一种新趋势。自然资源的国际性主要表现在以下三个方面。

1.自然资源的国际共享性

有些自然资源具有国际共享性（如公海中的自然资源），只有通过国际行动才能达到合理开发利用和保护的目的。

2.自然资源开发利用后果的扩展性

一个国家或地区自然资源的开发利用所造成的后果往往会超出该国家的国界范围而影响到其他国家或地区，具有国际性。这是自然资源开发利用后果的外延性。酸性雨就是由于化石燃料的燃烧引起的，它给相邻国家或地区的森林和土壤资源造成了极大的破坏。

3.自然资源开发利用和保护的国际协作与交流

当代自然资源的开发利用已逐渐打破闭关锁国的状况，国际自然资源开发的合作、贸易与技术交流日益广泛，一个国家的资源政策与贸易价格往往会产生世界性的连锁反应。

2002年，在南非约翰内斯堡召开了联合国可持续发展大会，会议通过了《可持续发展执行计划》和《约翰内斯堡政治宣言》，确定“发展”仍是人类共同的主题，并进一步提出了经济、社会、环境是可持续发展不可或缺的三大支柱，以及水、能源、健康、农业和生物多样性等实现可持续发展的五大优先领域，进一步说明了自然资源开发利用与保护的国际性。

（十二）自然资源的“虚化”

所谓自然资源的“虚化”，是针对自然资源实体而言的。随着人类社会的发展，自然资源逐步地从单一的实体形式向着虚化的方面延伸。例如，空间（可表示单位生命所占据的地理范围）、感应（给人以感官和精神上的享受，如旅游资源）、时间（时间在创造社会财富的过程中发挥着越来越重要的作用）、信息（信息就是财富，正确信息的传布意味着社会财富的增加）等，都已经或正在被纳入资源的范畴，这就大大扩充和拓展了资源的内涵和范围。

二、自然资源系统

（一）自然资源系统的概念

所谓系统是指由若干相互联系、相互依赖的要素按照一定结构组成的，并且是具有某种特定功能的有机集合体。自然资源从总体上来说就是一个这样的有机集合体。自然资源由自然环境中对人类直接有用的那些自然要素组成，我们称这些要素为自然资源要素，这样，一定地域、空间上相互联系、相互制约着的自然资源要素所组成的有机集合体就是自然资源系统。人们对自然资源从个别到系统的认识经历了较长的历史过程。这是因为在人类早期的生产实践中，生产范围狭小，所接触的自然资源常常是单一的：种地的只管种地、打猎的只管打猎、放牧的只管放牧、捕鱼的只管捕鱼，甚至“鸡犬之声相闻，民至老死不相往来”。这样就难以发现自然资源之间的关系。只有到了近代，由于社会化大生产的发展，人们才逐步认识到各自然资源之间的有机联系，即一种资源的短缺对其他工业部门的影响，进而认识到一种资源的减少或破坏会给自然资源的总体带来什么后果。比如，我们无限制地采伐山地的森林，不仅会使森林的面积锐减，也会引起土壤和周围环境的变化，对森林中的动植物，甚至气候也会产生很大的影响。同时，自然资源系统内的各要素都不是孤立存在的，一种要素的变化，必然会引起其他要素的相应变化。例如，黄土高原的水土流失不仅使当地农业生产长期处于低产落后状况，而且造成黄河下游的洪涝、风沙、盐碱等灾害。特别是某种资源在为人类所利用时，会同时产生正效益和负效益。可见构成自然资源系统的各要素之间是互相依赖、互相制约、互相作用的，基于这样的认识，就必须承认自然资源系统存在的客观性，并从构成它的各种要素的相互关系出发，来研究和揭示它的结构和功能及其本身固有的运动规律性。

（二）自然资源系统的结构

自然资源系统的结构是复杂的，其考察的角度是多方面的。这里给出的结构是指自然资源系统的整体结构。这个结构可以从两个角度来考察。首先，我们可以从自然资源的生成和分布规律的角度来分析和认识自然资源系统的结构。其次，我们还可以从构成自然资源系统的组成部分的角度来分析和认识自然资源系统的结构。自然地理学的知识在一定程度上揭示了自然资源系统的生成和分布结构。根据单元景观理论、限区理论以及自然区理论可以揭示出自然资源系统的“单元景观—限区-自然区”结构。所谓“单元景观”是指最小的自然单元。在有的学者那里也用“相”来表示。所谓“相”，是指具有同一自然地理条件的地段，它在整个空间内应当具有相同的岩石、一样的地形，并获得相同数量的热量和水分。在这样的条件下，在它的空间内必然会以一种微气候占主要地位，仅仅形成一个工种和仅仅分布着一个生物群落和提供一致的自然资源。“限区”是有明显界线限定的自然综合体，是“相”有规律的结合。在它的范围内可观察到地质构造、地形形态、地表水和地下水、地方气候、土壤类型、生物群落及它们之间相互联系组成的综合体有规律地重复出现。自然地理的“相、限区、自然区”结构，制约着自然资源系统的结构和特征，是我们认识自然资源系统结构的切入点。

实际上，我们通常所说的自然资源系统结构，是从自然资源系统是由哪些要素或子系统组成的角度来认识的。这种“结构观”比较直观，但缺点在于很难看出各要素或子系统之间的内在联系。自然资源系统的结构是复杂的。根据其组成成分是否具有独立的自然因素，可分为单项自然资源子系统和复合自然资源子系统，每个子系统又由若干自然资源要素组成。自然资源系统的结构问题还可以从其他方面来考察，如在垂直空间（沿地球垂心轴方向）所表现出来的层次性结构，以及由生态系统组成的生态结构等，有待于我们进一步去探讨和认识。

（三）自然资源系统的功能

自然资源系统的功能是指自然资源系统在其生长运动过程中所表现出来的特征和与其他系统发生联系时所表现出来的作用方式。这样来定义自然资源系统的功能是符合系统论理论的，但难点在于给其具体化带来了困难。因为通常所说的自然资源系统功能只是讲它是人类社会生活存在和发展的基础等，这没有涉及问题的实质。当然这里我们所提出的自然资源系统功能说也是初步的，带有探索性的，根据我们对自然资源系统功能所下的定义，自然资源系统具体有以下3个方面的功能。

1.自生长功能

所谓自生长功能是指自然资源系统在远离人类的干预和作用下，具有自我生长、自我发展的功能。自然资源系统具有自生长功能是显而易见的。几十亿年以来，地球上的自然资源生生不息，从无生命的资源发展到有生命的资源，从单一的物种发展到上千万计的物种，足以说明自然资源系统具有自生长功能。即使在人类出现以后并发展到今天，自然资源系统的自生长功能仍然是蓬勃发展的。自然资源系统的自生长能力不仅表现在有生命的资源上，在无生命资源方面也是一样，比如，土壤的形成也是自然资源系统具有自生长功能的例子。当火山喷射出熔岩的时候，当奔腾的流水在光秃秃的地球表面侵蚀最坚硬的花岗岩的时候，当年复一年的酷暑严寒使岩石渐渐破碎和瓦解的时候，在这些自然资源力的作用下，加之微生物的繁衍，山石也就逐渐变成了土壤，为植物的生长提供了栖息地。至于古代植物和动物在沧海桑田的地壳运动中被埋藏在地下，经过亿万年的变化后形成了煤、石油等这些重要的自然资源，这些无不是自然资源系统具有自生长功能的例证。

2.自组合功能

所谓自组合功能，是指自然资源在没有人类干预的情况下，其构成要素具有自我组合形成有机整体的能力。自然资源系统是一个远离平衡态的开放系统。根据“耗散结构”理论，这样的系统通过不断与外界交换物质与能量，当这种交换达到一定阈值时，就能使系统从原有的混沌状态转化为有序状态。自然资源系统具有的自我组合功能正是在这一机制作用下才形成的。自然资源系统无论是从整体上来看，还是从一个子系统来看，都是在这一机制的作用下才组合成互相联系的有机体。当然从动态的眼光看，这种有机体在外力的作用下，其秩序又会被不断地打破，通过新的物质与能量的交换过程，又会达到新的平衡，组合新的有机体。生态系统的发展和形成过程是自然资源系统具有自我组合能力的最典型例证。

3.自恢复功能

所谓自恢复功能是指自然资源系统在其他系统或人类的干预下遭到局部破坏时所具有的自我恢复能力。“离离原上草，一岁一枯荣。野火烧不尽，春风吹又生。”这是对自然资源系统具有自我恢复能力的生动描述。用现在的语言来说，草原超载放牧会引起草原的退化，但只要停止超载放牧，草原就会重新恢复生机。例如，生产过程中有毒物质的排放，只要不超过一定的限度，完全可以通过水分对温度和湿度的调节、大气和水的流动对毒物质进行扩散、稀释等，以恢复自然资源系统的本来状态。再如一块废弃了的农田，经过50~150年的自行恢复后，其土壤性质会发生明显的变化，其表层有机物质逐渐增多，土层渐渐加厚，水土保持能力也会随着土壤中有机物质含量的增加而增加，这将更有利于植物的生长。这些都是自然资源系统具有自恢复功能的体现。但是，自然资源自恢复能力不是无限的，超过了一定的限度，就会适得其反。草原放牧超过了最大适宜载畜量，草原就必然会退化；林木采伐量超过生长量，长此以往就会破坏森林子系统；污染物的排放量超过环境自净能力，就会造成环境污染，如此等等，致使自然资源的自恢复功能无法发挥，从而破坏自然资源系统，这是我们应该极力避免的。

（四）自然资源系统的基本特征

自然资源种类繁多，形态不一，各有特点，但作为一个统一的整体，还有着某些共同的特性。了解和认识自然资源的总体特性，对于合理开发利用自然资源、保护和分配自然资源有着重要的意义。自然资源系统的基本特征体现在如下六个方面。

1.整体性

自然资源系统的整体性是指构成自然资源系统的各子系统之间，各子系统内的各要素之间相互联系、相互制约、相互作用而形成一个统一整体。人类所需要的基本自然资源存在于生物圈内。生物圈由大气圈、水圈、土壤岩石圈以及在三圈交汇处适宜生物生存的范围组成。生物圈的物质彼此渗透、互相作用，通过水、气、生物和地质四大循环而无休止地进行着复杂的物质循环和能量转化，从而形成了一个巨大的生物化学反应场，这个反应场就其成分来说，是各种不同自然资源参与的，但是当这些成分相互作用、相互制约构成一个整体时，它们之间的关系就不是简单的机械组合，而是一个具有内在联系并且发挥着整体功能的一个整体。自然资源的整体性还表现在当其中的任何一类资源变动时，都会对其他组成部分造成影响。自然资源系统的整体性决定了自然资源科学研究的综合性。自然资源经济学研究就是从自然资源系统的整体性出发，把开发、利用自然资源同保护、分配自然资源统一起来。

2.区域性

各种自然资源的分布，大都要受地域性规律的制约，农业自然资源的地域性更为明显。例如，我国从东到西、从南到北，在自然资源的形成条件，各种资源的性质数量、质量及组合特征等方面，都有很大差异。东部雨量多，森林多，土地肥沃，农田集中；而西北部雨量少，森林少，干旱，风沙多，但日照时间长；南方热量高，水多，平地少；而北方热量低，水少，但平地多。自然资源区域性特点还表现在某些资源的分布可以跨越几个地、县或省市，有的资源可以跨越几个国家，成为国际共同享有的资源。自然资源的这些区域性特点决定了资源的开发和利用必须遵循因地制宜原则，并且开发和保护不应受行政区划的限制。

3.有限性

物质、空间和运动等都是无限的，但是在具体的时空范围内，就人类的需求与自然资源供给来说又是有限的。自然资源的有限性不仅对非再生自然资源来说是如此，对可再生的自然资源来说也是如此。其有限性表现在一定的资源数量，一定的科学技术和生产力水平下，其负荷能力是有限的，只能养活一定的人口。如因人口增长过快，对资源开发或利用过度，就会影响自然资源的再生能力而导致自然资源枯竭。资源的有限性还表现在资源结构的组合上。任何一项生产都是多种生产要素的组合，并要求资源的结构与其相适应。在多种资源的组合中，如果某种资源短缺而又无其他可替代资源，该短缺资源就会成为限制因素，并影响对其他资源的利用。例如，我国西北干旱地区，尽管有的地方光照和热量资源以及土壤都适宜发展种植业，但因水源极端缺乏，因而无法开垦利用。但只要该限制因素一经解决，其他资源的生产潜力就可以重新发挥出来。随着科学技术的不断进步，可利用的资源范围和种类可能有扩大的趋势，这样就可以弥补某些资源的不足。

4.变动性

自然资源系统同世界上任何事物一样，永远处于不停的运动和变化之中，每一地区的自然资源都是历史发展过程的产物，并依旧处于不断的发展变化中。如土壤肥力的周期性恢复、水分的循环、生物体的不断死亡与繁殖、生态系统的不断演替等。在自然界，多数自然资源的发展变化过程是缓慢的、渐进的，不易为人察觉的。一旦人类对其施加影响，则变化可能十分迅速，有的变化甚至是激烈的。人们对自然资源系统的变化可以施加好的影响，如培植土壤、建立护田林网、治理盐碱、兴修水利、培育良种等；也可以施加坏的影响，如排放“三废”污染大气、水域和土壤等。但不管怎样，人们不能把自然资源原封不动地保存起来，关键是根据自然资源系统的发展变化规律，对之实行科学的管理。例如，海洋鱼类和其他生物一样，有它的幼年、青年和老年期，多数鱼类需要多年才能长大成熟。如果过多、过量地捕捞尚未成熟的幼鱼和未产完卵的大鱼，必然会导致整个鱼群资源的毁灭。

5.层次性

自然资源系统包括的自然资源范围很广，但从结构上来看，呈现出明显的层次性。这种层次性无论从自然资源的种类上，还是从自然资源的分布上都能明显地反映出来。例如，当我们谈到一种植物资源时，可以从它的化学成分开始，分析到物种、群种，一直到它在一个子系统乃至整个自然资源系统的不同层次中。在生物圈内，各种自然资源的分布可能是水平的，也可能是垂直的，体现出明显的层次性。因此，我们在进行自然资源经济的研究时，必须首先明确某种自然资源在整个系统中所居的地位、层次、水平和等级，然后才能确定如何开发和利用。对于一个进行自然资源分析的工作者来说，他不仅要收集大量的资料，也要善于根据其研究对象的层次性来进行逐层的信息传递和筛选。

6.多用性

自然资源系统由诸多要素组成，除了有特定的整体功能外，大部分自然资源都具有多种功能和多种用途。例如，一条河流对于能源部门来说它能提供便利的电力；对于农业来说，它可能是一条经济的灌溉系统；对于交通运输部门来说，它也是一条便利的运输干线；对于有的工厂来说，它是一条排出工业废物的渠道；对于旅游部门来说，它可能是重要的风景资源。森林系统的多用性是为大家所知的。它既可以提供原料，又可以保护环境，同时又能为旅游提供必要的场地，通过它，人类可以得到多种形式的经济收益和生态效益。自然资源系统的多用性告诉我们，在规划一个自然资源子系统的开发利用时，一定要全面权衡，充分发挥它的多种功能和用途，以达到综合利用的目的。

第三节　自然资源管理与产权制度

一、自然资源管理制度

（一）土地利用规划

测绘工程在提供详细的地形地貌、土地覆盖和土地使用情况等信息方面发挥着不可替代的作用。这些数据为土地利用规划提供了基础，为城市和农村的可持续发展提供了坚实的支持。同时，结合测绘工程与自然资源管理制度，可以更加全面、科学地规划土地利用，有效防止过度开发和环境破坏。测绘工程通过先进的技术手段，能够获取高精度的地形地貌数据。这些数据反映了地表的起伏、山川河流等自然地理特征，为规划者提供了关于地形起伏的重要信息。城市规划这些数据有助于确定合适的建筑布局和道路设计，提高城市的防灾抗灾能力。在农村规划中，可以更好地安排农田和水资源，优化农业生产结构，实现农业的可持续发展。测绘工程还能提供详细的土地覆盖和土地使用信息。通过卫星遥感和地面调查，可以获取各种土地类型的详细数据，包括耕地、林地、草地、水域等。这些信息为土地规划和管理提供了直观的参考，帮助决策者了解土地的利用状况。在城市规划中可以避免在重要的生态功能区建设大型工业区或高密度住宅区，从而保护自然生态系统的完整性。在农村规划中可以科学合理地规划农田和林地，促进农村产业的多元发展。测绘工程与自然资源管理制度的结合，为土地利用规划提供了更加全面的视角。自然资源管理制度涉及土地的所有权、使用权、开发权等方面的法规和政策。通过与测绘工程数据相结合，可以更好地监管土地利用的合法性和合理性。合理规划土地利用，不仅需要考虑地形地貌和土地类型，还需要考虑土地所有权的安排、土地开发的合规性等因素，以实现土地资源的最优配置。通过明确土地的所有权和使用权，可以制订严格的用地政策，限制过度的城市扩张和建设。这有助于保护城市的自然环境，提高城市居民的生活质量。同时，科学规划土地利用，还可以更好地利用城市的空间资源，推动城市的可持续发展。通过科学规划农田和林地，合理安排农业生产结构，可以提高土地的利用效率，减少土地资源的浪费。明确土地的所有权和使用权，可以避免土地的非法占用和滥用，保护农村的生态环境，促进农业的生态友好型发展。测绘工程在提供详细的地形地貌、土地覆盖和土地使用情况等信息方面，为土地利用规划提供了不可或缺的基础数据。结合自然资源管理制度，可以更全面、科学地规划利用土地，为城市和农村的可持续发展提供有力支持。通过防止过度开发和环境破坏，实现土地资源的科学、合理利用，测绘工程在推动社会经济的可持续发展中发挥着重要的作用。

（二）地理信息系统（GIS）应用

地理信息系统（GIS）是一种集成地图、数据库和分析工具的综合性系统，它在存储、管理和分析测绘数据方面发挥着至关重要的作用。GIS不仅为测绘工程提供了强大的支持，也为自然资源管理者提供了重要的工具，帮助他们更好地理解地球表面的变化，并制订科学的资源管理策略。GIS的应用变得更加全面，对于可持续的自然资源利用和管理起到了关键的作用。GIS在测绘工程中的应用是不可或缺的。测绘工程涉及地理信息的获取、处理和分析，而GIS正是为了解决这些问题而被引入。通过GIS，测绘数据得以高效地存储在数据库中，实现了对地理信息的快速检索和管理。地图数据、空间数据和属性数据可以被整合在一个系统中，使得测绘工程更加集约和高效。GIS的空间分析功能使得测绘工程可以更精准地分析地理现象，包括地形、土地利用和环境变化等，为城市规划、资源勘查等提供了坚实的数据基础。GIS在自然资源管理中发挥了极为重要的作用。自然资源管理涉及对土地、水资源、森林、野生动植物等多方面资源的科学合理利用。GIS通过空间分析、模型建立等技术手段，为自然资源管理者提供了全面、直观的数据支持。例如，在土地利用规划中，GIS可以帮助管理者更好地了解土地的分布状况、土地类型和土地利用历史，从而制订出更为科学的土地规划方案。在水资源管理中，GIS可以用于监测水体的分布、水质状况和水资源的利用情况，为水资源保护和管理提供有力的技术支持。GIS为决策者提供了全面的信息基础。自然资源管理制度涉及了土地所有权、使用权等法规和政策，而GIS可以帮助管理者更好地监管土地的使用情况。GIS可以实时更新土地的变化情况，包括土地利用变化、自然灾害影响等，为决策者提供及时的信息，帮助其更好地调整和优化资源管理策略。同时，GIS还能够对资源开发的合规性进行监测，保障自然资源的可持续利用。在城市规划方面，GIS的应用也是至关重要的。城市规划需要考虑诸多因素，包括交通、环境、用地等方面。GIS可以将这些不同的信息层次整合在一起，形成综合性的城市规划方案。例如，通过GIS的网络分析功能，可以优化城市交通系统，提高交通效率，减少交通拥堵。同时，GIS还可以用于环境保护，通过监测和分析空气质量、水质等环境因素，制订出更为科学的环境保护措施。GIS的应用为测绘工程和自然资源管理带来了革命性的变化。通过整合地图、数据库和分析工具，GIS为决策者提供了全面的地理信息支持，帮助他们更好地理解和管理地球表面的复杂变化。GIS的应用使得测绘和自然资源管理更加科学、高效，为社会可持续发展提供了有力的技术支持。GIS的发展将继续推动测绘工程和自然资源管理领域的创新，为人类更好地管理和利用地球资源提供强大的工具。

（三）水资源管理

1.水域深度的获取

测绘工程在水域监测领域发挥着关键作用，通过对水域深度、流向、水质等信息的精确获取和分析，为水资源管理、防洪以及水利工程的规划和实施提供了不可或缺的支持。结合测绘工程与自然资源管理制度可以采取更加科学合理的水资源管理策略，提高对水域的有效监测和治理水平，确保水资源的可持续利用，同时有效减轻水灾风险，推动水利工程的可持续发展。测绘工程在水域深度监测方面发挥着至关重要的作用。通过先进的测绘技术，可以精确获取水域的深度信息。这对于水资源管理至关重要，因为深度是评估水体容量、流量、水位变化等重要指标的基础。深度信息的准确获取为水资源调配提供了科学依据，有助于确保水资源的合理利用。在干旱或丰水季节，通过定期测绘水域深度，管理者可以更好地调整水源供应，以满足城市和农村的用水需求。测绘工程在水域流向监测方面的应用同样不可忽视。通过测绘水域的流向，可以更好地了解水体运动的方向和速度，为水资源的合理配置和水利工程的规划提供重要数据支持。了解水体流向可以帮助决策者更准确地制订灌溉方案、水源补给策略，从而提高水资源的利用效率。在防洪工程中，掌握水域流向可以帮助预测洪水传播路径，及时采取有效的防洪措施，减轻洪灾的影响。测绘工程在水域水质监测方面的应用也是至关重要的。水质是评估水体健康状况的关键指标，而测绘工程可以通过遥感、传感器等技术手段，获取水域的水质信息。因为水质直接关系到人类健康和生态系统的稳定。通过实时监测水质，可以及时发现水域中的污染源，采取有效措施净化水体，保障饮用水安全。

2.保护水产养殖

水质监测也对生态保护和水产养殖有着积极的作用，有助于维护水域的生态平衡。结合测绘工程与自然资源管理制度可以建立更为健全的水资源管理策略。自然资源管理制度涉及对水域的使用权、保护、治理等方面的法规和政策。通过与测绘工程数据的结合，管理者可以更好地监管水域的使用情况。明确水域的所有权和使用权，可以避免滥用水资源、非法占用水域等问题。通过对水域深度、流向、水质等信息的监测，可以更全面地了解水域的状况，为制订和调整自然资源管理政策提供科学依据。在水利工程规划和实施方面，测绘工程为工程的设计提供了基础数据。通过获取水域的深度和地形信息，可以更好地确定水利工程的建设方案。例如，在水库和水坝的建设中，测绘工程提供的深度数据有助于准确估算水库容量，规划灌溉和发电等水资源利用方案。

此外，对水域流向的监测也为水力发电站等水利工程的布局和设计提供了重要的依据，优化水流的利用效率。测绘工程在水域监测、水资源管理以及水利工程规划和实施中发挥着重要的作用。结合自然资源管理制度可以建立科学合理的水资源管理策略，提高对水域的监测和治理水平，确保水资源的可持续利用。通过避免水资源的滥用、提高水域的生态健康状况，测绘工程为实现水资源的可持续发展、防范水灾风险、推动水利工程的可持续发展提供了坚实的技术支持。

（四）森林管理

测绘工程在获取森林资源信息方面发挥着重要的作用，通过对树木类型、密度、生长状况等数据的精确测绘，为可持续的森林管理和保护提供了关键支持。结合测绘工程与自然资源管理制度可以实现对森林资源的全面监测和科学管理，从而确保森林资源的可持续利用、生态平衡的维护以及防止非法砍伐等问题。测绘工程在森林资源调查中起到了不可替代的作用。通过先进的测绘技术可以获取森林地区的高精度地形数据、树木类型、分布情况等多维度信息。这对于制订科学合理的森林管理计划至关重要。树木类型的准确识别和分布图的制作，为管理者提供了关于森林结构和组成的详细信息。这些数据可用于确定森林内各类植被的面积、分布，为合理规划森林利用提供基础数据。通过测绘工程获取的森林地形数据，有助于规划道路、设施等，提高森林资源的可达性，方便资源利用和保护。测绘工程可以为森林资源的监测提供高效手段。通过定期的测绘，可以实时更新森林资源的信息，包括树木的生长状况、面积的变化等，这有助于及时发现森林病虫害、自然灾害等问题，采取有效措施进行防治和修复。通过测绘工程获取的高精度的森林密度数据，还可以用于评估森林生态系统的健康状况，为制订森林保护政策和可持续管理提供科学依据。自然资源管理制度涉及对土地、植被等多方面资源的管理规范和政策，而测绘工程的数据可为这些制度提供支持。通过建立合理的测绘数据库，可以更好地监管森林资源的使用情况，明确权责关系，防止滥伐和非法砍伐等行为。这不仅有助于保护森林生态环境，而且为森林资源的可持续管理提供了法律基础。在可持续森林管理方面，测绘工程也发挥了重要作用。通过对森林资源的详细测绘，可以制订合理的伐木计划，确保每一次伐木都是可持续的，不会对森林生态系统造成严重破坏。测绘工程还可以用于制订火灾防控计划，预测潜在的火灾风险区域，减轻火灾对森林的损害。此外，通过对森林景观的测绘，可以更好地保护和维护生态通道，保护森林生物多样性。在生态保护方面，测绘工程还可用于森林保护区和自然保护区的划定。通过获取详细的地形和植被数据，可以确定适宜的保护区范围，保护濒临灭绝的动植物种群和独特的生态环境。测绘工程提供的高精度地理信息也有助于制订相应的保护政策，确保保护区的生态完整性。测绘工程在获取森林资源信息、监测、可持续管理和生态保护方面发挥着关键作用。结合自然资源管理制度可以建立科学合理的森林资源管理策略，确保森林资源的可持续利用，预防非法砍伐等问题发生。通过测绘工程获取的数据，不仅为决策者提供了决策支持，也为社会公众提供了透明、可信的森林资源信息，促进了可持续发展和环境保护的共同目标的实现。

（五）矿产资源开发

测绘工程在矿产资源的勘探和开发中发挥着至关重要的作用，通过获取矿产资源的地质信息、矿体分布等数据，为矿产资源的有效开发和利用提供了关键的支持。结合测绘工程与自然资源管理制度可以实现对矿产资源的全面监测和科学管理，确保矿产资源的可持续利用，保障矿业活动的环境可持续性，同时还可以合理规划矿区的利用，降低对环境的影响，促进矿业的可持续发展。测绘工程在矿产资源的勘探阶段发挥着关键作用。通过先进的测绘技术可以获取矿区的高精度地形地貌数据、地层结构、矿体分布等地质信息。这对于制订科学合理的矿产资源勘探计划至关重要。通过测绘工程获取的地质信息，可以帮助勘探人员了解地下地质条件，预测可能的矿产资源分布区域，提高勘探的准确性和效率。测绘工程为矿业公司提供了基础数据，使其能够更好地选择合适的勘探技术和方法，从而更有效地发现矿产资源。测绘工程在矿产资源的开发阶段同样发挥着重要作用。通过对矿区地形的详细测绘，可以确定采矿区域的界限，进而设计开采方案，优化矿山规划。高精度的地形数据有助于规划开采道路、矿井布局，提高矿区的开采效率，降低开采成本。同时，对矿体分布的准确测绘，为开采过程中合理选矿、分选提供了依据，提高了矿石的回收率。测绘工程在矿产资源的开发过程中，有助于降低环境影响，减少对自然生态系统的破坏。这有助于规范矿业活动，推动矿产资源的可持续利用，确保资源开发的合法性和环境友好性。在矿产资源的环境影响评价方面，测绘工程也发挥了积极作用。通过对矿区地貌、水文地质等多方面的测绘，可以全面了解矿业活动对周边环境的影响。通过建立数字地形模型，可以模拟不同的开发方案对水流、土壤侵蚀、生态系统等的潜在影响。这有助于评估矿业活动对自然环境和生态系统的影响，提前预警可能出现的环境问题，为制订环境保护措施提供科学依据。在矿业复垦和生态修复方面，测绘工程同样发挥着重要作用。通过对矿区的地形、土壤等进行详细测绘，可以为矿业复垦提供基础数据。精确的地形数据有助于设计合理的复垦方案，还原生态环境，保障植被的恢复。通过监测矿区内植被的生长情况，可以评估生态修复的效果，指导进一步的复垦工作。这有助于实现矿区的可持续发展，减轻矿业活动对地方环境的长期影响。测绘工程在矿产资源的勘探和开发过程中扮演着不可或缺的角色。测绘工程为矿产资源的科学管理提供了技术支持和法规依据，保障了矿产资源的可持续开发和利用。通过准确测绘地质信息、矿体分布等数据，为矿业活动的规划、实施提供了科学依据，降低了对环境的影响。测绘工程在矿产资源领域的应用，不仅提高了勘探和开发的效率，也有助于实现矿业的可持续发展，为社会经济的可持续发展做出积极贡献。

（六）环境监测

1.对大气监测

通过遥感技术和传感器等高新技术手段，测绘工程能够获取大气污染物的分布、浓度、来源等详细信息。这为环境管理者提供了科学准确的大气污染监测数据，有助于及时发现和解决空气质量问题。测绘工程的高空间分辨率和时间序列数据使得监测能够更全面、持续，提高了对大气污染的监管效能。这对于指导环境保护政策、减缓气候变化、改善城市空气质量具有重要意义。测绘工程在土壤退化监测方面也发挥了关键作用。

2.对土壤监测

通过获取土壤质地、含水量、营养状况等方面的测绘数据，可以对土壤的健康状况进行评估。这有助于及时发现土壤退化的迹象，制订科学合理的土壤保护和修复措施。测绘工程的高精度地形测绘技术，有助于确定地表的坡度、流向等信息，指导防止水土流失的工程，保护土壤资源。通过测绘工程获取的土壤信息，也有助于合理规划农业用地，提高土地的可持续利用性。测绘工程在植被覆盖监测方面同样发挥了关键作用。

3.对植被监测

通过使用遥感卫星和航空摄影测绘等技术，可以获取植被覆盖的详细信息，包括植被类型、覆盖度、生长状态等。这对于生态系统的健康状况评估以及生物多样性的监测至关重要。测绘工程可提供多期遥感图像，实现植被变化的时间序列监测，为了解气候变化、生态环境演变提供动态数据。这对于保护自然生态系统、维护生态平衡、防治荒漠化和森林火灾等具有重要意义。通过建立综合的测绘数据库，可以更好地监管环境的变化情况，明确责任方和管理范围。这有助于提高环境管理的科学性和针对性，为决策者提供及时的数据支持，推动环境保护工作向着可持续的方向发展。在应对气候变化和自然灾害方面，测绘工程同样具有显著的价值。

通过监测环境变化，测绘工程可以提供重要的数据支持，帮助社会更好地应对气候变化引发的极端天气事件，如洪涝、干旱、风暴等。测绘工程的高精度地形数据可用于建立气象和水文模型，提高对自然灾害的预测准确性。这有助于制订更为有效的应急响应计划，降低自然灾害对人类社会和生态系统的影响。测绘工程在监测环境变化、环境保护和可持续发展方面发挥着不可替代的作用。结合自然资源管理制度可以建立科学合理的环境管理体系，为制订环境政策、推动可持续发展提供坚实的数据支持。测绘工程不仅为决策者提供了科学依据，也为公众提供了透明、可信的环境信息，推动了社会对环境保护和可持续发展的共同关注和行动。

（七）国土资源调查

1.土地面积测绘

通过对土地利用的详细测绘，可以深入了解农田、建设用地和自然保护区等各类土地的分布情况，为科学合理的土地规划和资源管理提供了重要依据。农田分布的清晰图像有助于优化农业生产结构，提高土地利用效率，确保粮食安全和农村可持续发展。

2.土地资源的科学管理

测绘工程为土地资源的科学管理提供了基础数据。这对于决策者制订土地利用政策、合理规划土地资源的利用方式具有重要意义。通过测绘工程获取的土地利用信息，还有助于及时发现违法用地和未经合理审批的建设活动，维护土地资源的合法权益。结合自然资源管理制度与测绘工程有助于建立更为健全的国土资源管理体系。自然资源管理制度涉及对土地、水资源等多方面资源的管理规范和政策，可以更好地监管土地资源的使用情况，防止滥用土地资源、非法占用土地等问题发生。这有助于规范土地利用行为，提高土地资源的利用效率，保障农业、城市建设等领域的可持续发展。

3.国土空间规划

在国土空间规划方面，测绘工程为决策者提供了重要的决策依据。通过对国土资源的详细测绘，可以制订合理的国土规划方案，推动城市建设与农业发展的协调发展。测绘工程提供的数据，不仅为新城市的规划提供科学支持，也为农村土地的利用规划、生态环境的保护等提供了技术基础。合理的国土空间规划有助于推动城乡一体化发展，提高土地资源的利用效益，促进国土资源的可持续发展。在资源保护方面，测绘工程可为自然保护区的划定和管理提供支持。通过对自然保护区内地形、植被、水系等的测绘，可以科学确定自然保护区的范围和边界。这有助于保护自然生态系统、维护生物多样性，同时提供的基础数据为自然保护区内的科学研究和监测提供支持。测绘工程在国土资源全面调查中发挥着重要的作用，通过对土地面积、地形地貌、土地利用等数据的精确测绘，为国土规划和资源管理提供了基础数据。结合自然资源管理制度可以建立科学合理的国土资源管理策略，推动国土资源的可持续发展，为社会经济的可持续发展做出积极贡献。在制订自然资源管理制度时，需要结合测绘工程的技术手段和数据，制订科学、合理的政策和规划，以实现对自然资源的可持续管理和保护。这需要政府、科研机构、业界等多方合作，以确保自然资源得到合理开发和保护。

二、自然资源产权制度

（一）地籍管理

测绘工程在地籍管理中的关键作用不可忽视，其通过精确的测绘技术建立起土地的详细档案，包括土地所有者、土地面积、地形等丰富信息，为土地的管理、规划、使用提供了权威的基础数据。结合测绘工程与自然资源产权制度，不仅可以确保土地权益明晰，还为土地管理、资源利用和城乡规划提供了科学依据，促进土地管理体系的健康发展。测绘工程在地籍管理中的作用体现在建立准确的地籍档案上。通过高精度的测绘技术，可以获取土地的详细地理信息，包括地界、地貌、用地类型等。这些信息构成了土地档案的基础，为土地的准确登记和管理提供了坚实的数据支持。测绘工程不仅能够绘制精确的地籍图，还可以通过遥感技术获取卫星影像，使得地籍档案更为完整和科学。这为土地交易、权属变更等方面的准确处理提供了重要的基础。测绘工程对土地权属的明晰与保护起到了至关重要的作用。

1.明确土地的实地界址

通过测绘，可以明确土地的实地界址，为土地产权的界定提供可靠的依据。这对于土地所有权的明晰有着重要的法律效果，为土地所有者提供了确权的证明。此外，测绘技术可以监测土地使用情况，预防违法占地和非法建筑的发生，从而保障土地权益的合法性。在自然资源产权制度的框架下，测绘工程为土地产权的明晰提供了技术保障，促进土地资源的科学利用和可持续管理。测绘工程在城乡规划和土地管理中具有不可替代的作用。通过测绘可以获取土地利用状况、地形地貌等详尽信息，为城市和农村的规划提供科学依据。测绘工程可以帮助规划者更好地了解土地资源的分布状况，合理安排城市建设用地和农业用地，实现城乡一体化的可持续发展。在城市扩张和农村改革过程中，测绘工程的数据可为规划决策者提供科学依据，优化土地利用结构，提高土地资源利用效益。测绘工程在土地资源管理中对自然资源的合理开发与保护也发挥着重要作用。通过精确的测绘，可以确定土地的地形、地貌、水文等情况，为资源的科学开发提供了基础。测绘工程可以为矿产勘探、农业耕种、水资源管理等领域提供准确的地理信息，为资源的高效开发提供科学依据。在自然资源管理制度的指导下，测绘工程有助于制定资源开发的政策和计划，保障资源的可持续利用，防止资源过度开发和滥用。

2.与自然资源产权制度相结合

测绘工程有助于建立资源产权的明确与保护机制。通过测绘建立的精准地籍信息，不仅为资源的产权提供了明确的法律依据，也为产权的保护提供了数据支持。通过建立数字地籍系统，可以实现土地信息的动态监测和更新，及时掌握土地资源的利用状况，为资源产权的合法保护提供了科学手段。这有助于建立健全的资源产权制度，促进资源的科学开发和合理利用。在土地利用与环境保护方面，测绘工程同样发挥着积极作用。通过测绘工程获取的土地利用信息可以为环境影响评价提供数据支持，帮助评估不同土地利用方式对环境的潜在影响。这有助于制订科学的土地利用规划，减少对自然环境的负面影响。通过监测土地的覆盖状况，测绘工程也有助于发现土地的退化和生态系统的恢复，为土地可持续利用提供科学依据。测绘工程在地籍管理中具有关键作用，通过为土地建立精确档案，确保土地权属的明晰与保护。结合自然资源产权制度，测绘工程为土地的科学管理、资源的合理开发、环境的保护提供了技术支持和法规依据。在推动土地管理体系健康发展、保障土地资源可持续利用的过程中，测绘工程扮演着不可或缺的角色，为促进城乡一体化发展、推动国土可持续发展做出了积极的贡献。

（二）资源权属划分

测绘技术在划定自然资源权属范围方面发挥着至关重要的作用。通过高精度的测绘手段，能够准确勾画出水域、森林、矿产等自然资源的界限，为明晰资源的所有权和使用权提供科学依据。结合测绘工程与自然资源产权制度不仅能够防范资源纠纷和滥用，还有助于建立健全的自然资源产权体系，推动资源的合理开发和可持续利用。测绘技术在水域划定中发挥着关键作用。水域资源是自然资源的重要组成部分，对于国家经济、生态环境等方面都具有重要意义。通过测绘技术，可以精确勾画出河流、湖泊、水库等水域的边界，明晰各水域的权属范围。这有助于解决水域资源的使用冲突，避免不同地区或个体对水资源的争夺和纠纷。同时，测绘技术还可以提供水域的地形地貌、水深等详细信息，为水资源管理提供科学依据，有助于科学合理地规划水域的利用和保护。测绘技术在森林资源的划定与管理中具有重要意义。通过测绘技术可以精确勾画出森林的边界，明确各地的森林资源权属。这有助于保障各类土地利用权和保护权的合法性，避免不同主体之间的资源争夺与冲突。测绘技术还可以获取有关森林的类型、面积、密度等信息，为森林资源的合理管理和可持续利用提供基础数据。通过建立数字化的森林资源档案，可以实现对森林资源的动态监测，及时发现问题并制订有效的保护和管理措施。测绘技术在矿产资源划定方面发挥着不可或缺的作用。矿产资源是国家经济发展的重要支撑，通过测绘技术可以获取矿产资源的地质信息、分布范围等数据，为明晰矿产资源的所有权和使用权提供科学依据。测绘技术还可以提供矿区地貌、地形等信息，有助于规划矿业活动，减少对环境的影响。测绘技术为矿产资源的科学管理和可持续开发提供了技术支持，防范了资源开发过程中的滥用和浪费。测绘技术在草原、湿地等自然生态系统的划定中同样发挥着关键作用。通过对这些自然生态系统的测绘，可以准确划定其边界，明晰各个生态系统的权属范围。这有助于保障草原、湿地等生态系统的生态功能，避免不合理的利用和过度开发。测绘技术还可以为生态系统的监测提供技术支持，帮助及时发现生态系统变化，制订科学的保护和修复措施。测绘技术还为建立健全的产权体系提供了技术手段。通过建立数字地籍系统，可以实现对自然资源的动态监测，及时更新资源的权属信息。这有助于建立资源的实时监管机制，提高资源管理的科学性和精确性。在自然资源利用和开发中，测绘技术为确保资源权属的清晰性和资源利用的可持续性提供了强有力的支持。在处理自然资源纠纷和争议方面，测绘技术同样发挥着积极的作用。通过高精度的测绘技术可以还原地界、界址等明确的空间信息，为法律纠纷的调解和解决提供科学依据。测绘技术还可以通过空间分析和遥感监测等手段，及时发现资源利用中的违规行为，有助于制止滥用资源和非法开发的情况。在自然资源产权制度的指导下，测绘技术通过提供科学依据和技术手段，有助于加强资源管理的法制化和精细化。测绘技术在划定自然资源的权属范围上发挥着不可替代的作用。通过测绘技术可以有效防范资源纠纷和滥用，促进资源的科学开发和合理利用，为人类社会可持续发展创造更为有利的条件。

（三）环境保护

测绘工程在环境监测中发挥着关键作用，通过对水质、土壤质量、植被状况等环境要素的准确测绘，为自然资源的合法权益保护提供科学依据。结合测绘工程与自然资源产权制度不仅有助于监测和防范环境污染，还为建立健全的自然资源产权保护机制提供了技术支持，推动资源的可持续管理和保护。测绘工程在水质监测方面发挥了重要作用。通过使用先进的遥感技术和传感器，测绘工程能够获取水体的空间分布、水质状况等详细信息。这些数据不仅能够为水资源的科学管理提供支持，还为自然资源产权的合法权益提供了保障。测绘工程可通过监测水质，及时发现可能对水资源产权造成威胁的因素，如污染源，从而保护水资源的合法权益。这为建立清晰的水资源产权保护机制提供了科学依据。测绘工程在土壤质量监测方面同样发挥着关键作用。通过测绘土地的地形、地貌、土壤质地等信息，可以获取土壤的质量状况。这对于农业生产、土地规划和土地资源的合理管理至关重要。测绘工程提供的高分辨率地形数据，有助于发现土地退化、污染等问题，为自然资源产权的保护提供科学支持。通过及时监测土壤质量，可以预防因土地污染导致的自然资源产权纠纷，促进农田的可持续利用。测绘工程在植被状况监测方面具有显著的价值。通过遥感卫星和航空摄影等技术，测绘工程能够获取植被的类型、覆盖度、生长状况等信息。这对于生态系统的健康状况评估和自然资源的合法权益保护至关重要。测绘工程提供的植被监测数据，不仅有助于发现植被的变化趋势，也为自然资源管理者提供了科学的决策依据。测绘工程为植被状况的监测提供了技术支持，促进了自然资源的科学管理和可持续利用。将测绘工程与自然资源产权制度相结合，还有助于建立自然资源产权的保护机制。测绘工程可以及时更新环境状况的信息，提供科学依据，为环境权益的保护提供支持。这有助于及时发现和解决因环境污染、土地退化等问题导致的产权争议，保障环境资源的合法权益。

此外，通过测绘工程提供的精准数据，也可以为环境责任追究提供法律证据，维护自然资源的公共利益。在环境监测方面，测绘工程对于应对气候变化和自然灾害也具有重要作用。通过监测大气污染、地质灾害等环境变化，测绘工程可以提供关键的数据支持，帮助社会更好地应对极端天气、自然灾害等突发事件。在自然资源产权制度的引导下，测绘工程可以为建立环境风险预警系统、提高自然资源产权的抗风险能力提供有力的技术支持。测绘工程在监测环境状况中发挥着不可替代的作用，为自然资源的合法权益保护提供了科学依据。测绘工程不仅可以防范环境污染，还有助于建立健全的自然资源产权保护机制。通过提供精准、实时的环境数据，测绘工程为决策者制订科学的环境保护政策提供了技术支持，促进了自然资源的可持续利用和环境的可持续发展。

（四）资源评估和征税

1.资源评估

测绘工程在资源评估中发挥着关键作用，通过获取资源的定量和定性信息，为建立科学的资源征税机制提供了必要的数据支持。测绘工程对资源的定量信息提供了精准的测度。通过遥感技术、卫星影像以及地面测量等手段，测绘工程可以获取资源的空间分布、数量、规模等关键信息。这些定量信息可以帮助决策者了解不同地区资源的总量和质量，为建立资源征税机制提供了科学依据。例如，对于矿产资源，通过测绘工程可以准确测定矿体储量，为资源的评估和合理开发提供了基础数据。测绘工程对资源的定性信息提供了详尽的描述。通过获取资源的地理信息、地貌、土壤状况等方面的数据，测绘工程可以为资源的质量评估提供丰富的信息。这些定性信息不仅有助于判断资源的开发潜力，还能为资源的分类、分级提供科学依据。例如，对于农田土壤，测绘工程可以提供土壤养分、质地等信息，有助于科学评估土地的肥力，为农田资源的征税提供参考。测绘工程对资源评估提供了时间序列数据。通过多期地图数据和卫星影像，测绘工程可以追踪资源的时空变化。这些时间序列数据为资源的长期评估和监测提供了重要依据。例如，在林地资源方面，测绘工程可以通过不同时间点的遥感数据观察森林覆盖的变化，为评估森林资源的更新和可持续利用提供科学依据。测绘工程为建立科学的资源征税机制提供了重要支持。通过测绘工程获取的精确数据，可以为决策者提供丰富的资源信息，有助于确定资源的价值、稀缺性和可开发性，从而为资源征税提供科学依据。

2.征税

在自然资源产权制度的指导下可以通过制订差异化的资源征税政策，根据资源的实际贡献和潜力合理征税，确保资源征税的公平性和有效性。测绘工程在资源评估中的应用也有助于发现资源的潜在价值。通过对资源分布、规模和质量等方面的精准测绘，决策者可以更全面地了解资源的特征，发现潜在的开发机会。这有助于激发企业对资源的投资热情，推动资源的科学利用。例如，对于新发现的矿产资源，测绘工程提供了详尽的地理信息，为资源勘探和开发提供了可靠的数据基础。在资源征税机制的建立过程中，测绘工程还可以为资源的监管和治理提供科学依据。实时监测资源的空间分布和变化趋势，有助于测绘工程发现资源的滥用、非法开发等问题。这些信息可以为资源的保护和治理提供数据支持，有助于制订出更为科学合理的资源管理政策。测绘工程在资源评估中的应用为建立科学的资源征税机制提供了必要的技术支持。测绘工程为资源的全面评估、合理开发和可持续利用提供了科学基础，有助于确保资源的可持续利用和公平分配。通过提供详尽的资源信息，测绘工程为决策者制订科学的资源征税政策提供了数据支持，促进了资源管理的科学化和精细化。在全面推进资源保护、合理开发的过程中，测绘工程的作用更加凸显，为实现资源的可持续利用和产权的有效保护做出了积极的贡献。

第四节　自然资源统一确权登记

一、自然资源统一确权登记的意义

自然资源统一确权登记是指在一个国家或地区范围内，对所有自然资源进行集中而权威的登记工作。这一工作的目的在于建立一套清晰、完整、可追溯的自然资源权属体系，通过系统化记录和确认各类自然资源的所有权关系，涵盖土地、水域、矿产、森林等多个领域。此过程旨在实现资源的有效管理、公正分配和合理利用，提高国家或地区自然资源治理的效能，确保资源利益的可持续性和社会的可持续发展。通过确权登记，国家能够规范资源的使用和开发，防范资源争端，促进环境保护，提高资源利用效率，为可持续发展奠定坚实基础。

近年来，随着社会经济的不断发展，自然资源的有效管理和合理利用成为各国急需解决的难题。在这一背景下，自然资源统一确权登记工作显得尤为重要。经济的繁荣和质量的提高对确权登记工作提出了更高的要求，传统模式下的策略与方法面临着前所未有的挑战。自然资源统一确权登记工作是一项涉及多方面的复杂任务，其核心环节与关键步骤决定了整个工作的成败。必须精准把握这些要素，以确保确权登记工作能够循序高效地展开。同时，需要宏观审视确权登记工作的实践现状及存在的问题，全面评估已有的登记手段和效果，以便在改进中不断提高工作质量。为了更好地开展自然资源统一确权登记工作，现代化技术手段的综合运用势在必行。测量技术的不断创新、确权登记模式的优化，以及登记效果的科学评价，都是推动工作发展的重要因素。国家相关部门在这方面已经制订并实施了一系列的方针政策，为确权登记提供了基本遵循与导向。这为高质量高效地进行自然资源统一确权登记奠定了基础。近年来，国家在自然资源统一确权登记方面的创新与发展取得了显著的成就。测量技术的不断进步使得登记更加精准，确权登记模式的创新优化了工作流程，而登记效果的科学评价则为进一步改进提供了有力支持。这些成就既是对现有工作的肯定，也为未来的发展提供了有益经验。

尽管取得了一系列显著成果，自然资源统一确权登记工作依然面临着严峻的挑战。主客观等多方面因素的影响使得工作中存在一些不容忽视的薄弱环节。自然资源的深刻价值难以得到全面彰显，与快节奏的经济社会发展环境不相适应。这些问题必须引起高度重视，寻找解决之道势在必行。深入探讨自然资源统一确权登记的相关策略与方法显得尤为重要。这不仅关乎着国家自然资源的有效管理和合理分配，更关系到社会经济的可持续发展。在探讨中，应充分考虑现代测绘工程的重要性。测绘工程作为确权登记的有机组成部分，不仅为登记提供了科学的数据支持，也在确权工作的创新中发挥了关键作用。测绘工程在自然资源统一确权登记中的重要性不可忽视。首先，现代测绘技术的应用为确权登记提供了高精度的地理空间信息。通过卫星遥感、全球定位系统（GPS）等现代技术手段，可以更准确地界定自然资源的范围和边界，为确权提供了可靠的基础数据。测绘工程在确权登记模式的创新中发挥了积极作用。通过引入先进的测绘仪器和软件，可以提高测绘效率，减少误差，从而优化确权登记流程。这种创新不仅提高了工作效率，也提升了确权登记的质量和可信度。测绘工程对于确权登记效果的科学评价也具有重要意义。通过测绘技术的辅助，可以对确权登记的结果进行精密分析和验证，确保登记的准确性和可靠性。这对于解决因测绘误差引起的争议和纠纷具有重要意义。为了更好地推进自然资源统一确权登记工作，应该在策略和方法的制订中充分考虑测绘工程的重要性。这不仅需要加强相关技术的研发与创新，更需要建立健全的测绘管理体系，提升测绘工程的整体水平。只有充分发挥测绘工程在确权登记中的作用，才能更好地应对现代社会对自然资源管理的复杂需求，推动自然资源的可持续利用。自然资源统一确权登记工作在当今社会经济发展中具有重要地位和作用。为了适应快速变化的环境，必须不断创新确权登记的策略与方法，充分发挥现代测绘工程在其中的重要作用。只有通过科学的手段和全面的考虑，才能更好地推动自然资源的合理分配和可持续利用，为社会经济的发展注入新的活力。

二、自然资源统一确权登记现状及存在问题分析

（一）国有自然资源单元边界争议多

我国作为一个自然资源丰富的国家，在进行自然资源统一确权登记工作时，面临着诸多边界争议的挑战。自然资源单元的边界问题是确权登记工作的基础，然而，目前存在的边界模糊、主体权属不明确等问题，以及由此引发的争议，给统一确权登记工作带来了严峻的考验。自然资源的多样性导致了单元边界的复杂性。我国拥有丰富的自然资源，涵盖了林地、山地等多种类型。在确权登记过程中，需要明确各个自然资源单元的边界，以便对权属主体进行有序划分。然而，由于资源种类众多，且分布复杂，导致很多边界存在模糊的情况，增加了确权登记的难度。跨越行政边界的自然资源单元边界问题也愈发突出。有些林地、山地等资源可能被河流、道路、工业区等隔离，这使得边界的划定变得更为复杂。跨越不同行政边界的状况比比皆是，这不仅增加了登记工作的烦琐性，也容易引发不同地区之间的争议。历史遗留问题以及人为主观改变自然资源用地性质等因素也给自然资源单元边界带来了混乱。一些地区存在着较为复杂的历史沿革，导致现有资源边界无法清晰划定。同时，人类活动引发的河床回填等现象，更是直接改变了自然资源的用地性质，使得确权登记工作面临更为棘手的问题。在这样的背景下，测绘工程的应用变得尤为关键。测绘工程不仅可以提供高精度的地理信息数据，帮助准确划定自然资源单元的边界，还能通过技术手段解决跨越行政边界的问题。同时，借助测绘技术，可以对历史遗留问题进行科学考察，还原边界的真实状态，为确权登记提供可靠的依据。在处理自然资源单元边界争议时，首先需要制订科学合理的测绘方案。通过先进的测绘仪器和技术手段，对于模糊的边界进行精确勘测，确保登记的准确性。其次，跨越行政边界的问题需要采用综合测绘手段，充分利用地理信息系统（GIS）等技术，以实现行政区域内外的无缝连接。对于历史遗留问题和人为主观改变自然资源用地性质的情况，需要进行详尽的测绘调查。通过对过去地理数据的分析，结合现代测绘技术，还原历史边界，为确权登记提供科学的依据。同时，对于人为改变自然资源用地性质的情况，可以通过测绘手段记录并分析，为合理的确权提供依据。测绘工程在自然资源统一确权登记中的作用不可或缺。通过制定科学合理的测绘方案，可以解决边界模糊、跨越行政边界等问题，提高确权登记工作的精准性和效率。在处理历史遗留问题和人为改变自然资源用地性质的情况时，测绘工程更是发挥了不可替代的作用。因此，在推进自然资源统一确权登记工作时，必须充分发挥测绘工程的优势，为确权登记提供坚实的技术支持，确保工作的顺利进行。

（二）现代测绘技术方法应用不充分

随着现代科学技术的飞速发展，自然资源统一确权登记工作得以受益于更为丰富的测绘技术手段，为工作提供了灵活的选择余地。这使得确权登记相关工作人员能够更好地应

对传统模式下难以完成的任务，提升了自然资源统一确权登记的可行性和效果。然而，实践表明，在部分确权登记工作中，未能积极引进现代化的测绘技术手段，导致测绘技术应用存在短板，影响了底图质量，导致重叠交错现象，使得无法准确划分各类集体土地的覆盖范围。现代测绘技术的快速发展为自然资源统一确权登记提供了更多的测量工具和方法选择。在测绘仪器方面，全球定位系统（GPS）、激光雷达、卫星遥感等高精度设备的广泛应用，为测绘提供了更为精准、高效的工具。同时，各种数字化测绘方法的涌现，如三维激光扫描、无人机测绘等，为登记工作注入了更多现代科技的元素，使得测绘工程更具灵活性和高效性。部分自然资源统一确权登记工作未能充分利用现代化的测绘技术手段，导致在多项测绘技术成果融合方面存在短板。底图质量不清晰，重叠交错现象严重，使得在确权登记过程中难以明确划分各类集体土地的覆盖范围。这不仅影响了登记的准确性，而且增加了后续管理的难度。特别是在现代信息化测绘技术应用不到位的情况下，对自然资源相关数据的统筹整合与分析难以实现。现代信息化测绘技术能够快速获取、处理和传输大量地理空间数据，但在一些确权登记工作中，这些技术未能得到充分应用，导致数据分散、不完整，无法形成统一、完整的自然资源数据模型。为了克服这些问题，首先需要在自然资源统一确权登记工作中积极引入先进的测绘仪器和方法。采用全球定位系统、激光雷达等高精度设备，结合现代数字化测绘技术，提高底图质量，降低重叠交错现象的发生。同时，借助无人机、卫星遥感等现代科技手段，全面融合多源数据，确保底图的完整性和准确性。要加强对现代信息化测绘技术的应用。通过建设地理信息系统（GIS）、大数据平台等，实现对自然资源相关数据的集中管理、统筹整合和分析处理。这将有助于构建起立体、形象、直观的自然资源数据模型，为确权登记提供更全面的信息支持。培训确权登记工作人员，提高其对现代测绘技术的认知和应用能力，是提高工作效率的重要环节。只有充分利用现代科技手段，确保测绘技术在自然资源统一确权登记中得到充分发挥，才能更好地应对复杂的地理环境和各类资源的复杂分布，为确权登记工作的顺利进行提供强有力的支持。现代科学技术的迅猛发展为自然资源统一确权登记工作提供了更为丰富的测绘技术手段，然而，尚存在一些工作中未能充分应用的问题。通过积极引入先进的测绘仪器和方法，加强对现代信息化测绘技术的应用以及培训相关工作人员，方能更好地利用现代测绘技术，提高自然资源统一确权登记工作的质量和效率。确保测绘工程的充分发挥，是推动自然资源管理现代化的关键一步。

（三）确权登记工作人员综合素养有待提升

确权登记工作人员的综合素养在当前社会环境下亟待提升。确权登记工作是一项极为重要的任务，其结果直接关系到国家土地资源的管理、经济发展以及社会稳定。然而，当前的情况显示，确权登记工作人员的素养存在诸多不足之处，需要采取有效的措施加以改进和提升。确权登记工作涉及到土地管理法律法规、测量技术、地理信息系统等多个领域的知识，需要工作人员具备扎实的专业知识和技能。然而，部分工作人员在专业知识上存在欠缺或者掌握不够深入的情况，导致在实际操作中出现错误或者疏漏。确权登记工作不仅仅是技术性的测绘工程，更涉及国家、地方政策法规的执行。一些工作人员对自然资源确权登记工作的宏观政策了解不足，缺乏对工作背后时代意义与现实价值的正确认知。这可能导致其工作无法与国家战略、政策相契合，影响工作的战略性和长远性。区划选定界址点不合理是当前确权登记工作中存在的一个问题。区划选定界址点的合理性直接关系到确权登记结果的准确性。如果选址点不科学、不合理，将导致承载物的计算与自然资源管理提供的参数存在较大偏差，不能真实反映承载物的数量与价值。这可能在未来的资源利用与管理中引发问题，影响登记工作的长远效果。

为解决上述问题，首先，需要对自然资源统一确权登记工作人员进行系统培训，提升其专业理论水平。通过培训，使其熟悉先进的测绘技术、熟练运用相关工具，确保工作的科学性和高效性。要加强宏观政策的宣传与培训，确保工作人员了解国家、地方政策法规，明确确权登记工作的时代意义与现实价值。这可以通过举办培训班、制订政策手册等方式进行。要加强对区划选定界址点的科学研究与规划。确保选址点的科学性和合理性，减小计算与管理提供的参数之间的偏差，提高确权登记工作的精确度。这需要与测绘工程相结合，利用现代技术手段进行科学选址和测量。在自然资源统一确权登记工作中，相关工作人员的角色至关重要。通过系统培训、政策宣传、科学规划等手段，可以提高工作人员的综合素养，确保他们更好地履行责任，推动自然资源统一确权登记工作取得更好的成效。同时，将其与测绘工程有机结合将进一步提高登记工作的科学性和可行性。

三、优化提升自然资源统一确权登记成效的有效对策探讨

（一）积极引进现代确权登记技术手段

积极引进现代确权登记技术手段，搭建基于计算机技术与软件技术的现代化测绘技术平台，是推动自然资源统一确权登记工作高效进行的关键一环。通过科学选择适用于农林、水域、矿产等自然资源要素的不同类型的测绘技术方法，并将现代控制技术理念融入确权登记全过程，能够有效提升登记工作的科学性、准确性和效率。建设基于计算机技术与软件技术的现代化测绘技术平台是必要的。这包括采用先进的计算机硬件设备，结合专业的测绘软件，构建一个高效、稳定的工作平台。这样的平台不仅能够提高数据的处理速度，而且能更好地支持各类测绘技术的应用，为确权登记工作提供强有力的技术支持。根据不同自然资源要素类型，科学选择最为符合实际的测绘技术方法。农林、水域、矿产等自然资源具有不同的地理特征，因此需要有针对性地选择测绘技术。例如，对于水域测

绘，可以选择有数据支撑及无数据支撑等两种不同的单元类型。这样的选择需要充分考虑资源的复杂性，确保测绘技术能够准确地反映各种资源的特征。在引入现代确权登记技术手段的过程中，将现代控制技术理念融入确权登记全过程是至关重要的。现代控制技术的应用可以使整个登记过程更加自动化、智能化，提高工作效率和准确性。通过引入现代控制技术，可以实现对测绘设备的自动校准、数据的实时监测与反馈，从而确保登记工作的科学性和准确性。在现代确权登记技术手段的支持下，可以对测绘获取到的相关技术参数信息进行精准分类、科学统筹，并加工处理为立体化的数据模型。这可以通过现代的数据处理算法和技术来实现，从而更好地反映自然资源的空间分布和特征。这样的数据模型不仅便于管理，还能够为决策者提供更直观的信息支持。通过对自然资源的客观存在特征进行仿真建模，能够直观展现统一确权登记体系。这种仿真建模可以利用虚拟现实技术，将自然资源的空间信息以立体化、图形化的形式呈现出来，让相关工作人员和决策者能够更直观地了解自然资源的现状，从而更好地制订相关政策和决策。以水域测绘调查方法为例，可以结合征地补偿红线范围，对测绘数据和实际现状图件进行纵向与横向对比分析，并对自然单元现状进行勾绘和局部实测。这种综合性的测绘调查方法能够更全面、准确地了解水域资源的分布情况，为确权登记提供更为可靠的数据基础。在推进自然资源统一确权登记工作中，搭建先进的测绘技术平台，对于提升工作的科学性、精确性和效率性具有重要意义。综合运用计算机技术、软件技术、现代测绘技术等手段，使得确权登记工作更加符合实际需要，为科学管理和可持续发展提供有力的支持。

（二）精准把握自然资源统一确权登记的宏观政策

精准把握自然资源统一确权登记的宏观政策是确保工作推进实施的重要环节。确权登记工作具有显著的政策导向性，只有在相关政策约束范围内进行推进，才能全面确保整体效果。在确权登记政策方面，应该依托国家层面的法律法规，结合本地区的实际需求，细化制订符合本地区实际的相关规章制度及实施细则，准确界定确权登记的目标任务、方法措施及预期成效，为确保工作的扎实开展提供引导。正确依托国家法律法规是确权登记工作的基础。国家法律法规为确权登记工作提供了法律依据和政策支持，是确保工作有序进行的前提。确权登记工作要切实贯彻国家法律法规，依法依规推进工作，确保工作的合法性和可行性。不同地区的自然资源分布、土地利用状况等存在差异，因此需要根据实际情况制订相应的规章制度及实施细则。这样的定制化政策可以更好地适应本地区的特殊情况，确保确权登记工作更符合实际需求。在制订政策时，要明确确权登记工作的目标任务、方法措施及预期成效。明确目标任务有助于工作的有序推进，而科学合理的方法措施能够提高工作的效率和质量。同时，对于工作的预期成效也需要在政策中加以明确，以便在后续的评估中能够更好地判断工作的成果。以红线保护政策为例，可以根据水源保护线、公益林保护线以及农田保护线的不同，将特定自然界点作为自然资源统一调查单元的地类界。如果行业与行业间的地类界存在重叠或交互等现象，政策中应规定自然资源统一确权登记机构，组织相关资源管理部门核对、修边、认证并做好文字说明。这有助于避免地类划分的混乱，确保登记的准确性和可行性。在政策制订的同时，应强调政策的普及与培训。确权登记工作人员需要充分理解并落实相关政策，因此需要及时向其传达政策信息，保障政策的有效实施。培训工作人员不仅可以提高他们的工作水平，而且有助于确保政策的贯彻执行。精准把握自然资源统一确权登记的宏观政策是确保工作推进实施的前提和保障。通过合理制订政策、结合实际情况细化规章制度、明确工作目标和方法，政策能够为确权登记工作提供明确的指导，确保工作有序推进，为自然资源统一确权登记工作的成功实施奠定坚实基础。

（三）进一步划清自然资源产权边界

在统一确权登记工作中，进一步划清自然资源产权边界是确保登记工作顺利进行和资源利用效率提升的关键步骤。产权边界的明确定义了所有权人的权属职责，为规避产权纠纷、优化资源配置效果提供了基础性依据。在宏观层面，明确相关法律法规，划清产权边界，并明确所有权人的职责与权利，有助于实现产权边界的科学划分，提高自然资源利用效率。划清自然资源产权边界需要立足宏观层面，明确相关法律法规。现代社会，我国法律法规体系日趋完善，对自然资源的约束与规定不断细化。在确权登记工作中，需要仔细研究并遵循国家相关法律法规，尤其是涉及自然资源所有权的规定。法律法规的明确性为产权边界的划分提供了明确的依据，保障了登记工作的合法性和可行性。划清自然资源产权边界时，特别是要明确所有权人的权属职责。每一块自然资源的产权都对应着一个所有权人，他们有着特定的职责和权利。划清产权边界的同时，需要详细明确所有权人的具体职责和权利，确保他们能够更加精准科学地提升自然资源的利用效率。这包括明确资源的管理、保护、利用等方面的具体责任，并将其纳入产权边界的范围之内。在现代社会，法律法规对自然资源的约束与规定越发明确，因此划清自然资源产权边界的导向性更加明确。在划清产权边界时，必须严格遵循法律法规的约束，确保全民所有、不同层级政府行使所有权的边界清晰可见。同时，需要对边界进行动态性、连续性的改进与优化，以适应自然资源利用与管理的不断变化。进一步划清自然资源产权边界不仅有助于确保资源的科学管理，还能够规避产权纠纷，优化资源配置效果。在法律法规框架下进行产权边界的明确定义，能够使得自然资源的管理更加科学、合理。在确权登记工程中，测绘工程起着至关重要的作用。通过先进的测绘技术手段，可以实现对自然资源的精准勾绘、边界划定，并将法律法规中规定的产权边界准确地映射出来。因此，要充分结合法律法规的要求，确保产权边界的准确划定，为确权登记工作提供可靠的技术支持。

（四）明确思路，全面铺开，分阶段推进

自然资源统一确权登记工作是在国家政策导向下的一项重要任务，为了实现全面确权、提高管理效能，必须制订明确的思路，并按照阶段推进的原则有序展开。在特定范围内，根据不同地区和资源特点，分阶段、分层次、分纬度推进工作，确保全面覆盖各类自然保护地和自然资源。按照国家政策要求，优先对国家公园、自然保护区、自然公园等自然保护地进行统一确权登记。这些区域在生态保护中扮演着重要的角色，确权登记将有助于更好地保护和管理这些自然资源。建立一个系统，将这些地区的自然资源权属状况和自然状况清晰记录，为后续工作提供基础数据。有步骤、有计划地推进对其他自然资源的确权登记。按照森林、荒地、山岭、草原等自然资源的不同特点，分阶段推进确权工作，确保全覆盖。在这个过程中，建立一个自然资源登记的“一个簿”，记录每一步骤的进展和相关信息，确保整个工作有序进行。为了更好地履行“两统一”职责，应注重深化生态补偿制度实施。通过确权登记，明确自然资源的权属状况，有助于建立科学合理的生态补偿机制，推动资源的可持续利用和生态环境的改善。确权工作的推进也为相关法规和政策的制订提供了实际依据。在整个确权登记工作中，建立自然资源产权“一张图”是至关重要的。通过整合各类自然资源的登记信息，构建一个完整的自然资源信息“一张网”，提高自然资源的监督管理效能。这有助于及时发现和解决问题，确保自然资源的合理利用和保护。测绘工程在自然资源统一确权登记中发挥着重要作用。测绘工程为自然资源的规划和管理提供了详细的地理信息，有助于科学决策和资源优化配置。自然资源统一确权登记工作需要明确思路，并分阶段推进。通过建立系统化的登记簿和信息网络，确保工作的有序进行，为国家生态保护和资源管理提供可靠支持。同时，与测绘工程相结合，提高登记信息的精确性和实用性，为未来的资源规划和管理奠定坚实基础。

（五）强化技术应用，提高确权登记人员综合素养

为了确保自然资源统一确权登记工作的顺利进行以及登记效果的优化提升，定期组织培训与学习是至关重要的一环。在新形势下，自然资源统一确权登记人员需要不断更新知识，以适应新任务和新形势。因此，组织专项培训活动，邀请业内专业人士为登记人员讲解新形势下面临的挑战和新任务，将现代集约化与精细化理念融入确权登记全过程。培训内容应包括新形势下自然资源统一确权登记的理论和实践知识。业内专业人士可以介绍新技术、新方法，引导登记人员逐步掌握先进的登记技能。培训还应关注信息化技术在确权登记中的应用，以提高工作效率和数据准确性。要注重培养自然资源统一确权登记人员的创新意识。新形势下，随着科技的不断发展，登记工作可能面临新的挑战，因此培训应强调创新思维和解决问题的能力，使登记人员能够灵活应对各种情况。要将现代集约化与

精细化理念贯穿培训全过程。这包括采用先进的管理理念和方法，通过信息化手段实现精细化管理，提高登记工作的精确度和效率。培训活动应该重点培养登记人员的团队协作精神，使他们能够在整个确权登记流程中协同合作，提高工作质量。在主体责任方面，不同级别的政府部门要明确各自的责任，并统筹多部门的力量，构建强大的合力。各级政府部门应按照先易后难的基本实施原则，重点突破一些难点问题，逐步向纵深推广。这需要形成明确的政策框架和组织机制，确保各部门协同合作，充分发挥各自的优势。在自然资源统一确权登记过程中，科学合理的实施方案是至关重要的。要细化准备阶段、实施阶段以及登记阶段的目标任务与要求，确保工作有序推进。全面验收确权登记效果，包括对资料搜集与归档、编码档案收藏索引等方面进行详细检查，以确保登记结果的准确性和可靠性。受测绘技术方法及目标任务等方面的影响，当前自然资源统一确权登记工作仍存在一些短板。有关人员应从实际出发，深入研究确权登记的规律，不断改进成效。特别是在测绘工程方面，要充分考虑技术方法的创新，提高登记的精确性，促进登记效果的优化提升。通过定期组织培训、明确主体责任、科学实施方案以及改进成效等多方面的努力，可以有效推动自然资源统一确权登记工作的顺利进行，并进一步提高登记效果。在测绘工程方面，要持续关注技术的发展，不断优化测绘方法，以确保登记工作更加精准和可靠。

第五节 自然资源权属争议调处

一、自然资源权属争议调处的内涵

自然资源权属争议调处是指在自然资源的使用、开发、管理等方面出现争端或纠纷时，通过特定的程序和手段进行调解、协商、调处等活动，旨在达成各方均可接受的解决方案。这一过程通常需要遵循法律法规，并在相关部门或机构的监督下进行，以确保公正、合法、有效地解决争议。在自然资源的复杂利用过程中，各方之间可能因权益分配、使用权归属、环境保护等问题产生分歧，因此需要一套系统化的调处机制来妥善解决纠纷。这种机制往往包括明确定义的程序、合法合规的调解人员以及明确的调处标准。争议调处的过程首先需要明确争议的具体内容和相关利益关系。

此后，通过协商、调解等手段，促使各方就解决方案达成共识。在整个调处过程中，法律法规的引导和监督是至关重要的，用以确保解决方案符合法律规定，保障各方的合法权益。相关部门或机构的介入可以提供专业的法律和行业知识，有助于调处过程的公正性和专业性。监督机构的存在也可以促使各方遵守规定，确保争议调处的程序得以规范和高效进行。争议调处不仅能够有效解决当前争端，还有助于维护自然资源的可持续利用和生态平衡。通过公正、透明的调处过程，各方更容易达成长期稳定的合作关系，共同推动自然资源的可持续发展。自然资源权属争议调处是一项为促进自然资源合理利用、保护生态环境而设计的重要机制。其有效运行需要法治框架、专业人员的支持，以确保公平、公正、合法的争议解决。

二、自然资源权属争议调处的现实需求

自然资源权属是指自然资源权利的归属，即所有权和使用权归谁所有、为谁所用。自然资源权属制度也称自然资源产权制度，产权制度是自然资源立法中最为重要的制度。自然资源是具有经济价值的物，因此会产生所有权和使用权的问题，又因为其产生于自然环境，不受人工控制，不能通过人力大量合成，因此具有有限性和稀缺性，必须加以审慎利用，对其权利归属和流通转让都应严格规定与限制。自然资源作为不动产，对于其权属需要进行登记备案，我国规定了专门的登记管理机构来进行这项工作，使自然资源的产权制度清晰明确，使其流转处于有迹可循的状态，便于对自然资源进行监督管理，更加有效地开发其价值。但是在自然资源所有权的流转变动中，由于当事人之间合同效力出现问题，登记备案程序错误等原因，自然资源权属不可能永远保持清晰明确的理想状态，于是出现当事人之间的权属争议。2016年，各部门联合发布《自然资源统一确权登记办法（试行）》，拉开了我国自然资源统一确权登记工作的序幕。我国目前各类自然资源登记混乱，容易造成资源权属不明、自然资源不能得到高效利用、生态文明建设不能有效开展的后果。通过对资源的统一登记，明确产权归属和产权内容。在当事人就自然资源权属发生争议时，必然涉及自然资源确权登记与相关纠纷解决方式之间如何协调的问题，随着自然资源统一确权登记试点工作的完成，这类问题将会愈发突出，必须未雨绸缪，提前做出研判并提出对策。

三、现行自然资源权属争议调处的解决方式

由于自然资源的稀缺性与价值性，对其使用与保护事关国家利益和公共利益，因此我国先后颁布了不下十部法律法规来对自然资源的使用、流转以及保护进行详细规定。而且自然资源立法采取了按资源种类分别立法的方式，对宪法中规定的几种自然资源都单独立法予以保护，其中涉及各类资源权属争议内容的立法主要有七部，分别是《矿产资源法实施细则》《海域使用管理法》《森林法》《渔业法》《草原法》《水法》《土地管理法》。根据法律条文表述，我国自然资源立法涉及的权属争议解决方式主要有自力救济、行政处理、司法处理三种，但是不仅对土地、矿产、水流、森林、草原、滩涂、海域这七种自然资源使用与保护分别作出了规定，而且同一类资源的权属争议又根据不同情况做出分类。

（一）区域间权属争议

自然资源权属范围与行政区划在地理区域上不可能完全一致，因此出现不同区域的自然资源权属纠纷。《水法》划分了不同行政区域间水事纠纷和同一行政区域内水事纠纷，《矿产资源法实施细则》也分别规定了省内争议和跨省争议。因此争议的自然资源属两个或两个以上的省、市、县时，分别称为省际、市际和县际权属纠纷，同一个县内的乡镇、村集体、村民小组之间发生的自然资源权属争议则为县内的权属争议。不同区域的自然资源权属纠纷比同一行政区域的权属纠纷增加了政府间协商此种解决方式。

（二）主体间权属争议

《森林法》《水法》《土地管理法》都根据双方当事人的性质对纠纷进行了划分。三部法律将当事人分为单位和个人两类。单位和个人不是法律上的概念，但是大致可以将其理解为组织和自然人的关系，单位是包括政府、企业、事业机构在内的实体组织。当事人性质分为个人和单位，因此权属争议分为个人之间发生的自然资源权属争议、单位之间发生的自然资源权属争议以及个人与单位之间发生的自然资源权属争议。单位之间的所有权争议只能通过行政处理模式解决，但是个人之间以及单位与个人之间的争议并非行政处理终局，司法程序为不服行政处理结果的当事人提供最后的保护。

（三）不同权属类型争议

自然资源权属主要为所有权和使用权，因此自然资源权属争议可以分为自然资源所有权争议和自然资源使用权争议。我国自然资源所有权主体为国家和集体，是由宪法赋予的权利，是公权力。《森林法》《草原法》《土地法》规定了所有权、使用权争议的解决方式，其他法律法规仅仅规定了使用权争议解决方式。也正因如此，森林、草原、土地权属争议的解决方式主要为行政处理和行政诉讼，没有涉及民事诉讼的规定。自然资源所有权争议在我国现行法上包含土地所有权争议、矿产资源所有权争议、水资源所有权争议、森林所有权争议、草原所有权争议以及海域所有权争议，其中土地、森林、草原所有权包含了国家土地所有权和集体土地所有权，矿产资源所有权、水资源所有权、海域所有权则仅有国家所有权，而无集体所有权。自然资源使用权争议包括土地承包经营权争议、建设用地使用权争议、宅基地使用权争议、海域使用权争议、探矿权争议、采矿权争议、取水权争议以及养殖权、捕捞权争议。

四、自然资源权属争议调处的处理机制完善路径

根据上述对现行法规定的梳理，总结自然资源解决机制的问题主要为三类：一是各类

资源不够统一，“各自为政”，使得程序繁杂，难以准确适用；二是行政处理和司法处理两种模式划分得不清晰，行政处理往往与民事诉讼交叉规定，出现混乱；三是立法水平问题，在位阶设计和用语方面存在许多不成熟的情况。

（一）统一争议解决模式结构体系

现行立法纠纷解决模式不统一，固然有各类自然资源之间的属性特征不同的原因。例如水资源具有流动性和变化性，每分每秒都有变化，而矿产资源在没有人为因素影响的情况下，短时间内基本没有变化，因此两类资源的这一不同属性对纠纷解决模式会造成一定影响，例如《水法》中将不同行政区域间水事纠纷与同一行政区域水事纠纷安排了不同的争议解决模式。但是导致纠纷解决模式混乱的主要原因在于各类资源分别立法；各法颁布时间亦有先后，对权属争议解决的方法随着实践的发展难免会发生变化，各法在吸收不同时期实践经验的基础上制订，因此不可能规定有一致的模式。应该认为各种类自然资源虽然性质上有所不同，但是当今技术经济条件下，同属于自然环境中对人类社会有用的物质与能量，其共性是大于特性的。而且此次统一自然资源确权规则，就是希望能够化繁为简，切实解决所有者不到位、权责不清晰导致的混乱，因此建立统一的纠纷解决模式，减少执法、司法和当事人权益保护的难度，可更有效地处理出现的争议。

（二）对争议解决模式进行类型化区分

经过上述分析，目前法律规定中三种权属争议划分标准混乱，而且此三种划分标准对争议解决是徒劳的，例如《水法》第56条与第57条规定了不同的纠纷解决路径，前者采用行政处理解决纠纷，后者则采用民事诉讼解决纠纷。行政途径是行政机关与行政相对人之间的关系，民事诉讼则为法院居中裁判平等主体之间的权益纠纷。区分二者适用范围的界限在于行政区域和单位的内涵边界，何为不同行政区域之间的水事纠纷，何为单位之间的水事纠纷，不同行政区域之间和单位之间的识别其实很困难。从理论上来讲，行政区域是一定行政区划界限范围内的疆域，而单位是政治、经济、社会组织的识别概念。如果纠纷涉及整个区域内的用水，则应该为不同行政区域内的水事纠纷，适用行政途径解决，但是如果纠纷仅涉及乡镇政府这一单位的用水问题，则应该认定为不同单位之间的水事纠纷，此时乡镇政府是和争议方处于平等地位的民事主体，应该用解决平等主体之间争议的民事途径解决。因此这一划分给法律适用造成了困难。应当认为有必要采取公权利以及私权利这种新的划分标准，对所有自然资源争议解决模式统一进行类型化的区分，使得争议解决模式一目了然，提高纠纷解决的效率，更好地保护和利用自然资源。

第六节　确权登记信息平台建设与应用

一、自然资源确权登记信息平台建设

（一）平台建设总体思路

根据统一规划、标准先行、分步实施的总体思路，建立自然资源信息基础平台的整体框架，明确模块系统之间的关系。根据自然资源确权数据库试行标准开发数据整合工具，规范自然资源数据生产流程，针对自然资源确权成果的存储与管理开发数据库管理系统，完善信息管理，围绕自然资源确权登记的法定程序构建基于工作流的业务管理系统，覆盖自然资源首次登记、变更登记、更正登记、注销登记的各个阶段，为达到自然资源的立体可视化展示效果开发二维、三维一体化系统，动态加载三维立体模型，直观立体展示自然资源确权成果数据。引入先进的技术创新行业应用，比如人工智能、航测遥感、倾斜摄影等技术手段辅助解决确权登记中的难题。利用计算机深度学习算法模型（卷积神经网络），以多源异构遥感数据（包括大比例尺地形图、高分辨率正射影像、多光谱卫星遥感数据、Li DAR点云）为主，结合人工野外调绘数据，利用自然资源遥感分类系统实现自然资源分类、数量和质量的智能化提取，全面提升自然资源调查的效率和精度；利用倾斜摄影测量技术进行自然资源的三维快速建模，生动展示登记对象的坐落、空间范围、自然资源分布等真实情况。

（二）平台总体技术路线

整个自然资源确权登记信息平台采用先进成熟的技术架构，来保证平台的可持续性和稳定性。采用基于NET框架的Arc Engine组件，结合空间ETL技术，开发与空间数据库相关的整合工具和空间库管理系统；采用J2EE架构工作流技术，开发业务管理信息系统、登记档案系统、监管服务系统以及共享接口的后台服务系统。采用Spring Cloud作为微服务框架，利用HTML5和JavaScript开发前端框架，采用Open Layer 3作为地图前端开发引擎，提高了平台的灵活性和可扩展性，保障了后续多类型自然资源数据的良好接入。

1.倾斜摄影技术

航空倾斜影像不仅能够真实地反映地物情况，还通过采用先进的定位技术，嵌入精确的地理信息、更丰富的影像信息、更高级的用户体验，极大地扩展了遥感影像的应用领域，并使遥感影像的行业应用更加深入。倾斜摄影测量技术作为一个新兴的技术方法在三维建模和工程测量中有着广泛的应用前景。由于倾斜影像为用户提供了丰富的地理信息，更友好的用户体验，该技术在欧美等发达国家已经广泛应用于应急指挥、国土安全、城市管理、房产税收等行业。本平台的精细化三维模型主要由倾斜摄影技术获取。

2.卷积神经网络

卷积神经网络是近年发展起来，并引起广泛重视的一种高效识别方法。目前已经成为众多科学领域的研究热点之一，特别是在模式分类、图像识别领域，由于该网络避免了对图像的复杂前期预处理，可以直接输入原始图像，因而得到了更为广泛的应用。在自然资源领域，以多源异构遥感数据为基础，利用自然资源遥感分类系统实现自然资源分类、数量和质量的智能化提取。

3. ETL技术

ETL （extract transform load）是将数据从源系统抽取、清洗转换并加载到数据仓库的实现过程。ETL工具采用Web Service技术和标准数据格式将各个功能处理模块封装成ETL标准服务组件。服务是一种实体，能够完成标准的业务功能，如FTP、数据抽取、数据清洗等，通过清晰的定义和松散的耦合可以提高服务的灵活性。通过统一ETL调度引擎，实现ETL处理过程中各处理流程的统一调度。本平台采用FME作为ETL工具，目的是将政府各部门中的多源异构数据整合到一起，为自然资源的确权登记提供数据基础。

4.应用工作流技术实现流程再造

工作流技术（workflow）是工作流程的计算模型，在计算机中将工作流程中的工作如何前后组织在一起的逻辑和规则以恰当的模型表示，并对其实施计算。工作流技术解决的主要问题是：为实现某个业务目标，在多个参与者之间，利用计算机按某种预定规则自动传递文档、信息或任务。工作流管理系统（Workflow Management System， WFMS）的主要功能是通过计算机技术的支持去定义、执行和管理工作流，协调工作流执行过程之间、群体成员之间的信息交互。自然资源确权登记需要进行职责机构整合和工作流程再造，以提升管理能力和治理水平。流程再造工作具有时间跨度长、流程多变的特点，采用工作流技术，自然资源确权登记系统可以具备适应这种“变化”的快速响应能力。本系统平台采用的是以BPMN2.0流程引擎为核心的工作流和业务流程管理平台。

5.基于微服务架构的体系结构

微服务是将一个大型的单个应用程序和服务拆分成数个甚至数十个的支持微服务，区别于扩展整个应用程序的堆栈，它以扩展单个组件满足服务等级协议。基于微服务架构，围绕业务领域组件创建的应用可独立地进行开发、管理和迭代。在分散的组件中使用云架构和平台式进行部署管理和服务，产品交付变得更加简单。微服务的本质是用一些功能比较明确、业务比较精练的服务来解决更大更实际的问题，因此，以微服务架构作为本平台的后台组织架构，进行确权、调查、登记和共享业务的组织开发更具优势。本系统平台采用目前主流的微服务框架Spring Cloud。

6.基于地理处理API的空间分析开发技术

地理处理API提供编写分布式空间计算应用必要的空间几何对象模型、拓扑分析函数库、空间坐标系转换函数库、空间数据转换和解析函数库等。目前，基于Java的地理处理API有JTS、Geo API、Geo Tools、ESRI Geo processing API（简称ESRI GP）、GDAL OGR等。考虑到ESRI Arc GIS系列产品在土地信息化领域普及性较高的情况，采用ESRI GP作为地理处理API。

二、自然资源确权登记信息平台应用

（一）权属查询

自然资源确权登记是国家或地区管理自然资源的关键环节，它旨在建立清晰、完整、可追溯的资源权属体系，确保资源的合理利用和可持续发展。为了提升管理效能，某平台推出了一个便捷的途径，供政府和公众查询土地、水域、矿产等自然资源的确权信息。这一平台的应用将有助于及时了解资源的权属情况，防范潜在的纠纷，从而为资源管理和可持续发展提供有力支持。

1.自然资源确权登记信息平台的功能与优势

该平台的功能不仅仅局限于提供查询服务，更包括资源信息的收集、整理、更新等多方面工作，以确保用户获取的信息是准确、及时的。平台通过与各级政府、相关部门紧密合作，全面收集土地、水域、矿产等自然资源的确权信息。确权信息的准确性是平台的首要保障，以确保用户查询到的信息真实可信。平台建立了高效的信息更新机制，及时记录和更新各类自然资源的确权信息，使用户能够获取到最新的权属数据。同时，平台支持用户追踪特定自然资源权属的变更情况，保障信息的时效性。

2.平台应用场景

该平台为政府提供了权威的、及时的自然资源确权信息，为政府决策提供了有力支持。政府可以基于平台的数据制订更加科学、合理的资源管理政策，促进资源的高效利用和可持续发展。对于企业和投资者而言，准确了解土地、水域、矿产等资源的确权情况是进行投资决策的重要依据。平台为投资者提供了方便、迅速的查询途径，使其能够在决策过程中更全面地考虑资源的权属状况，降低投资风险。平台的开放性使得公众能够更加方便地获取自然资源确权信息。这不仅加深了公众对资源管理的了解，也加大了社会对政府行为的监督力度。公众可以通过平台了解资源利用情况，提出建议和意见，推动资源管理的公正与透明。当涉及土地、水域、矿产等资源的法律纠纷时，平台提供的确权信息可以作为法庭判决的有力证据。这有助于加速纠纷的解决过程，提高司法效率，保障各方的合法权益。

（二）规划决策

自然资源确权登记信息平台的应用对于政府部门进行资源规划和决策具有重要的意义。通过对平台上的数据进行深入分析，政府可以更全面地了解资源的分布、利用状况，为土地利用规划和经济发展提供科学依据。在这个过程中，登记信息的详细性和准确性将成为政府决策的关键因素，因为这直接影响到资源的合理配置以及社会经济的可持续发展。自然资源确权登记信息平台可以提供大量关于土地利用和自然资源分布的数据。政府可以通过分析这些数据，深入了解不同地区的资源特征，包括土地类型、水资源、森林分布等。这有助于政府更准确地评估各地的资源潜力和局限性，为未来的资源规划提供科学依据。例如，在制订土地利用规划时，政府可以根据平台数据确定哪些区域适合开发农业，哪些区域适合发展工业，以实现资源的最优配置。通过对登记信息进行细致分析，政府可以了解资源的利用状况和流向。这有助于监测资源的可持续利用情况，避免资源的过度开发和浪费。通过平台数据，政府可以追踪不同地区的资源开发活动，了解资源的利用效率，及时调整政策以促进可持续发展。例如，政府可以通过平台数据监测某一地区的林木砍伐情况，确保森林资源得到合理利用，防止过度砍伐导致生态环境恶化。自然资源确权登记信息平台还为政府提供了对资源产权的清晰认识。通过登记信息，政府可以准确了解资源归属情况，防止资源的非法占用和滥用。这为政府实施合理的资源管理政策提供了依据，确保资源的公平分配和可持续利用。例如，政府可以通过平台数据核实土地所有权，加强对违规占用土地的监管，维护农民和其他资源利用者的合法权益。在经济发展方面，自然资源确权登记信息平台的应用也对政府的决策起到了积极的推动作用。通过对资源分布和利用情况的深入了解，政府可以更有针对性地制订产业政策，促进各地区经济的均衡发展。例如，政府可以根据平台数据确定某一地区具有丰富的矿产资源，通过制订相关政策吸引投资，推动当地矿业产业的发展，带动经济增长。自然资源确权登记信息平台的应用还有助于政府更好地应对自然灾害和环境变化。通过对平台数据的监测，政府可以及时了解自然资源的变化趋势，预测可能发生的自然灾害，提前采取措施减轻灾害带来的损失。例如，政府可以通过平台数据监测河流的水位，及时预警可能发生的洪灾，采取紧急疏散和抢险救援措施，最大限度地保护人民的生命财产安全。自然资源确权登记信息平台的应用为政府提供了强大的决策支持工具。然而，在推动平台应用的过程中，政府需加强对登记信息的监管和更新，确保数据的准确性和实时性。只有在信息准确的基础上，政府才能更加科学地进行资源规划和决策，推动社会经济的可持续发展。

（三）投资决策

自然资源确权登记信息平台为企业和投资者提供了极其重要的资源权属和使用信息，这为它们制订投资战略和风险评估提供了有力的支持。通过平台获取清晰的权属信息，企业和投资者能够更全面地了解自然资源的现状和未来发展趋势，从而在投资决策中更具信心。自然资源确权登记信息平台为企业提供了便捷的途径以获取关键的资源权属信息。企业在进行投资决策时需要了解所涉及的自然资源的所有权情况，而平台上的登记信息可以为其提供权威、准确的数据。这有助于企业在选择投资领域时更加明智，避免因为不清晰的资源权属而导致法律纠纷或资产争端。例如，企业可以通过平台了解某一地区矿产资源的所有权状况，确保在投资矿业项目时能够依法合规操作，提高项目的可持续性。平台上的登记信息有助于企业进行对资源的使用情况进行全面的了解。企业在进行风险评估时，需要考虑自然资源的供应稳定性、可持续性等因素，而这些信息可以通过平台轻松获得。通过对资源的使用状况进行分析，企业可以更好地评估未来资源的可利用性，合理规划投资周期和产值预期。例如，某企业在考虑投资农业项目时，通过平台数据可以了解土地的使用历史、水资源供应情况等，从而更好地评估项目的长期可行性。自然资源确权登记信息平台还提供了对资源权属和使用历史的追溯功能。企业和投资者可以通过查询平台，获取某一自然资源在不同时间段内的权属和使用情况，这有助于了解资源的演变过程，预测未来可能的变化趋势。例如，在考虑投资林业项目时，企业可以通过平台获取特定林地的历史权属信息，了解过去是否存在过砍伐或环境污染等问题，从而更好地评估未来投资的风险。清晰的权属信息还有助于提高投资者对资源的信心。投资者在决定参与某一项目时，往往关注项目的稳定性和法律合规性，而自然资源确权登记信息平台的应用可以为他们提供权威、透明的信息来源。有了清晰的权属信息，投资者可以更加准确地评估项目的潜在风险和回报，从而做出更明智的投资决策。例如，在考虑参与某一地区的能源开发项目时，投资者可以通过平台数据了解相关资源的所有权情况，以及项目是否符合当地法规，从而降低投资的不确定性。在制订投资战略方面，平台数据也为企业和投资者提供了全面的参考依据。通过对登记信息的深入分析，投资者可以发现潜在的投资机会，选择符合其战略目标的资源项目。例如，通过平台数据了解某一地区水资源的供应情况，企业可以决定是否投资建设水利设施，满足当地居民和工业的用水需求，实现资源的可持续利用。自然资源确权登记信息平台的应用为企业和投资者提供了重要的信息基础，有助于制订更为科学、合理的投资战略和风险评估。清晰的权属信息增强投资者对资源的信心，而详细的使用情况分析则有助于企业更好地了解资源的可持续性和未来发展趋势。这样的平台应用为企业和投资者在资源领域取得成功提供了可靠的决策支持。然而，需要注意的是，政府和平台管理者需要保障登记信息的准确性和及时性，以维护平台数据的可信度，确保企业和投资者能够基于可靠的信息做出明智的决策。

第七章 自然资源开发利用和保护

第一节 土地资源的开发与规划

一、土地资源的开发

（一）土地资源的合理开发利用

中华人民土地资源管理法的制订，目的是根据专业的法律法规对国土资源进行监管，使国家土地利用既能满足人们的衣食住行，又能根据地域优势在林业、畜牧业、农业等方面均衡合理发展。中国作为人口第一大国，虽然国土面积广阔却多为山地丘陵，因此可耕种资源不足，而每年却因土壤退化损失耕地46.6～53.3hm²，因自然灾害丧失耕地约10万hm，而我国居民对国土资源的过分开采导致沙漠化严重，严重威胁国民的生存。土地资源开发是提高土地利用率和生产率的重要措施，是增加土地有效供给，满足人们对土地各种需求的重要途径。土地资源开发要以保护当地生态环境为前提，根据当地自然条件以及水文特点等，科学实施土地开发活动，宜农则农、宜林则林、宜牧则牧，盲目开发只会增加自然问题发生的概率。在国家绿色可持续发展理念基础上，提高人民的生活水平，促进自然环境的持续发展。我国人多地少，而土地又是农业生产最基本的生产资源，只有城市建设同农业建设有效配合，才能找到平衡方法。科学合理地利用土地资源的途径主要有：一是广度开发，积极而又稳妥地开发尚未利用的土地资源，把一切土地利用起来；二是深度利用，实行土地适度规模经营。但不论采用以上哪个途径利用土地资源，都应遵循一定的原则。

1.因地制宜

由于各地区的自然环境以及水文条件不尽相同，又因为不同地域居民依据本地植物自然生长条件，已经形成自己的经济体系。所谓靠山吃山，有些区域的居民根据本地的土壤以及动植物，已经逐渐形成适合自己的独特生活模式，这种生活模式靠外来干预是很难改变的。因此，必须根据各类土地的特点，合理分配土地耕种作物。这既有利于植物在适宜的环境下生长，又可以为当地百姓创造经济收益；还可做到地尽其利，提高土地利用的经济效益。

2.节约用地

通过人类的发展我们可以看出，经济的增长带来的必然是农业土地面积的衰减。在我国，随着城镇化进程的不断加快，人们的经济生活大大挤压了农业耕地的使用面积，使粮食生产与我国人口的发展非常不符，人均占有的耕地面积逐年下降。而粮食作为人类赖以生存的基础，如果耕地面积受到城市建筑挤占，就只能依照大量的进口。一旦进口粮食出现问题，就会引发我国的粮食危机。这不仅会使国家经济进入大衰退，人民的生存也会受到挑战。所以，在进行国家经济建设时，要尽可能采取措施来避免对农业耕地的占用，而企业建设也要尽可能少占用土地。只有通过我们的共同努力，土地资源利用才能符合我们国家发展要求。

3.保护资源

如何对土地加以利用，同自然生态环境密切相关。如果土地规划得当，不仅能使当地居民的生活水平有一定的提高，还会对当地空气条件、气候条件产生有利的影响。反之，如果对土地资源进行盲目开采或者只顾开采而不加以保护，不仅会造成水土流失，还会使当地环境持续恶化，提升经济更是无从谈起。如果没有相关制度进行支持，人们出于经济利益，对土地资源进行疯狂掠夺，这样的后果会使土地沙漠化，不仅尚未开发的土地将无法开发利用，就是已经开发利用的土地也会变成新的不毛之地，贻害子孙后代。所以人们向自然界索取的同时，还要注意保护，使人类经济和自然资源都能实现共同发展。

4.有偿利用

土地，作为有限的自然资源，扮演着至关重要的角色，既是人类生存和发展的基础，又是农业中稀缺的生产要素。在市场经济条件下，土地的有偿利用不仅体现了土地的产权关系，更是激发土地使用单位珍惜和合理利用土地资源的有效手段。这种有偿利用的机制不仅在经济层面上实现了土地资源的有效配置，也有助于贯彻节约用地、因地制宜、保护资源等三项原则，从而实现可持续土地管理。 土地的有偿利用对于经济体系的健康运转至关重要。在市场经济中，资源的配置通过价格机制来完成，而土地有偿利用恰恰是这一机制在土地领域的具体体现。通过让土地有价可赚，可以激发土地使用单位更加积极地参与土地的生产性利用，促使其进行高效的土地管理，以获取更多的经济效益。这种有偿利用机制能够引导土地资源向效益最大化的方向流动，推动土地从低效率使用向高效率使用的转变，有助于提高土地的整体经济价值。有偿利用的实施有助于明晰土地的产权关系，进而加强土地资源的管理和保护。在有偿利用的框架下，土地使用单位需要支付一定的费用，这就意味着他们必须对土地产权有清晰的认识，并承担相应的责任。这样的机制可以促使土地使用者更加谨慎地对待土地资源，避免过度开发和滥用，减少土地的环境负担。通过明晰产权关系，有偿利用可以成为土地资源可持续利用的有效手段，确保土地资源在市场条件下得到合理保护和管理。有偿利用有助于实现土地利用的科学规划，贯彻“节约用地、因地制宜、保护资源”三项原则。在有偿利用的框架下，土地的价格反映了其市场供求关系和潜在的生产价值。通过土地的价格信号，政府和社会可以更好地引导土地利用，确保土地的开发和利用符合当地的资源特点和发展需要。有偿利用机制可以促使土地使用单位更加理性地进行土地规划，遵循因地制宜的原则，使土地得到最佳配置和利用。有偿利用还可以成为土地经济的支撑点，为地方财政提供重要收入来源。通过征收土地使用费、土地出让金等方式，政府可以获取土地利用的经济回报，进而用于基础设施建设、社会事业发展等方面。这不仅能够使土地有偿利用的机制更加稳定和可持续，而且有助于实现土地利用和经济增长的双赢局面。实现土地的有偿利用并非一帆风顺，需要综合考虑多种因素。首先，应建立健全的法律法规体系，明确土地产权和有偿利用的相关规定，为有偿利用提供法律保障。其次，政府应加强对土地市场的监管，确保土地价格的形成是合理、公正的，防范不当行为。同时，政府还应加强对土地利用的规划和管理，引导土地朝着可持续和高效的方向发展。最后，需要注重舆论引导和公众参与，使社会对有偿利用有更深刻的认识，提高土地使用者的社会责任感和环保意识。土地作为有限的自然资源，在市场经济条件下实行有偿利用具有重要的现实意义。有偿利用不仅有助于在经济上体现土地的产权关系，而且能够促使土地使用单位珍惜和合理利用土地资源，从而实现“节约用地、因地制宜、保护资源”的三项原则。通过科学的规划、明晰的产权关系以及市场机制的有效发挥，土地有偿利用可以成为推动可持续土地管理和经济发展的强大引擎。在今后的发展中，我们需要更加注重土地资源的科学利用，推动土地经济的可持续发展，为子孙后代留下更为丰富的自然遗产。

（二）土地资源开发与利用研究现状

针对我国土地资源的现状及存在的问题，很多学者对土地资源的合理开发和高效利用展开了大量的研究。现阶段主要对土地开发利用的可持续性、集约性、循环性层面进行研究，多从土地开发利用产生的经济效益与可持续发展之间如何保持平衡这个根本点出发。土地的可持续发展理念早在1900年就已在国际上提出，研究内容主要为可持续利用规划和管理、可持续利用评价指标体系和可持续利用影响因素等方面。研究者最早从技术角度、政策角度、社会-经济-环境角度对可持续利用规划和管理方面进行了大量研究。随后，为了更加规范地对土地可持续利用进行评判，学者开始研究土地可持续利用的评价体系和标准，从社会、经济与生态环境三大方面进行可持续评价。目前对可持续利用评价指标体系的研究较为系统，具有一定的科学性与可行性，同时取得了一定的成效，如古丽齐克热等从这三大方面建立了适宜其所选案例的可持续评价指标体系并进行了评价。

二、土地资源的规划

（一）土地资源规划的概念

土地利用是人类通过一定的行动，利用土地的特性来满足自身需要的过程。土地资源规划是指在一定规划区域内，按照国家社会经济可持续发展的要求以及区域的自然、社会经济条件，对土地资源的开发利用、治理保护等在时间和空间上所做的安排和布局。因此，土地规划的主要任务体现在两个方面：一是在国民经济各个用地部门之间和农业各业之间合理地分配土地，使之形成一个与经济结构相适应的、合理的土地利用结构；二是把各种用地尽可能配置在合适的土地利用类型上，以形成各种用地合理的空间组合和布局格式，从而达到最佳的经济、生态、社会效益。

（二）土地资源规划的性质

研究土地利用问题将涉及多种学科，合理组织土地利用也必将涉及自然、社会经济、技术及其边缘学科的诸多知识领域。因此，土地资源规划需要的知识跨度很大，要综合运用有关学科的技术和知识。学科方面，要了解和掌握地理学、农学、畜牧学、耕作学、植物生理学、气象学、水文学和土壤学等学科知识，这是规划设计的基础。专业方面，要掌握土地资源学、土地经济学、土地法学、城镇规划和地籍管理，这是设计的必要专业基础。技术方面，要掌握编图、绘图、规划设计技术、数学、遥感图像处理和GIS技术等。根据规划的性质和目的，可分为以下几项。

1.土地利用总体规划

土地利用总体规划是一项宏观的土地资源规划工作，由各级政府根据其行政辖区，立足全局利益和长远利益，对城乡所有土地进行开发、利用、整治和保护的统筹安排和统一规划。这一规划工作涵盖了空间和时间的维度，旨在实现土地资源的合理配置、可持续利用，同时考虑到社会、经济、生态等多方面因素，确保土地利用与环境和社会的协调发展。

2.土地利用专项规划

土地利用专项规划是一种具有微观和宏观规划性质的规划工作，主要针对某一具体用地类型，旨在解决该用地的开发、利用、整治和保护等问题。相较于土地利用总体规划，土地利用专项规划更加具体和局部化，通过深入研究和分析特定用地的特性和需求，制订有针对性的规划方案。

3.土地资源规划设计

土地利用专项规划，作为微观土地资源规划的一项重要工作，主要着眼于解决土地使用单位内部的土地开发、利用、整治、保护等具体问题。相比于宏观的总体规划，专项规划有较强的工程技术性质，注重对具体项目的详细设计和实施方案的制订。

第二节　土地确权登记

一、土地确权登记的内涵

土地确权登记是一项重要的土地管理制度改革措施，其目的在于通过法定程序和手续，确认和登记土地权属关系，明确土地使用权、所有权等相关权益，以提高土地权益的明晰度和保障性。这一制度改革旨在解决土地权属不明晰、纠纷频发等问题，推动土地资源得到更加有效、合理的利用。

二、土地确权登记颁证的必要性

开展农村土地确权登记颁证工作主要是为了保障广大农民的土地合法使用权益。准确、完整的登记颁证工作能杜绝许多麻烦的出现，继而使农村社会环境更加稳定、和谐，并推动农村地区经济高速发展，提升农户的实际收入。所以，此项工作的开展有其必要性。

（一）加强承包经营权的物权管理

在利用土地资源的过程中，承包管理是一种重要的管理模式，而合同管理在其中占据了重要的地位。然而，在对土地承包经营权的物权实际地位加以确定的过程中，此项管理工作趋于转变成物权管理，其需要与有关法律法规相符合，特别是管理不动产物权时，应落实登记工作，同时经由权威部门公布信息，对物权的实际关系加以确定。确权登记颁证工作即确定农村土地物权，这对农村土地资源规范化管理的实现极为有利，有关部门应第一时间向广大农民公布有关信息、数据，对其承包权益进行保护。

（二）确保农村基本经营体系完善、稳定

当前，我国土地资源承包管理依然存在诸多难题，如不完整地记录内容、静态化管理流程以及不及时的登记变更等，使得我国经营管理程序与承包管理工作不相符，使得承包关系愈发不稳。确权登记颁证工作的开展能使土地的权属关系被有效确定下来，可以在第一时间将承包经营的实际变动状况反映出来。

三、土地确权登记颁证存在的问题

（一）有关政策不完善

如今，许多农民将土地确权登记颁证工作视为重新分配土地，因此担心此项工作对自身利益产生一定的影响。然而从本质上来看，此项工作主要是完善现今土地承包关系。此项工作相关政策尚不完善，因而开展工作时，时常会出现权属不明、实测面积与种植面积不符合以及传统认知和地界分割不同等对农民自身利益产生直接影响的问题，继而引发许多矛盾。

（二）土地纠纷较多

当前，有关部门在开展此项工作时，极易引发较多的土地纠纷，而这在很大程度上是因为农民自身实际需求得不到满足。因为曾经遗留的许多历史问题，致使土地确权登记颁证工作开展过程中并未在第一时间向各家各户下发相关证件，并存在混乱的权属关系以及土地、证件不相符的问题。同时，部分农民坚持自身利益不愿配合此项工作，最终引发较多矛盾。

（三）农民积极性较低

实际上，土地经营权及所有权是各自独立、互相分开的。国家拥有土地，然而对土地的管理与经营则属于下属各部门。当前，大部分农民不能正确认识农村土地相应权属关系，往往以为土地归其自身所有，可以自由处置土地，能对土地自由占用而从事农业生产。同时，有关部门推广、宣传土地确权登记颁证工作的力度不大，致使许多农民无法明确土地的重要性及土地权属关系，所以不会配合此项工作。例如，开展确权登记颁证工作时，一般需要重新测量土地，以便对实际边界关系加以确定，然而此过程会导致大部分农民产生不安情绪，使其认为国家要回收土地，甚至会损坏自身实际权益，因此农民基本不会支持此项工作，甚至有人持反对意见，最终使农村稳定性受到严重威胁。与此同时，许多农民没有注意到此项工作的重要性，因此其参与积极性不高。

（四）工作程序不规范

部分地区核实准备二轮承包的基础工作并未完成，便进入指认地块及调查入户等工作环节，一些农村根据二轮土地承包底册直接填写入户调查表，同时未组织有关人员集中对相应调查结果展开审核，继而致使调查结果失准，出现许多错登及漏登的地块问题。

四、推动开展土地确权登记颁证工作的策略

（一）完善相关政策

开展农村土地承包经营权确权登记颁证工作，政策性、专业性强，既要解决问题，又要防止引发矛盾，必须把握好政策原则，得到群众认可，经得起历史检验。政府部门应认真总结农村集体土地确权登记发证工作方面的经验，围绕地籍调查、土地确权、争议调处、登记发证工作中存在的问题，深入研究，创新办法，细化和完善加快农村集体土地确权登记发证的政策。严禁通过土地登记将违法违规用地合法化。

（二）全面强化组织领导

土地确权登记颁证工作的顺利开展需要健全的制度、有效的组织系统给予保障。在实际工作中应制订合理、科学的工作规划，按照计划循序渐进地测量、确权及登记农村土地资源，同时做好印制及证书颁发工作，上述环节均完成后让有关人员签字，才表明工作顺利完成。应对参与者进出制度加以全面规范，落实土地交易及流转等相关登记工作，保证所记录信息详细、真实和准确，规范管理农村地区的土地资源。对确权登记颁证相关工作后续配套的工作加以落实，同时争取从主管的财政部门获得更多的投入资金，保证此项工作顺利开展。另外，如果农民的土地承包面积出现改变，应根据相应规定将合理的补助给予相关农民，重点对补助的实际落实状况进行全程监管，避免出现不法现象。

如果在工作开展过程中存在较大的群众争议问题或者历史遗留问题，应在不违法的基础上将农民主体性全方位发挥出来，以民主协商的方式来解决问题，严禁强行推动此项工作。如果存在局部问题，应根据一事一议或者一村一策等原则展开区别性、差异化处理，以农民能接受的方式处理问题。如果存在没有解决的权属争议问题，则暂时不展开确权登记颁证工作。

（三）积极做好宣传工作

加大对土地确权登记颁证工作的宣传力度，能在很大程度上保障此项工作顺利开展。应借助广播、电视、QQ、微博和微信等各类媒介推广、宣传此项工作的重要性和意义，同时应组织有关人员前往基层为农民组织讲座、座谈会等，以便让农民对此项工作的实际意义与未来方向有全面的认知。通过宣传转变广大农民的认知，明确此项工作并不会损害农民的切身利益，反而会对其利益加以保护。有关部门应大量印发相应传单，印制与此项工作有关的知识手册，使广大农民掌握实际工作流程，主动配合相应部门、相应人员的工作。

（四）严格遵循相关要求展开工作

按照有关的政策方针、法律法规及标准规范等落实土地权属的调查工作，对承包合同加以完善，将权属证书颁发给农民，以便保证登记成果的准确性、真实性及完整性。确权登记颁证工作的基础为二轮承包关系，工作目的在于完善、巩固当前承包关系，避免有关部门以此为契机对农户的承包地进行非法收回及调整。因此，应利用当前合同证书及承包台账等对承包地的归属加以确认。

开展此项工作的时候，需要以有关法律法规为依据，所有人都不可因为自身利益而阻碍工作的实施。如果存在无法第一时间处理的问题、纠纷等，应采取司法手段进行处理，严禁私下处理，防止引发更为严重的矛盾及纠纷。

第三节　土地二级市场交易与不动产登记

一、土地二级市场交易

（一）市场交易现状

土地二级市场处于培育和发展期，市场交易还不够充分和活跃，抵押交易相对较多，转让交易相对较少，此外土地交易二级市场缺乏具有创新性和复杂性的经典案例。土地二级市场通过土地产权人将出让或划拨的国有建设用地使用权出租给他人使用进行土地市场的交易。土地使用权的出租往往与房屋等地上建筑物出租联系在一起。调研显示，近年来出租人和承租人私下交易。土地使用权的出租并没有进行相关的登记，这将造成划拨土地使用权及出租收益中国家应得收益出现流失。土地二级市场的转让和抵押两种交易形式相对比较活跃。在土地转让方面，通过优化土地转让的交易规则以及完善土地分割或者合并转让等政策，激发二级市场的活力，从而促进存量土地进入市场盘活；在土地出租方面，形成了划拨建设用地使用权的出租收益征收机制，有助于防止国有资产流失；在土地抵押方面，放宽抵押权人限制，扩大抵押物范围，允许营利性的养老、医疗、教育等社会领域机构，以有偿取得的建设用地使用权、设施等财产进行抵押融资，为自身债务提供担保。土地二级市场交易形式以抵押为主，土地抵押的成交宗地总数、成交面积总量及成交总金额均占有绝对的比重，其次是国有土地使用权的转让，无土地租赁交易统计。从交易主体看，二级市场呈现出主体多元化特征，既有国有企业、有限责任公司、其他企事业单位等各类经济组织，也有个人。土地用途多样，工业、商业、居住用地均有涉及。

（二）市场发展情况

1.在交易平台和信息系统建设方面

依托当地行政服务中心、交易大厅等搭建了土地二级市场实体交易平台，提供交易场所，开设业务咨询、信息发布、交易展示、商务洽谈、委托交易等功能并以便民利民为基础，方便群众办事，促进信息集聚，开设有关部门的办事窗口提供“交易服务、合同备案、不动产登记”三位一体服务模式，实现土地交易、登记的一站式服务，有效缓解了“办事找不着人”的情况。

2.在市场监管方面

开展数据库建设，数据库建设为土地市场检测分析、研究、判断提供有效的数据支撑。从多方面、多途径整理各种形式的土地二级市场转让的数据，尽可能收集准确、详细的数据。通过数据库建设实现对土地一、二级市场的整体调控，从而促进土地要素的市场流动和存量土地资源的有效配置。

二、土地二级市场不动产登记

（一）土地二级市场不动产登记的意义

土地二级市场是指土地所有权人在市场上进行的土地使用权或所有权的二手交易。在这个市场中，不动产登记是一个至关重要的环节。不动产登记的目的在于确保土地交易的合法性、透明性和有效性。通过不动产登记，可以详细记录土地的权属信息，包括所有权人、土地面积、地理位置等关键信息，从而提供一份权威的、可信的不动产证明。这有助于防范欺诈行为，保护交易各方的权益，促进市场的健康有序发展。在土地二级市场中，不动产登记还能够提高市场的透明度，使得潜在的买家和卖家能够更容易地获取土地的详细信息，并做出明智的决策。

此外，不动产登记也为土地交易提供了法律依据，确保交易过程中的合规性和合法性。维护土地产权的清晰记录，有助于降低交易风险，增强投资者信心，推动土地市场的稳定发展。因此，不动产登记在土地二级市场中扮演着保障权益、促进市场有序运作的重要角色。

（二）土地二级市场不动产登记与交易的关系

土地二级市场交易与不动产登记的关系十分密切。不动产物权经市场交易而设立、变更、转让和消灭，经依法登记而发生效力。交易是登记的重要前提，登记则是交易的重要保障。近年来，一些地方在土地转让时忽视交易管理环节，简单“以登记代替交易”，导致违规违约情况时常发生。事实上，交易和登记是两个不同的环节，分别承担着不同的职能。从法理上看，土地交易与不动产登记所涉及的权利关系有所差别，前者同时涉及债权和物权，而后者主要为物权。物权制度与债权制度是市场经济中最基本的两项财产制度，两者共同维护着市场交易的安全。从物权上看，一级市场通过交易设立物权，二级市场通过交易转移物权，不动产登记确立物权；从债权上看，土地出让合同中既明确了受让人的权利，也规定了受让人应承担的义务，比如，节约用地、环保节能、城市运营、服务公益等，由此构成了债权的一部分。从载体上看，登记簿是不动产登记管理的基础；土地合同是土地交易的载体。因此，做好二级市场交易与登记的衔接，不仅有利于维护相对人的合法权益，也有利于维护二级市场的交易秩序，促进土地的集约高效利用。处理好两者的关系，关键要加强以下三方面的衔接。

1.加强审核内容上的区分和衔接

交易管理重点是加强合法合规合约性审核，尤其要加强对出让合同或划拨决定书中明确的相关义务履行情况的审核。要加强交易事中事后监管，对违反有关法律法规或不符合出让合同约定、划拨决定书规定的，不予办理相关手续。登记审核重点按照《不动产登记暂行条例》等相关规定，重点对不动产的权利情况等进行审核把关。

2.加强办事流程上的衔接

为了提高行政效率，可实行交易和登记“一窗式”受理、“一站式”服务，缩短办事时间。在不动产登记窗口统一受理，通过集中受理和统筹办理等，提高办事效率，做到便民利民。例如：试点期间，天津武清、抚顺、宿州、厦门、泸州等地加强交易与登记的衔接，统筹机构、场所、系统、人员、资料等，对内明确分工、依法审核、有序衔接，对外“一次告知、一窗受理、一站服务、一次办结”，充分实现交易审核、登记一体化。

3.加强交易和登记信息的互通共享

在土地交易和登记部门分开的地方，交易部门要及时将交易信息传送给登记部门，登记部门完成登记后，也要将相关信息传输给交易部门，以便更好地进行市场管理和调控决策。

第八章　自然资源评价与配置

第一节　自然资源评价的基本理论

自然资源评价是按照一定的评价原则或依据对一个国家或地区的自然资源的数量、质量、地域组合、空间分布、开发利用、治理保护等进行定量或定性的评价和估价。自然资源评价以自然资源的调查研究为工作基础，是自然资源合理配置、综合利用的前提和依据。其目的是从整体上揭示自然资源的优势与劣势，提出开发利用和治理保护的建议，为充分发挥自然资源的多种功能和综合效益提供科学依据。自然资源评价可分为单项自然资源评价、自然资源综合评价、自然资源质量评价、自然资源经济评价和区域资源综合评价五种，它们各有侧重，在不同方面发挥不同作用。

自然资源综合评价是以单项自然资源评价为基础，从利用的角度对区域自然资源进行综合鉴定和分等定级，而不是单项自然资源评价结果的罗列或简单的算术叠加。自然资源综合评价的特点在于综合，应全面评价自然资源的整体组合状况，起到总体大于局部之和的作用。综合评价可以科学地揭示资源的优势与劣势、开发利用潜力的大小、限制性因素及其强度，并指出克服的途径，从而为自然资源的综合开发利用服务。

一、综合评价的目标

战略目标：通过自然资源评价，提高对研究区内各种自然资源的数量、质量、结构等方面的定量了解程度；揭示各种自然资源空间组合及数量结构上的配置问题；明确所研究区内自然资源的整体优势和劣势；分析优势资源在研究区所占的地位；估算优势资源的开发潜力；为自然资源开发利用规划和国民经济发展长远规划服务，为充分发挥自然资源的多种功能和综合效益提供科学依据，为人与自然的和谐发展、加强研究区的系统功能提供科学依据。

效益目标：通过对资源评价来估测资源开发所能带来的经济效益、生态效益和社会效益，并从经济、生态和社会效益的角度来评估资源的使用价值和货币价值。

二、综合评价的原则

在现有的技术水平下，对自然资源进行科学评价，既具有现实意义，又具有历史意义。综合评价不仅可以协调当前资源与经济发展之间的供需关系，还有助于解决人类社会的可持续发展问题。自然资源综合评价应遵循以下原则。

（一）以人类利用为核心的原则

只有当自然环境中的物质和能量为人类所利用时，才能称其为资源。因此，对自然资源的评价，必然涉及人类的利用。资源在被利用的过程中，会因为利用目的的不同，有不同的评价标准。就水资源而言，饮用水和灌溉用水的水质要求就不同，在评价时所采用的指标也不同。

（二）比较利益原则

资源实际上是一种特殊的商品，参与着经济活动，因此，必须遵循经济活动的规律，即以最小的投入，获得最大的经济效益。在进行自然资源的开发利用时，应考虑资源本身所具有的价值及投入其中的劳动力。

（三）发展和生态原则

自然资源是自然环境的一个组成部分，它的形成、分布、特性及其演化必然遵循自然规律。尤其是作为物质性资源的数量，以及作为功能性资源的性质，都在很大程度上受制于自然环境。人类在进行自然资源的开发利用时，既要考虑数量的限制，又要考虑对环境的影响，进行生态适宜性评价，协调人地关系，实现经济、生态、社会三大效益的统一。

（四）区域综合性原则

自然资源及其环境是一个有机的整体，并且分布在特定的区域，区域之间具有明显的差异。应根据特定区域内资源的数量、质量及其配置，结合区域的自然条件和经济水平，进行综合开发利用。

（五）实用性原则

自然资源评价的目的是更好地开发利用自然资源。因此，在对自然资源进行评价时，所采用的评价指标体系、方法等，应在保证科学性的前提下，既便于获得，又易于操作。

三、综合评价的内容

自然资源系统主要包括水、土、气候、生物、矿产、能源、自然风景等。在具体评价某一地区时，除了要对每一单项资源进行评价外，更重要的是对区域资源进行综合评价，从而对区内的资源有个全面的认识，从中选择优势资源进行重点分析，它是区域资源开发和生产力布局的重要基础工作，区域自然资源综合评价主要包括以下内容。

（一）调查和评价资源的种类、数量、质量及资源潜力和保证程度

区域是地理空间的一种分化，分化出来的区域一般具有结构上的一致性或整体性，作为地球表面的一部分，它可能含有若干种资源，是各种资源的承载体。每类资源具有不同的数量和质量特征，并在区域内形成一定结构，由于区域资源的种类、数量、质量、结构和空间组合态势等直接影响着区域经济发展的规模、速度、方向及区域经济结构的调整与优化，所以，在开发利用区域资源之前，需要调查和评价资源的种类、数量、质量及资源潜力和保证程度。同时，区域也是自然要素和人文要素组合而成的时空系统，其包括自然资源和社会资源。自然资源构成了生产的物质基础，社会资源是自然资源开发中的关键要素，脱离了社会资源的开发，自然资源的开发或者难以进行，或者造成浪费。自然资源和社会资源相互作用，共同促进经济发展。

（二）评价资源区位与开发条件

评价资源区位与开发条件应考虑以下几个因素：资源是一个区域得以发展的物质基础，资源优势又是区域优势的重要组成部分，因此，在开发利用资源前，必须通过区位评价得出应该优先开发利用哪几种资源。区位条件是一个随时间波动的要素，在评价过程中应该注意同一区位因素在不同时间作用大小可能不同。

（三）考虑开发中的生态问题及资源保护、更新与再生对策

在区域资源综合评价中，不能只评价资源的开发利用价值，还要考虑资源开发后产生的生态问题以及如何保护自然资源，使自然资源利用能维持其生态功能的正常性。

总之，区域资源综合评价要求全面、深入地分析区域内各种自然资源和社会资源的数量与质量、优势与劣势、现状与潜力、开发利用条件与限制因素，以及资源开发的经济、社会和生态效益，并同其他区域乃至全国、全球相关资源相比较，从而科学地选择区域资源开发利用方向和主导产业，并提出资源保护措施，以促进区域资源的可持续利用。

在不同地域类型区内，虽然所选重点评价的内容不同，但是，在许多方面还是有其共同特点，这些共同评价的内容包括：第一，自然资源的整体优劣势；第二，自然资源的组

合与结构特征；第三，自然资源的空间分布和地域差异；第四，制约资源优势发挥的主要因素；第五，资源开发利用的潜力。总之，在进行某一区域的资源评价时，要善于从地区实际出发，评价重点，从强化地区功能方面回答上述五个评价内容。

第二节　自然资源综合评价的步骤

由于各单项自然资源的功能、性质和评价标准不同，因此，将各单项自然资源进行有机综合的过程就显得非常复杂，评价的不确定性也会存在，所以对自然资源综合评价较为完整的标准体系尚未形成。就一般原则而言，自然资源综合评价方法步骤大致如下。第一，确定综合评价工作的目标，整理已有的资料数据，拟订工作计划。第二，进行资源用途的评价研究。根据当地社会经济状况及经济发展的要求，提出资源利用方面的意见，划分自然资源评价的基本单元——自然资源组合类型，拟订利用方案，并对方案中各类资源的必要性和限制因素进行分析。第三，进行资源特征评价研究。根据初步调查结果和资料，确定评价的要素及其评价指标，所选的评价要素既能反映单项资源的质量，又能体现资源组合的总体质量。对每种资源特征与质量进行深入调查，并根据所收集资料和所选要素对基本单元资源环境进行评价，按照优劣程度划分等级。第四，将划分结果与利用上的要求进行比较，判断两者之间是否相适应：如相宜，即可肯定下来；如不相宜，则需要考虑改变利用方式，并采取有效的改造措施。同时，还要对各种利用方式进行经济效益及社会、环境影响方面的分析，以便获得最佳利用方式。第五，对评价划分的各等级的资源利用方式进行具体规划，提出最终结果，向有关部门推荐。通过综合评价，既可充分发挥各单项资源各自的功能和效益，还可以产生新的功能和效益，从而使整体的功能和效益达到最大化。

一、评价因子的选择和指标体系的建立

无论是单项资源的评价，还是自然资源的综合评价，在评价时首先都要根据评价任务和内容选取评价因素，在此基础上建立评价指标体系。

（一）地壳资源的评价因子和指标

地壳资源的评价要从三个方面进行：自然特性评价指标体系，经济评价指标体系，环境影响评价指标体系。

自然特性评价：从矿产资源的形成、分布规律、储量、丰度、质量、开采条件等方面进行评价，如矿床类型、矿石储量、矿石的质量、矿床的开采条件、矿区的区位条件等。

经济评价：在地质评价的基础上，从国民经济需求、市场供需平衡、技术水平等方面进行评价，如年开采能力与开采年限（总储量/年开采能力）、投资、运营成本（所有的成本）、价值（市场价格和国家调拨或回收价格）、利润（矿产总价值扣除成本的剩余部分）等。

环境影响评价：包括人类健康、生态系统的演化、污染、文物古迹、自然要素的环境效应、对其他资源的影响等。

（二）生物圈资源的评价因子和指标

以水资源和森林资源为例。

水资源评价：水资源的蕴藏量、水能的开发利用、人均水资源量、水污染等。

森林资源评价：林地面积、森林结构（层次结构、年龄结构、树种结构、森林密度）、林产品的数量和质量、森林资源的分布和开发利用条件。一般认为，森林覆盖率应在25%以上，否则难以维持生态平衡和木材的需求量。我国森林法规定：全国森林覆盖率应达到30%，目前只有12.5%；山区应达到40%以上；丘陵区应达到20%；平原区应达到10%。这是评价各地区林地面积的最低要求。

二、综合评价方法

第一，实地评价与室内评价相结合，以室内评价为主。主要是应用已收集到的资料，按照一定的评价标准，采用适当的评价方法，在室内进行初步评价。然后，对一些可疑部分、不确定点，到实地进行核对。

第二，纵向与横向对比评价相结合，以横向对比评价为主。纵向是指演化过程的分析评价，共生资源演化规律评价。横向是指本地区与相邻地区相比较，同一地区一种资源组合类型与另一种资源组合类型相比较，从而可以确定优势资源。

第三，单一因子评价与多因子综合评价相结合，以多因子综合评价为主。自然资源评价的目的是开发利用和保护资源，在大多数情况下，以行政区界开发较多。因此，要进行区域整体功能的评价，实行块块评价。

第四，定量与定性评价相结合，先进行定量，后进行定性评价。在进行定量与定性评价时，主要采用以下方法：①主导因子评判法。要选取评价因子，对每个评价项目赋予指标值，通过比较，挑一个或两个主导因子；②最低限制因子评判法。选取多个限制因子，对每个限制因子评级，最后，以限制因子评定的最低级别来判断评价对象的等级；③综合指标评判法；④多因子综合评判法。选择多个限制性因子，应用模糊数学的方法对评价对象进行定级；⑤标准值对照评判法。按照国家（国际）规定的标准进行评价。

在自然资源评价过程中，必须避免四大评价误区：第一，为评价而评价，实用性不强；第二，罗列数字不进行实质性的评价；第三，单一目的评价（尤其是为经济而进行的评价），有些单项资源的评价也是必需的，但限制只评价经济效益，忽略了生态环境等效益；第四，从局部利益出发进行评价。

第三节　自然资源综合评价

自然资源的综合评价是以区域自然资源为对象、单项资源评价为基础的，但不是单项资源的简单叠加，而是在其基础上更高层次的综合。

一、自然资源丰度

资源丰度通常是指自然资源的丰富程度，既可指单项资源（如耕地、森林、煤矿和铁矿等）的丰度，也可指某类资源组合（如农业资源、能源资源或矿产资源等）的丰度，又可指某个国家或地区内各种自然资源的总体丰度。资源丰度是评价国情、区情的重要指标之一。如果排除其他因素的影响，资源丰度高，必然有利于当地经济发展和人民生活水平的提高；否则，情况就可能相反。

（一）资源丰度的有关概念和相关因素

资源丰度可以用地均资源占有量或人均资源占有量来表示，两者都是制订区域规划与发展战略的主要依据。地均资源丰度与人均资源丰度含义有所不同。就农业资源而言，前者更紧密地与环境条件相联系，因而也可以称之为资源环境丰度。凡是热量、水分、地貌三大环境条件组合优越的地区，地均资源丰度必然趋高；反之，则会相应下降。而人均资源丰度的高低，则受人口密度大小的制约。人口密度的形成，又受自然和人文因素的共同影响，情况比较复杂。

资源有效空间是由资源丰度引申的概念，指不同地区平均资源丰度比对各地区原有土地面积的倍量。也就是说，不同地区由于平均资源丰度比值大小的区别，表现在单位土地面积上资源有效性的差异。凡是资源环境条件优越的地区，其资源有效空间较原实际面积大，反之亦然。

农业资源有效空间可以作为农业资源利用效果的一种评估方法。平均丰度比值越高，资源利用效果越大。换句话说，资源利用效果越高，其资源有效性也就越大。

一般来说，凡是地域广阔、人口较多的国家和地区，尤其是发展中国家和地区，资源是经济发展的主要物质基础，资源丰度的大小与组合状况，必然会影响当地经济特征、产业结构、能源和原材料交换等许多方面。自然资源的形成受气候、水文、生物、地质、地貌等地带性或非地带性因素的制约，资源丰度通常表现为在空间上的相对增强或减弱、集中或分散，以及有规律地组合和质量演替等现象。资源与发展的关系，实质上就是资源丰度与经济发展的关系。在资源分布密集、丰度较高的地区，发展就有更多的选择余地，也有利于促进经济和产业结构的合理化。

（二）资源丰度估算方法的探讨

对于资源丰度的研究，首先要解决估算方法问题。只有计算出某一地区多种资源的总量，才能求得该地区地均或人均资源丰度值；只有计算出不同地区的资源丰度值，才能进行丰度的地区比较。单项资源的丰度比较容易找到合适的计算单位和计算方法，而多种资源的可比计算，情况就要复杂得多，其难点主要在于如何对不同类别的资源在可比尺度上进行综合估算。

现以农牧渔业为例，试图探讨一种可以综合估算多种农业资源的方法，因其没有包括林业，所以将其命名为“不完全的农业净产值估算法”。此种方法的特点是：第一，以货币作为各种资源价值的可比计算单位；第二，可以利用每年公开发表的统计资料；第三，近年来中国主要农业自然资源都已得到比较广泛的利用，农牧渔业的净产值基本可以反映这些资源的社会生产力；第四，对于一些难以取得全国计价资料的农业资源，如灌溉用水，作物、畜禽、水产品种，野生动植物等，它们的价值也包含在相关部门的净产值中；第五，资源的质量差别，如水田、水浇地和旱地，不同等级的天然草地等，也难以取得全国计价资料，它们的社会生产力同样概括在相关的净产值中。

不完全的部分主要是指森林资源，原因如下：第一，中国林业的产值分散于大农业林业和工业中的木材和竹林采伐业两个方面，它们计算的口径不一，无法取得完整的林业净产值。第二，据林业部门或专家调查，中国用材林的采伐，分为计划内和计划外两种情况，就全国范围来说，计划外采伐至少相当于计划内采伐量。薪炭林的利用只能粗略估计。经济林内容复杂，各地区差别甚大。还有，防护林与森林的防护作用如何计价的问题迄今尚未解决。在中国这样一个少林国家，森林在涵养水源、保护水土、防风固沙、屏障农田、绿化城乡和道路，甚至保护物种、调节气候等方面都起着十分重要的作用。森林资源这些珍贵的生态和社会效益是难以计价的。针对这种情况，只能根据已有的了解，对全部森林资源提出一个粗略的估算方法，希望尽快有更科学的方法和计算结果来取代。

（三）资源有效空间的分类

中国地域辽阔，东、西、南、北地区差异明显，资源环境条件反差较大，资源的平均丰度值、资源的有效空间各地相去甚远。例如，中国西部地区主要被蒙新、青藏和黄土三大高原占据，其中仅蒙宁甘青新藏6省区的土地面积就占全国的55%，只在局部有水利保证的河谷与绿洲地区，农业土地利用较为集约，而在其他广大的干旱或高寒地区，利用极为粗放。因此，全国地均农业资源丰度和土地利用效果都向西部倾斜，按单位面积计算的平均值只相当于贵州和陕西的水平。江苏平均资源丰度比值为6.22，为内蒙古0.24的26倍，这是就全省区范围内综合效果而言的。如果以每公顷耕地平均净产值比较，江苏仅为内蒙古的9.2倍，因为不论在哪个地区，耕地都是农业土地利用中最集约的方式，它们之间的差别没有全省区各种利用方式综合起来那样明显。

Ⅰ类为高丰度地区，其平均丰度相当于全国平均值的4倍。其中河南与安徽，由于平原辽阔，热量和水分条件适中，平均丰度比分别达到3.34和3.33，高过福建、湖南和湖北。Ⅱ类为中丰度地区，其平均丰度值相当于全国的2倍。其中，福建主要由于多山，四川盆周山地和川西高原占该省土地面积的65%而降低了其平均丰度值。Ⅲ类为平丰度地区，其平均丰度值相当于全国的90%。其中，黑龙江虽地形平缓、土壤大多肥沃且有广阔的森林，但气候条件差、复种指数低，又有大面积沼泽，其平均丰度值略低于全国平均水平。Ⅳ类为低丰度地区。这里是蒙新和青藏高原所在，有水利保证的局部河谷和绿洲地区土地生产力较高，蒙藏有较多的森林资源，但绝大多数地区或为利用效益不高的天然草场，或为沙漠、戈壁、高山、冰川所占据。6省份可利用天然草场23268万 hm^2，占全国总面积的24%，但大部分草地生产力极低。因此，为了提高西部地区农业资源的利用效益，必须加快天然草地的改良，改进牧畜饲养管理，大力推行畜牧业集约化经营。

以净产值为基础而估算的农业资源丰度值，既然含有劳动与科技的投入，因而它最终就要受到各地区经济发展水平的制约。以山东与河南比较，两者农业资源规模和环境条件相差不大，但河南单位面积平均资源丰度值只有山东的77%；江苏与安徽比较，后者平均资源丰度值只有前者的54%；江西的平原和耕地规模都远大于福建，但江西的平均资源丰度值只有福建的70%。资源丰度值较高的一方，在经济发展上占有明显的优势。可见，按净产值估算的各地区农业资源平均丰度是一个随着经济发展而相应变化着的数值。由于农业资源与自然环境的关系密切，尽管随着时间的推移，体现农业资源价值的净产值有了很大增长，但各地区平均丰度值的相互比例关系并无明显变化。

虽然资源丰度值的估算，在某些方面存在着局限性，还需进一步探索，但对于区域资源的合理开发利用，区域规划与发展战略的制订，资源与经济、资源与环境增长关系的探索，都有一定的指导意义，而且是后者各个方面的基础工作之一。

二、自然资源承载力分析

自然资源是支持地球上生命系统和人类生存发展的物质基础，其量和质都是有限的，它们满足人类现在与未来发展需要的能力也是有限的。因此，为了实施可持续发展战略，分析和估算自然资源对可持续发展的支持能力，特别是找出“瓶颈”资源的承载力，是可持续发展研究的一项重要内容。

（一）自然资源承载力

承载力是从工程地质领域转借过来的概念，其本意是指地基的强度对建筑物负重的能力，现已演变为对发展的限制程度进行描述最常用的概念之一。1838年，比利时数学生物学家P.E.弗胡斯特首次将承载力概念应用于生物生长研究，从马尔萨斯的生物总数增长率出发，认为生物种群在环境中可以利用的食物量有一个最大值，它对动物种群的增长是一个限制因素；种群增长越接近这个上限，增长速度越慢，直到停止增长。该值被称为生态学中的“生物承载力”。弗胡斯特还提出了描述种群增长动态的数学模型。

一些研究者把承载力的含义扩展到区域的资源综合体中，定义自然资源承载的能力为一定区域内、一定物质生活水平条件下，当地资源可持续供养人口的规模；也有人把它定义为一个国家或地区，按人口平均的资源数量和质量，对该空间内人口的基本生存与发展的支持能力。从全球人类生存的角度出发，资源承载力一般是指地球生物圈或某区域资源对人口增长和经济发展的支持能力。它主要包括可供开发利用的自然资源的数量和环境对生产及生活过程所产生的各种废弃物的最大负荷量。

20世纪80年代以来，在联合国教育科学及文化组织的资助下，人们开始了包括能源与其他自然资源，以及智力、技术等在内的资源承载力研究。将资源承载力定义为：一个国家或地区的资源承载力是指在可预见的时期内，利用当地的能源和其他自然资源，以及智力、技术条件等，在保证与其他社会文化准则相符的物质生活水平下，所能持续供养的人口数量。

也有人认为，资源承载力不仅可理解为对人口数量的支持能力，还体现了对经济社会持续发展的支持能力。还有人认为，国土资源承载力是指在一个可预见的时期内，在当时的科学技术和自然环境允许的条件下，国土资源对社会经济持续发展和人口数量的综合支持能力。虽然，这些理解从字面上看有些差异，但实质上具有一致性，即资源对人口和经济的支持能力。

自资源承载力研究兴起以来，为统一量纲，人们把不同物质折算成统一的能量或货币量，以期采用更加综合的单一指标体系，增强承载力研究的纵向可比性。这是承载力研究深入发展的一项重要的基础工作。正确理解资源承载力和该项研究的科学内涵非常重要，它反映的是自然资源及其支持能力对一定物质生活标准下人口增长与社会发展的限制目标与限制条件，对人口、资源、环境与发展等均有一定的预警功能。

从研究角度来看，资源承载力研究可分为总体资源承载力研究和各子资源承载力研究。总体资源承载力研究主要是通过生态足迹法和相对承载力评价法对承载力进行评价，有些还会通过评价进而拟合其与经济发展的关系曲线。但是，自然资源的复杂性决定了各种自然资源的范围和内涵难以界定，同时，它们与经济发展有着内在的关联和制约关系，二者的关系很难明确。所以，通过资源特性与经济发展的拟合关系的自然资源评价方法具有一定的局限性。

（二）相对资源承载力

自然资源承载力限度并不表示一种绝对的极限状态，它不要求或倡导零增长，而是要求在自然资源所能承受的范围内发展经济。由此提出了相对资源承载力，它是指将选定资源承载力的理想状态作为参照区，以该参照区人均资源拥有量为标准，将研究区与参照区的资源存量进行对比，从而确定研究区内资源相对可承载的适度人口数量。

相对资源承载力改以土地—食物—人均消费—可承载人口为主线的传统的资源承载力的研究，扩大了人口承载资源的范围，将资源概念广义化，把资源划分为自然资源、经济资源和社会资源三类，将自然、社会、经济三个子系统的作用量化为三类资源的人口承载力。考虑人口是社会子系统的主要组成要素，是承载力中的承载对象，为了避免社会资源与人口之间的重复，在计算过程中，一般将自然资源和经济资源作为人口的主要承载资源。

相对承载力的提出是出于以下考虑。第一，相对于周边地区，研究区是一个开放的、动态的地域系统，区内外存在着资源的流通和交换。第二，在经济全球化趋势不断加强的大背景下，自然资源与经济资源之间的优势和劣势在很大程度上可以相互补充。传统资源承载力在一定程度上将研究区域作为一个比较封闭和比较孤立的系统，并且从单一的自然资源角度考察区域内人口的承载情况。与之相比，相对资源承载力扩大了人口承载资源的范围，强调了研究区的开放性及自然资源与经济资源之间的互补性。

三、生态足迹分析

自然生态系统是人类赖以生存和发展的物质基础，人类要实现可持续发展，就必须生存于生态系统的承载力范围内。从生态经济学的角度来说，就是人类社会要取得发展的可持续性，就必须维持自己的自然资产存量。许多事实表明，人类社会的发展正在远离可持续性。为了将可持续发展的概念变成现实的可操作管理模式，人类必须知道自己目前所处的状态以及实现可持续发展还有多远的路要走。

由于传统的国民经济账户指标 GDP在测算发展的可持续性方面存在明显的缺陷，为此，一些国际组织及有关研究人员从20世纪80年代开始就努力探寻能定量衡量一个国家或地区发展的可持续性指标。

因此，评价和监测可持续发展的状态和可持续发展的程度，是当前可持续发展研究的热点与前沿。许多研究结果表明，发展的可持续性主要取决于自然资产。但是由于很难定量测量生态目标，导致这方面的研究进展一直较缓慢。在对生态状况的测量方面，即用具体的生物物理指标来测量人类的发展是否处于生态系统的承载力范围内的研究中，生态足迹模型是一种直观而综合的研究方法。

（一）生态足迹的基本理论

生态足迹的含义是指能够持续地提供资源或消纳废物的、具有生物生产力的地域空间，它从具体的生物物理量角度研究自然资本消费的空间。其实，生态足迹是一种账户工具和分析手段，采用这一手段，能将全球关于人口、收入、资源应用和资源有效性汇总为一个简单通用的账户工具，进而进行国家之间的比较。

1.生态生产性土地

生态生产性土地是指具有生态生产能力的土地或水体。生态生产也称生物生产。生态足迹分析法的所有指标都是基于生态生产性土地这一概念而定义的。根据生产力大小的差异，地球表面的生态生产性土地可分为六大类：化石燃料土地、可耕地、林地、草场、建筑用地和水域。生态足迹分析的一个基本假设是：各类土地在空间上是互斥的，如一块地当它被用来修建公路时，它就不可能同时是森林、可耕地等。这条“空间互斥性”使得人们能够对各类生态生产性土地进行汇总，从宏观上认识自然系统的总供给能力和人类系统对自然系统的总需求。

2.生态容量和生态承载力

Hardin进一步明确定义生态容量为在不损害有关生态系统的生产力和功能完整的前提下，可无限持续的最大资源利用和废物产生率。生态足迹研究者接受了Hardin 的思想，并将一个地区所能提供给人类的生态生产性土地的面积总和定义为该地区的生态承载力，以表征该地区生态容量。

3.人类负荷与生态足迹

人类负荷指的就是人类对环境的影响规模，它由人口自身规模和人均对环境的影响规模共同决定。生态足迹分析法用生态足迹来衡量人类负荷。它的设计思路是：人类要维持生存必须消费各种产品、资源和服务，人类每一项最终消费的量都追溯到提供生产该消费所需的原始物质与能量的生态生产性土地的面积，所以，人类的所有消费在理论上都可以折算成相应的生态生产性土地的面积。在一定技术条件下，维持某一物质消费水平下的某一人口的持续生存必需的生态生产性土地的面积即为生态足迹。它既是现有技术条件和消费水平下特定人口对环境的影响规模，又代表现有技术条件和消费水平下特定的人口持续生存下去而对环境提出的需求。

4.生态赤字/盈余

一个地区的生态承载力小于生态足迹时，就会出现生态赤字，其大小等于生态承载力减去生态足迹的差数。生态承载力大于生态足迹时，则产生生态盈余，其大小等于生态承载力减去生态足迹的余数。生态赤字表明该地区的人类负荷超过了其生态容量，要满足其人口在现有生活水平下的消费需求，该地区要么从地区之外进口欠缺的资源以平衡生态足迹，要么通过消耗自然资本来弥补收入供给流量的不足。这说明地区发展模式处于相对不可持续状态，其不可持续的程度用生态赤字来衡量。相反，生态盈余表明该地区的生态容量足以支持人类负荷，地区内自然资本的收入流大于人口消费的需求流，地区自然资本总量有可能增加，地区的生态容量有望扩大，该地区消费模式具有相对可持续性，可持续程度用生态盈余来衡量。

（二）生态足迹的计算方法

生态足迹的计算主要基于两方面的事实：第一，人类能够估计自身消费的大多数资源、能源及其所产生的废弃物数量；第二，这些资源和废弃物能折算成生产和消费这些资源和废弃物的生物生产性面积。因此，任何特定人口的生态足迹，都是其所占用的用于生产所消费的资源与服务以及利用现有技术同化其所产生的废弃物的生物生产土地或海洋的总面积。

根据上述理论和概念，生态足迹的计算可概括为以下步骤：第一，划分消费项目，计算各主要消费项目的消费量；第二，利用平均产量数据，将各消费量折算为生物生产性土地面积；第三，通过当量因子把各类生物生产性土地面积转换为等价生产力的土地面积，将其汇总并加和计算生态足迹的大小；第四，通过产量因子计算生态承载力，并与生态足迹比较，分析可持续发展的程度。

在生态足迹指标计算中，各种资源和能源消费项目被折算为耕地、草场、林地、建筑用地、化石能源土地和海洋（水域）等6种生物生产面积类型。耕地是最有生产能力的土地面积类型，提供了人类所利用的大部分生物量。草场的生产能力比耕地要低得多，而从植物转化为动物生物量使人类损失了大约10%的生物量。由于人类对森林资源的过度开发，全世界除了一些不能接近的热带丛林外，现有林地的生物量生产能力大多较低。化石能源土地是人类应该留出用于吸收CO_2的土地，但事实上目前人类并未留出这类土地，出于生态经济研究的谨慎性考虑，在生态足迹的计算中，考虑了CO_2吸收所需要的化石能源土地面积。由于人类定居在最肥沃的土壤上，因此建筑用地面积的增加意味着生物生产量的损失。海洋生物生产量的95%以上主要集中在约占全球海洋面积8%的海岸带，并且目前海洋的生物生产量已接近最大。

由于这6类生物生产面积的生态生产力不同，所以要将这些具有不同生态生产力的生物生产面积转化为具有相同生态生产力的面积，以加总计算生态足迹和生态承载力，对计算得到的各类生物生产面积乘以一个均衡因子，某类生物生产面积的均衡因子等于全球该类生物生产面积的平均生态生产力除以全球所有各类生物生产面积的平均生态生产力。现采用的均衡因子分别为耕地、建筑用地2.8，森林、化石能源土地1.1，草地0.5，海洋0.2。均衡因子2.8表明生物生产面积的生物生产力是全球生态系统平均生产力的2.8倍，取后者为1。均衡处理后的6类生态系统的面积即为具有全球平均生态生产力的、可以相加的世界平均生物生产面积。

四、生态足迹实例分析

（一）中国西部12省份的生态足迹分析

根据上述计算原理，下面计算和分析了中国西部12省份的生态足迹。

对中国西部地区12省份的生态足迹的计算结果表明，除云南、西藏两个省份的人均生态足迹为盈余外，其余10个省份的人均生态足迹均为赤字。生态赤字的存在表明人类的消费需求超过了自然系统的再生能力，反映出人类的生产、生活强度超过了生态系统的承载能力，区域生态系统处于人类的过度开发利用和压力之下。由于西部地区进出口贸易量不大，因而进出口贸易对生态足迹的影响不大，因此主要通过消耗自然资本存量来弥补生态承载力的不足。西部地区12个省份中除云南、西藏外，其余10个省份在省域尺度上处于不可持续状况；除云南外的其余11个省份在国家尺度上处于不可持续状况；新疆、西藏、内蒙古3个省份在全球尺度上处于不可持续状况。西部地区12个省份总人口的生态足迹赤字达162.5万 km^2，该数据相当于新疆维吾尔自治区的面积。

（二）浙江省生态足迹分析

在对浙江省生态足迹进行实际计算时，将生态足迹计算的各部分归纳为三组，即生物资源消费、能源消费和生态环境污染消费。

生物资源消费分为农产品、动物产品、林产品、水果和木材等大类，各大类下有一些细分类。

能源平衡账户部分根据资料处理了如下几种能源：煤、焦炭、燃料油、原油、汽油、柴油和电力等。以世界上单位化石燃料生产土地面积的平均发热量为标准，将当地能源消费所消耗的热量折算成一定的化石燃料土地面积，电力用地折算为建筑用地面积。

生态环境污染消费的计算采取治理消费换算的方法。假定所排出的不符合排放标准的废气由林地来净化，不符合排放标准的废水由自然湿地系统来净化，然后换算出所需要的林地面积和所需要的自然湿地面积。

由于单位面积耕地、化石燃料土地、牧草地、林地等的生物生产能力差异很大，为了使计算结果转化为一个可比较的标准，有必要在每种生物生产面积前乘上一个均衡因子（权重），以转化为统一的、可比较的生物生产面积。均衡因子的选取来自世界各国生态足迹的报告。化石能源用地、耕地、牧草地、林地、建筑用地及水域的均衡因子分别为1.1、2.8、0.5、1.1、2.8及0.2。

（三）生态足迹计算分析过程中的注意事项

通过上述实例分析，以下几个方面的因素会影响生态足迹指标的计算和评价结果。第一，生态足迹计算的数据基础是统计资料，统计资料的准确与否直接决定着计算结果的正确与否和可信度。例如，各地区生态承载力的计算，要求各地区的各种生物生产面积的统计数据必须十分准确，否则生态承载力的计算结果就会不正确。因此，准确的统计资料不仅是生态足迹指标评估的关键，也是可持续发展的其他指标评估研究的关键。第二，不同类型生物生产面积的均衡因子和产量因子对生态足迹的最终计算结果影响很大，均衡因子在国际上有统一的取值，各地区不同类型生物生产面积产量因子的确定需要有各地区各类生物生产面积的准确产量数据。缺乏各地区各类生物生产面积的产量因子数据，而使用国家的统一产量因子，会使区域的生态承载力计算出现误差。第三，在计算国家的生态足迹时，进行贸易调整可以确定国家的净消费量。但在将国家的生态足迹核算应用到区域和地区级时，只进行国际贸易的调整不能确定区域的净消费量，因为国内贸易也影响区域的净消费量。因此，在区域和地区级的生态足迹核算中，需要更全面、更详细的关于区域和地区人类消费方面的统计资料。第四，生态足迹指标是一种基于现状静态数据的分析方法，其计算结果不能反映未来的发展趋势，所得结论具有瞬时性。同时，基于各国或地区人口的现有消费水平指标计算各国或地区人口所占有的生态足迹，而忽略了各国或地区人口的消费水平和生活质量的差异，因而缺乏对发展公平性的周密考虑。这些问题都需要生态足迹指标核算的不断完善予以解决。

第四节 自然资源配置的基本原理

自然资源的合理配置和开发利用是人与自然物质交换的重要环节，也是人类干预和改造自然的过程，自然资源的有效配置或利用是决定和制约国民经济发展的重要因素之一。自然资源的合理配置是自然资源合理开发利用的根本前提，自然资源的合理开发利用是资源可持续利用的具体途径。

自然资源配置是指根据一定的原则合理分配各种自然资源到用户的过程。其目的是提供自然资源配置使有限的资源产生最大的效能。自然资源配置的基本原理就是最优化原理。自然资源的配置有两种基本方式，即市场方式和计划方式。与其对应，形成两种基本的经济体制，即市场经济和计划经济。自然资源配置的内容有两个方面：其一，为自然资源的空间或不同部门间的最优配置，包括区域内、区域整体和多区域配置；其二，为在不同时间段上的最优分布或代间配置，即资源的动态优化。与自然资源时空配置密切相关或是由其派生或内涵外延的两种特殊的自然资源配置是自然资源的全球配置和代间配置。自然资源最优化原理的具体含义就是要求经济效率最高，资源耗竭最小，资源可持续利用。

一、效率问题

（一）经济效率

经济效率在自然资源配置的经济学分析中是一个核心概念。经济效率包括三个相关但又明显不同的组成要素，即技术效率、产品选择效率和配置效率。如果用自然资源生产出一定产品的过程成本低而收益高，那么这个产业就有技术效率。竞争的私人公司会自动寻求这个效率，因为无效率的生产者不能赢利，这样的企业就不能生存。一个资源利用者所生产的产品和服务必须反映消费者的偏好，这就是产品选择效率。表面上看，对产品的偏好是消费者自己的事情，生产者只不过对消费者的要求作出响应。然而，在现实世界中，生产者能通过广告，通过选择把什么产品放到市场上去，来操纵和控制消费者的偏好。消费者的选择取决于可得到什么东西和消费者能购买什么东西。当然，假如没有更好的产品上市，短寿命的产品和将要淘汰的产品也会被购买。例如已安装了昂贵的空气加热系统，家庭主妇就不会再选择其他能源。因为自然资源是有限的，人们对它的需求又是多种多样的，这就产生了稀缺。稀缺性要求在两方面就竞争的各种用途之间分配资源作出选择：第一，在同一时间点上如何在各种用途、各人群、个人和国家之间配置资源？第二，在长时期里如何在代际之间配置资源？任何“明智的”配置都必须考虑资源的有效利用，这就是自然资源的配置效率。

（二）配置效率与补偿问题

配置效率涉及生产要素、产品或服务在一定经济体制内的全面分配。资源的所有权意味着如何使用资源的权利及谁有权利从资源使用中获益。可将盛行的所有权格局称为资源的最初分配，对于某种特定的最初分配，如果不使至少一个人更不利就不能使其他人更有利，那么资源配置就被认为是有效率的；换言之，资源的重新分配，如果使一方更有利的同时又不使另一方更不利，便是无效率的。这就是帕累托标准。现实世界中大多数有效率的决策，事实上都使某些人占另一些人的便宜。如果要使一个人或更多人受益又不使其他人受损，就需要对帕累托标准加以改进。由此，各种各样的帕累托标准被设计出来了，这些问题涉及“补偿规则”的应用。

帕累托改进可实现一种情形：当获益者补偿受损者之后，无人会吃亏，甚至某些人还会增益。根据效率的标准，如果1%的人口拥有90%的财富，这种情况可能是有效率的；如果某个计划或政策使所有的收获都集聚于这1%的人口，也可能是有效率的。是否补偿并不重要，重要的是能否补偿。这就涉及分配公平的问题，所有关于配置效率的定义与资源配置的结果在经济上并不相干，配置效率不一定要求分配公平。

（三）效率和完备的市场条件

经济学认为市场体系能自动运行实现效率，但必须具有完备的市场条件，其中重要者包括以下方面。第一，消费者是理性经济人，不仅要求而且能够在现在和将来都使他们的效用函数达到最大，包括掌握充分的信息。第二，生产者也是理性经济人，理性地要使他们的利润达到最大，也具有这种能力，包括掌握充分的信息。第三，经济的各个部分是完全竞争的，包括资本和劳动市场。第四，所有的生产要素都可完全流动。第五，产权完全明确，所有的物品和服务都在市场体系内。换句话说，没有不定价的公共物品，不存在公共性质的环境资源。第六，不存在外部性。第七，经济不受政府干预。

显然，这些条件并不适用现实世界。经济学透视为了认识主要变量如何运作，必须对现实世界加以简化和抽象。帕累托改进设想经济系统由A、B两人组成，对某种资源实行再分配，假设上述条件的部分甚至全部成立。这种抽象模型产生了两个普遍认同的经济学结论：一是市场机制能产生近似的技术效率和资源配置效率；二是无效率根源可以得到纠正，普遍认为某些特殊的市场缺陷可通过立法、管理变革和价格管制来校正，从而恢复“效率”，这就为政府干预提供了理论基础。然而，现实中并不存在完备的市场条件，而是普遍存在不完全竞争的公司、不能充分流动的劳力和资本、非理性的行为、不可流动的生产要素、政府行为、无定价的公共物品、公共性质的环境资源等，要设计出有意义的改进正面临极大的挑战。

二、资源最优耗竭理论

资源最优耗竭理论是关于自然资源，特别是不可更新自然资源之最优耗竭利用速度和条件的理论。多数自然资源是不能再生和更新的耗竭性资源，这些资源的长期永续利用是一个重大问题。一些科学家提出了自然资源优化利用的两个基本条件。

第一，自然资源产品生产最大效率的必要条件是产品价格等于环境成本、生产成本和时间成本之和，即资源品价格等于资源品边际生产成本和资源影子价格之和。这一条件是由美国经济学家R.索洛提出的。他认为使社会从一种资源存量中获得的收益净现值最大，资源价格不应与资源边际成本相等，而应等于边际生产成本和这种资源未开采时的影子价格之和，从而使价格与成本之间有一个差额，这便是资源矿区使用费或稀缺性资源地租，即资源影子价格或资源净价格，亦即在市场竞争情况下，企业经营者往往不考虑社会环境的损失，这个必要条件就成为自然资源产品价格等于边际生产成本与资源稀缺地租之和；在垄断情况下，这个必要条件改成自然资源产品边际收益等于边际生产成本与资源稀缺地租之和。

第二，霍特林最优耗竭定理，是美国经济学家H.霍特林在“可耗竭资源经济学”中提出的。理论基本含义是：随着时间的推移，矿区使用费须以利率相同的比率增长，即社会持有存量资源稀缺地租的增长率应等于社会长期利率。社会长期利率会对资源耗竭速度产生影响。当社会利率提高时，会促使资源耗用加快；相反，社会利率降低，则有利于减少资源的流失而起到保护资源的作用，其实质是根据效率最大化原则，任何时点的资源耗用与其获利水平都是一样的，即资源耗用的时间机会成本为零。

实际上，资源最优耗竭的第一个条件是最优流量或最优开采条件，其中对资源产品最优定价作了说明；资源最优耗竭的第二个条件则是最优存量或最优保护条件，其中对资源地租或资源使用费的合理调整作了说明。由两个条件组成的资源最优耗竭理论，对于自然资源，特别是对不可更新资源的合理开发、利用和保护极具应用价值。

三、资源可持续利用

自然资源优化配置的含义远远超过经济学所追求的经济效率的内涵，它追求的是在资源可持续利用前提下的优化配置和经济效率。因此，资源的稀缺性和有限性决定了在资源配置过程中，必须用资源可持续利用原理指导，以资源的可持续利用为资源配置的主要约束条件。不仅要实现现有资源存量的代际分配和代际公平，而且要谋求资源系统本身的动态平衡，实现资源存量在数量、质量、结构、价值等方面的保质和增值。

自然资源的可持续利用，是指可再生资源的利用要保持在它的可更新的限度内，这样才可持续地利用下去。非再生资源只能提高使用效率和使消耗降到最低限度，或使用代用品延长其使用“寿命”。

四、资源可能性边界

就目前科学技术来分析，地壳资源的地质储量是有限的，其开发年限与开发的强度成反比；虽然流动性的资源是可更新的，但根据朱迪·丽丝的资源分类，其利用超过再生能力，临界带的资源就到了灭绝的程度。对这一思考应用经济学原理进行抽象概括，就可以认为资源具有可能性边界。作为一个特定的区域，资源利用的强度选择和可持续性问题，可以通过资源可能性边界曲线来理解。但对于储存性资源来讲，这一边界的外扩，主要取决于替代资源的出现和资源的循环利用；对于流动性资源来讲，这一边界的有限外扩，主要取决于科学技术的发展。

因此，实现资源的合理配置，解决资源如何开发、什么措施能使资源持续利用和环境无污染等问题，对任何一个国家、在任何时候都是极其重要的事情。只不过经济体制的不同，决定了解决这些问题方式的不同。

第五节　自然资源的优化配置

一、自然资源的时间配置

资源时间配置是指自然资源在不同时段上的最优分布，也就是通常所说的动态优化问题，即根据自然资源的动态特征，实现自然资源开发利用的最佳时段、最佳时限的控制与决策。根据自然资源的属性，可将其分为不可更新资源和可更新资源两大类。由于这两类资源的动态特征各不相同，其动态优化过程也自然不同。

优化过程在数学运算中常常是一个极值的求解过程，包括极大值（如净收益、产值和产量等）和极小值（如成本等）。优化过程包括静态和动态两大类。在静态优化模式中，最常用的有线性规划、目标规划等方法。这些方法已在现实经济生活中发挥了重要作用，并通过巧妙的使用解决了一部分资源配置过程中的动态问题。但是，资源的动态优化从根本上讲是一个非线性的问题。

对拉氏函数求解，即可得到资源最优配置结果。根据这一基本模型，可以构建不可更新性资源与可更新资源的最优配置与管理模型。

（一）不可更新资源的最优时间配置

任何一段对人类有意义的有限时间内，资源质量不变，数量则随人类的开采活动而减少的资源称为不可更新资源。随着对这类资源，特别是地下矿产资源的不断开采，可采储量会越来越少，长期开采成本逐渐提高，甚至在资源耗竭以前，就可能使成本高到足以扼杀需求量的程度。因此，资源耗竭的严格概念并非指储量为零，而是指成本升高到将需求量压低到零的水平，实际耗竭时限要比理论耗竭时限短得多。

不可更新资源在时间上的最优配置称为期间最优配置，是指在一个有限的时间周期T内，各时期t资源最优开采的策略。这里的最优不是指特定时期的个别变化，而是指保证整个开采周期取得最优效果的总策略及其在各时期的子策略。显然，子策略的最优化必须服从期间最优准则。

（二）可更新资源的最优管理

可更新资源与不可更新资源的不同之处，就是这类资源具有再生能力，并且在不受人为干扰的自然环境中具有其自身特点决定的动态规律。这类资源包括森林、鱼类、土地及水资源等。大多数的可更新资源的数量具有时变动态特征。以生物资源为例，如果将其限定在一种自然环境状态下，那么其数量变化表现为一个连续的生长繁衍过程，并呈现某种规律性，称之为数量动态基本特征，或称自然成长规律。

这一模型虽然在数学关系上很简单，但在资源经济问题研究中仍具有广泛用途，它刻画了在广延时间流中呈无限增长指数的动态规律。

任何资源的发展演变过程都会受到人为调节、自身更新机能和环境容量等方面因素的限制，这些限制条件必然会影响可更新资源生长的动态规律。

模型描述的生长累积量的时变受初始量、内禀增长率和环境容量三因素的制约。环境容量可看作除种群固有增长机制之外的其他要素的限制作用的总和。

逻辑斯蒂模型在可更新资源最优管理中具有重要的应用价值，尤其是对以“收获”生产量为主的资源，可以在观测工作的基础上对其增长规律进行拟合，从而得到单位时间内生长量最大的时间，以及可能达到的单位面积高产量，有利于制订资源管理和收获的最优策略。

根据以上对可更新资源动态特征的分析，从管理者的角度看，这类资源的开发控制应侧重于对种群规模或资源存量的最优控制。

二、自然资源的空间配置

（一）资源空间配置概述

地球上人们可以利用的自然资源是相对有限的，且在空间分布上表现出极大的差异性。与此同时，资源要素的不完全流动性及社会经济状况的差异性进一步加强了这种差异。因此，如何在时间和空间上优化配置这些稀缺的资源，组织生产，在最大限度上满足人们的物质消费需求，就成为资源学界长期研究的课题。从资源地理学的角度来看，资源优化配置主要是资源在空间上的最优配置问题。

资源的空间配置实质上就是资源在区域上的最优分配问题，对这一问题的研究已有悠久的历史。最早在1826年，德国经济学家杜能就提出“孤立国”区位理论，即资源配置的地理空间效应。该理论主要研究在某些假设条件下，如何安排农业布局才能充分地利用土地资源，在单位面积上获得最大利润的问题。

在此影响下，韦伯在1909年完成了《论工业区位》，这是世界上第一部关于工业区位的比较完整和系统的理论著作，为西方工业区位理论奠定了基础。在若干假设条件下，韦伯研究了运输费用、工资因素、位置因素（包括集中因素和分散因素）等对资源配置和工业布局的影响，他还提出了一个“原料指数”的概念，并根据它的值来配置资源。

德国经济学家廖什用利润原则来说明区位趋势，把利润原则同产品的销售范围联系起来进行研究。他从单个经济单位出发，将它置于实际空间中，探讨在布局过程中会受到的竞争者、消费者和供应者的共同影响。他第一个研究了所有工业配置的相互关系及配置的全面平衡体系。这使得区位理论从局部均衡走向了一般均衡，拓展了区位理论。

上述区位理论都从属于古典区位理论，其共同点都是通过对复杂现实世界的简化，采用抽象的逻辑推理，来达到对一般理论方法的归纳概括。第二次世界大战结束后，区位论向两个方向发展：一是微观布局理论中多种因素（包括非经济因素）分析的加强；二是宏观布局理论的产生。这标志着区域经济学的形成和区域资源配置理论研究的崛起。

20世纪50年代以来，随着以凯恩斯主义为代表的西方宏观经济学的发展，越来越多的经济学者开始注重宏观区位问题的研究。廖什和克里斯泰勒试图在区域资源配置研究中阐明并应用“中心地域”概念，他们认为：“中心地域”不是对区域带的再划分，而是在一个区域带内的村庄、小城镇和城市有机联系在一起，形成一个相互依存的网络，在此基础上形成梯级，促进区域资源在各梯级的有效配置，并最终促进区域的发展。1955年，Perroux提出了法国国土规划系统中的“成长引力中心”（生长极）理论。该理论将区域看作由一个中心城镇构成的区域体。中心城镇具有密集的人口和繁荣的经济活动，在其中可以经济有效地部署非农投资。区域的繁荣来源于区域内经济产业的盈利和成长。这些理论在许多欧洲国家被广泛用于制订和评价经济政策。

上述若干理论均探讨区域内或区域整体的资源配置问题，对多区域（或区域间）的资源配置问题的研究始于20 世纪 60年代，继列昂捷夫首先提出国民经济投入–产出模型和艾萨德提出一般区间投入–产出模型之后，发展了许多运输及投资成本最小化的区域配置模型。

可见，从空间上来看，资源的配置是包括区域内、区域整体及多区域之上的。而从研究内容上又可分为解释性和政策性的两大类。前者包括投入–产出、空间一般均衡、中心地域、移民、增长引力中心（生长极）、城市土地均衡、运输、空间依存效应等；后者则包括经济增长、运输与投资成本最小化、多区域规划、空间竞争、运输与土地利用优化等。现代区域资源配置研究具有以下特点：一是研究方法多元化，且向模拟型方向发展；二是在考虑多区域、多部门有大规模综合模式时，更关心多个亚系统联结的大型配置模型；三是随着计算技术的发展，配置模型由理论向应用性转变等。其发展方向则趋向于建模思想、多目标分析、区域结构分析、区域发展模型与区域系统分析应用等五个方面。

（二）资源空间配置与区位效应

从上述区位理论的回顾中可以看出，中心地域（或市场）对资源产地具有吸引力，不同的中心又可产生对同一资源产地的争夺。从理论上进一步解释这些现象对资源配置的实践具有重要的指导意义。

在资源配置中产生区位效应的根本原因就在于存在区位成本，即在其他条件不变的情况下，由于资源地距离物资集散地（城镇、市场、集运点等）的远近而发生的成本。可以证明，区位成本随距离增加而呈指数上升。因此，在市场辐射范围一定的情况下，企业配置资源的决策应在市场价格与边际运输成本之间权衡。反之，市场对资源具有吸引力，而吸引力的大小也随距离的缩短而呈指数增加。对于多个市场，必然存在多个中心对资源产地的争夺，这就涉及确定各中心地域的引力范围。引力范围是指中心地域吸引原材料、输出产品的有效空间。1949年，P.D.Converse 发展了 W.J.Reilly 的理论，提出了“断裂点”的概念，即中心地域的引力边界。

由于中心地域对资源产地的争夺，其竞争的优势与它所处的区位有关，周围原料地越多，距离原料产地越近，竞争优势就越强。当中心地域获得优势时，附近厂家也就得到了相对优势，从市场占有率来看，这种争夺无异于空间竞争。可以证明，厂家的经济收益与其占有市场空间的大小成正比。

空间竞争除厂家自身的经济实力外，还有一个极其重要的因素，就是地域的条件。资源条件的差异可以由区位优势来补偿；相反，区位劣势也可以由资源优势来补偿。可见，空间竞争往往同时作为资源优势和区位优势双重竞争的复合体而出现，这就使得人们在进行资源配置时，不仅要考虑在一定空间上的资源优势，而且必须考虑其所处的区位。

综上所述，区域间的资源配置具有不确定性，而这种不确定性源于空间竞争和区位效应。区域内资源配置也会随着区域的开放度和分工度的提高而由封闭型走向市场导向型或城市导向型，使资源的全部动用由分散型转向收敛型。

（三）区域间的资源配置

区域间的资源配置也称为多区域配置，通常包括两层含义：一是在不同空间的资源配置；二是在同一空间内各亚区域与全局的协调配置。

就第一层含义而言，区域间协调配置的理论基础是比较利益原则，又称“比较成本学说”。它是由英国古典政治学家李嘉图针对国际贸易首先提出的，以取代传统的绝对利益原则。绝对利益原则认为，各个区域（国家）都有生产条件上的某种绝对优势。如果他们各自利用其优势进行专业化生产，通过贸易进行交换，会使各地的资源、劳动力和资本等生产要素得到最有效的利用。而比较利益原则认为，一国应生产那些资源消耗最低的产品出口，以换取那些虽比国外产品耗费低，但在国内并非耗费最低的产品。因此，一国要生产什么，不是以它的资源绝对优势为依据的，而是以哪种产业耗费资源最少为依据，国与国之间的交换方向和性质依据比较利益而定。这一理论很快就被广泛应用于一切利益主体不同的区域以确定最优的区域间资源配置格局，并从不同研究角度得到了发展。

对第二层含义而言，则侧重于研究在一个统一的发展目标下对特定空间内总体配置效果与其区域自持发展相结合，构成一种协调发展的区间资源配置格局，这些配置问题要考虑下述几个原则。

第一，从总体上把握全区的资源状态、发展目标与可能性，在此基础上考虑各亚区自身发展的一般规律及外部刺激（如价格、利润率、需求等）对各亚区的影响，以及各亚区可能作出的反应。

第二，总体目标的确定要能够充分保证各亚区资源的全面启动，自然和经济资源要在生态许可的范围内全部投入经济流转过程，不存在总体上稀缺的资源在某些亚区有闲置的状况。

第三，亚区域的自持和全局经济辐射力是同等重要的。对于前者，应通过流通费用的详细核算，从社会最终费用的角度构造必要的亚区域自持性约束空间；而对于后者，则通过开放性的约束来实现，即对那些有比较利益的配置项目，暂时牺牲局部利益求得发展，以通过补偿的方式来维持亚区的自持能力。

对于局部与整体协调的配置问题，目标多、约束条件也多，需用线性规划模型求解。解法有二：其一是采用大型配置模型的分解原理，把一个总模型分解成若干亚模型；其二是直接构造局部与整体协调的大型配置模型。

资源配置的目标就是资源的配置和利用达到最优化。何为最优化呢?传统经济学中是以资源配置与经济增长之间的关系为评价标准，当资源配置有利于经济增长时就被认为是优化，否则就为非优化。因此，无论利用什么样的资源，采取什么样的资源组合，只要有利于提高经济增长速率就会受到鼓励。这就必然会导致某些支持人类生存与发展的重要资源日益匮乏，生物多样性日趋减少，环境污染日趋严重，最终危及人类的生存环境和经济社会的可持续发展。

正如《我们共同的未来》中指出的："持续发展是一种行为准则，用以约束我们目前消费行为的准则，这种世代间的责任感是一种新的政治原则，须用以指导当今经济增长。"持续发展实际上是一种在不损及后代人满足其需要的能力基础上来满足当代人的平均生活水平的不断提高，同时又要保证不损害经济社会的持续发展，即不损害未来人的利益。然而，传统经济学主要以"经济增长"为核心，而对持续发展涉及很少，人们很难根据诸如收入、消费和投资等方面资料精确说明持续发展问题。20世纪末，随着资源价值论与资源核算论的提出，促使资源的输入和耗费纳入整个国民经济的核算体系理念得以形成，也就是说，"经济增长"的概念中包含着对资源的消费，甚至是对环境破坏的补偿。随着资源经济理论和方法的不断完善，最终将达到资源配置的双重目标：经济增长和持续发展。

三、自然资源的代间配置

为了生存和发展，无论是当代人还是未来人，都需要利用资源。人口和贪欲膨胀又会驱使当代人过度地利用资源，破坏资源再生能力，损害未来人的利益，甚至生存基础。这样，当代人与未来人的利益就发生了冲突。因为，未来人无力制止当代人损害他们利益的行为，如何代际公平地处理当代人与未来人的利益，就需要对资源的开发进行代间公平分配。

自然资源代间配置是指地球自然资源的配置不仅要实现同代人的横向平衡，也要实现世代人（当代人与未来各代人）之间的纵向公平，是以自然资源可持续利用为基本原则的配置方式，是随着"可持续发展"概念的提出而形成的新的自然资源配置理念，其远远超出了经济最优理论的范畴。

对于尚未出生的子孙后代而言，当代人具有完全占有资源的优先权。但是，生态伦理观要求人们要把上一代人留下的资源保持同样或者更好的水平交给下一代。基于这一基本原理，可以借用代际环境冲突公平判断模型来分析资源的代间配置。

在可持续发展过程中，一个特定区域内的收入，是在不消耗资本存量的基础上可以被消耗的量。因此，在自然资源的开采和销售过程中所得到的利润，并非全部都是收入，其中包括了开发自然资源所造成的资源折旧。

在计算资源折旧率时一般采用用户成本法进行。用户成本法将从不可再生资源的开采和销售中得到的利润分成两部分：一是资本要素，即用户成本；二是增加值要素，即真正的收入。用户成本代表了所得利润中必须重新进行投资的部分，这样才能对未来从该项资源中取得利润的减少加以补偿。需要说明的是，在计算过程中首先假设每年取得的租金和真实收入都是不变的，这个假设实际上并不符合资源产出最大化原则。但是，用户成本法易于理解和操作，并可以大致算出必须重新进行投资的部分。

四、自然资源的全球配置

自然资源的全球配置是自然资源市场配置的一种特殊形式，它以全球范围自然资源的供给可能为基础，通过自然资源或资源产品的国际贸易和其他流转方式实现自然资源的分配和组合。由于一个国家或地区自然禀赋的优劣和差异，世界各国和地区所拥有的自然资源也多是有优、有劣、有余、有缺，世界各国和地区都需要通过自然资源的流动解决自身的自然资源供需平衡，由此形成了自然资源在国际范围的流转和配置。当今世界上，已没有一个现代化国家能够做到所有自然资源和原材料供应上的自给自足，严重依赖外国既成为经济问题，又会成为国家资源安全问题。

自然资源的全球配置实际上是以国际市场体系规则组织经济运作，在国际自然资源市场的竞争中寻求所需自然资源的安全保障。世界的经验表明，发达国家为了保障自己的经济安全和国防安全，在自然资源的安全供应上，尤其是能源等重要矿产资源上，一直推行以最低廉价格利用国外矿产资源为核心的全球资源战略。这种战略的基本策略是，政府积极支持以跨国矿业公司为主体的大量资本输出，占有、掌握和控制国外重要的矿产资源基地，开展矿产资源勘查、开采、加工、冶炼和营销活动，以源源不断的国外矿产资源（品）满足其国内的需求，并抢占国际矿产品市场。实施资源全球战略，是国家一级的行为，是在国家层面上考虑全球的资源战略问题，并将其作为国家全球战略的一个组成部分，依托国家的经济、军事、科学技术、外交等多方面的实力和手段，参与国际资源市场竞争，以获取和保卫本国的资源利益。

第九章　土地资源开发整理概述

第一节　土地开发整理的概念与内涵

一、土地开发整理的概念

土地的概念从不同的角度看有不同的理解。从土地管理的角度，比较公认的理解是：土地是地球表面某一地段包括地貌、岩石、气候、水文、土壤、植被等多种自然因素在内的自然综合体，包括过去和现在人类活动对自然环境的作用在内。

土地开发整理的含义有广义和狭义之分。广义的土地开发整理分农地整理和市地整理两方面内容；狭义的土地开发整理则仅指农地开发整理。我国目前已开展的土地开发整理活动基本上都属于狭义的土地开发整理。本书也是指狭义的土地开发整理。土地开发整理是指根据社会经济发展的需要，采取一定的手段，对土地利用方式、土地利用结构和土地利用关系进行重新规划与调整，以提高土地利用率，实现土地集约利用目标的一种措施。土地开发整理按内容可分为三种类型：土地整理、土地复垦和土地开发。

现阶段，我国土地开发整理的实践内容主要是：第一，调整农地结构，归并零散地块，增加有效耕地面积；第二，平整土地，改良土壤，通过加深农田土壤耕层，改良土壤物理和化学性状，提高农业土地的综合生产能力；第三，通过道路、沟渠等综合建设，改善农业生产条件，为机械化生产提供便利；第四，归并农村居民点和乡镇企业，将项目结合农村村容村貌建设，合理规划废弃建设用地复垦，在实施迁村并点、治理“空心村”的同时，通过退宅还田等整理措施，改变农村面貌，提高农民居住水平和生活质量；第五，复垦废弃土地，提高土地利用率；第六，划定地界，确定权属；第七，改善环境，维护生态平衡，通过项目的实施，区域内物质流、能量流、信息流更加畅通。

二、土地开发整理的内涵

“开发”一词最早源于英国，本意是把不能或难以利用的荒山、荒地、矿山、森林、水利等未利用资源，通过人类的劳动、改造，使之成为可以为人类利用的一种活动。

后来人们对这一概念的内涵有所拓展，即所有开拓性的工作均属开发的内涵范畴，如人才开发、智力开发、市场开发等。本文所讲“开发”指其原始本意。土地开发的核心在于人类的活动所带来的土地增量供给。例如，对不能利用的盐碱地、荒草地、红壤地进行开发，使之成为可利用的粮田。

“整理”是指“杂乱无序的事物经过梳理，使之有条理、有秩序”。从字面理解的“土地整理”的含义就是使无序、混乱的土地变得有条理、有秩序。核心在于提高存量土地的利用效率。例如，对分散、不规则、不便于作业的地块进行归并，以提高作业效率；把贫瘠的土地进行土壤改良，以提高土地产出；等等。

结合“开发”和“整理”的基本含义，土地开发整理的内涵就应包括存量土地和增量土地两方面的内容。现阶段，我国土地开发整理一般指农用地的开发整理，是在一定地域范围内，对农村未利用或现有条件下难以利用的荒山、荒地、盐碱地、闲置地等宜农后备耕地资源，通过工程、生物和技术措施进行开垦，使其成为可利用地；对利用效率低的存量耕地进行改良、归并、调整、重划，改善用地结构和用地条件，以增加有效耕地面积、提高耕地质量的过程。其本质是对田、水、路、林、村的综合整治。

本书主要涉及土地开发和土地整理的相关内容。土地开发整理要处理好开发与整理的关系，基本原则是以整理为主，适度开发，合理确定开发规模；要处理好土地开发整理与环境的关系，保证经济效益、社会效益和生态效益同步提高。

土地开发整理是在人地矛盾日益尖锐、生产发展带来的环境压力越来越凸显的情况下产生的。其基本目标在于合理组织土地利用，提高土地的供给能力，确保土地开发整理区域土地利用的经济效益、社会效益、环境效益的协调统一。

第二节 土地开发整理的基本理论

一、人地关系论

（一）人地关系论概述

人地关系泛指人类活动与地理环境的相互关系，它是自人类起源以来就存在的客观关系。人类社会发展到现代社会，经济工业化和社会城市化的发展使得人类对自然的开发利用和改造的规模、范围、深度与速度不断增加。先进技术手段的运用不断改变着各地区的自然结构和社会经济结构。与此同时，地理环境对人类社会经济发展的影响和反作用也越来越强烈。人口、资源、环境、生态、国土、经济社会关系等出现全球性的严重失调，人地关系处于剧烈的对抗之中。如何协调人地关系并促使人类社会不断和谐发展，是现今人地关系研究的核心。

19世纪后期的德国学者洪堡、李特尔是研究人地关系的先驱，他们把自然现象研究与人文现象研究结合在一起。拉采尔是人地关系论中“地理环境决定论”的主要提出者。他认为：社会经济的发展主要取决于地理位置、气候、河川及地形等；人是环境的产物，环境制约着人的一切方面，从人类社会发展到个人性格都受环境的制约。在地理环境决定论产生广泛影响的同时，20世纪初的法国学者白兰士提出了“可能论”。他认为地理环境只为人类社会的发展提供了多种可能性，而人类又根据不同的生活方式做出选择，并能改变和调节自然现象。他的学生白吕纳进一步发展了人地相关思想并提出心理因素，为以后出现的行为地理和感应地理提供了认识来源。1952年，英国地理学家斯帕特将“地理环境决定论”和“可能论”进行折中，提出了“或然论”的观点。20世纪上半叶，欧美地理学界还出现了适应论、生态调节论、文化景观论等观点，从不同的角度研究人地之间的相互关系。20世纪60年代后，地理学数量化的发展、方法手段的革新，使人地关系论又有了新的发展。

人地关系研究涉及地理学、环境学、资源学、人口学、生态学、系统学、经济学、社会学、管理学、行为学、计算技术、信息工程等一系列学科和技术。它以人类环境、人类活动、人类发展为中心，研究自然条件、自然资源、自然演替的合理组合、开发和调控，是自然科学与社会科学的交叉。其研究内容主要有：第一，人地关系的地域结构与地域体系的形成和发展的特点与规律；第二，人地关系的调控机制与调控手段；第三，制订不同类型地区的人地关系优化模式，以实现经济效益、社会效益与生态效益的最佳结合；第四，建立人地系统的网络和数据库、模式库、决策库及咨询中心等。

（二）与土地开发整理的相互关系

人地关系论告诉我们，要想实现人类社会的长期稳定发展，就必须遵守人类与自然的和谐共生的法则。通过自然系统和社会系统的有机耦合，创造出自然、空间、人类高度协调统一的复合人地系统。土地资源的可持续利用同样也要遵守这一法则。作为土地利用的有效途径，土地开发整理是实现土地资源可持续利用的根本途径。因此，人地关系论是指导土地开发整理的一个重要基础理论。

例如，在土地开发整理之前要进行生态适宜性评价，并按照评价结果确定合理的土地开发整理方式。这样做既可保护土地的生态环境，又为人类生产和生活创造了经济价值，真正将人地合为一体。

二、土地产权办理

（一）土地产权概述

产权在《现代实用民法辞典》中的解释是“具有物质财富内容，直接和经济利益相联系的民事权利”。

土地产权理论中最著名的是马克思土地产权理论。虽然没有明确提出“土地产权”这一概念，但在《资本论》《剩余价值理论》等经典著作中，马克思对土地产权的内涵与外延进行了许多精辟的论述，这些论述构成了马克思的土地产权理论。土地产权是指以土地所有权为核心的土地财产权利的总和，包括土地所有权及与其相联系的和相对独立的各种权利，如所有权、使用权等。其中，土地所有权是土地所有制的法律表现，是土地所有权人在法律规定的范围内占有、使用、收益和处分土地的权利。土地所有权的性质和内容是由土地所有制决定的。土地使用权是依法对土地加以利用以取得收益的权利，是土地使用制的法律体现。狭义的土地使用权仅指对土地的实际使用，与对土地的占有权、收益权、处分权并列；广义的土地使用权则独立于土地所有权之外，是土地占有权、狭义的土地使用权、部分收益权和不完全处分权的集合。目前，我国所称的土地使用权是一种广义的土地使用权。

（二）与土地开发整理的相互关系

土地开发整理不仅是采用各项工程技术措施对田、水、路、林、村进行综合整治，从某种意义上讲，也是对农村土地产权的调整和理顺。土地开发整理涉及国家、集体和个人三方利益主体间权利义务关系的调整，因此必须保证开发整理前土地产权登记的客观、公正和开发整理后土地产权调整的科学、合理。保持土地产权的明晰、权能的完整、权能构成的合理以及产权足够的流动性，这无疑是土地开发整理成功的关键。针对我国农村土地产权制度中存在的问题，应着重做好以下工作。

1.加强农村土地产权确认与登记发证工作

具体措施包括：一是通过依法实地调查，确定农村集体土地与国有土地的权属界线、数量及分布等；二是确定各集体土地，如乡（镇）间、村集体间和村民小组间的土地权属界线、数量及分布等；三是确定各农村集体组织内部耕地、园地、林地等各类用地的面积、位置、质量等；四是确定各集体内部农户承包经营土地的数量、质量、位置、界线等；五是对确认的权属结果依法进行登记，核发证书，形成文字、图、表、簿、册等相结合的完整地籍资料，为土地开发整理后土地权属的合理调整提供法律依据。

2.尽快建立农村土地使用权的合理流转机制

具体措施包括：一是加快培育农村土地使用权流转市场，加强政府对农村土地使用权流转市场的合理引导与规范管理；二是允许农户在土地流转过程中获得相应合理的流转收益；三是建立和完善社会保障制度，加快户籍制度改革步伐；四是在土地家庭联产承包责任制的基础上，按照“自愿、有偿、合法”的原则进行土地的反租倒包、土地使用权出租、股份制经营等改革，促进土地的适度规模经营。

三、土地肥力原理

（一）土地肥力概述

肥力是土地（农业土地）的本质属性和质量标志，土地肥力包括自然肥力和人工肥力。自然肥力是人工肥力形成的基础，人工肥力是对自然肥力的“加工”，二者结合在一起，综合形成经济肥力。

土地肥力状况主要受社会生产力发展水平和生产关系的影响。土地肥力状况是与社会生产力发展水平相适应的，并随着它的发展而不断得到改善。这是因为：其一，随着社会生产力的提高、科学技术的进步及其在农业上的应用，人们能更大规模地将劳力、资本投入土地，不断提高人工肥力；其二，随着社会生产力的发展和科学技术的进步，人们有可能将土壤中的营养元素不断地变为植物能够直接吸收利用的形态，从而使土壤的有效肥力和作物产量得到提高。土地肥力状况，除了受社会生产力发展水平的影响外，还受生产关系和上层建筑变革的影响。

（二）与土地开发整理的相互关系

在土地开发整理过程中，土地平整工程、农田水利工程、道路工程和其他工程等的实施，使得田、水、路、林、村得到综合治理，整个生态系统得到改善，从而提高土壤肥力，促进土地生产力的提高，增强农业的综合生产能力。特别是在丘陵山区，通过治理土壤退化，引导农户对坡度在25° 以上的地区有计划地进行退耕还林、还草，实现小流域治理，可以有效防治土壤侵蚀和水土流失，提高土壤的保水、保肥能力。

四、土地供给理论

（一）土地供给概述

土地是地球的一部分，但是地球上的土地并非全部都可以利用。土地能否被利用在很大程度上是由土地自身的使用价值决定的。土地的使用价值又取决于土地的地理位置、形成母质、地形、地貌、土壤质地、水文特性、海拔高度、植被、交通条件等。所谓土地供给，是指地球能够提供给人类社会利用的各类生产与生活用地的数量，包括在一定的技术、经济与环境条件下对人类有用的土地资源数量和在未来一段时间内预知可供利用的土地数量。通常可将土地供给分为自然供给和经济供给。

土地的自然供给是指土地以其固有的自然特性供给人类使用的数量，包括已利用的土地资源和未来利用的土地资源，即后备土地资源。影响土地自然供给的主要因素包括：适宜人类生产生活的气候条件，适宜植物生长的土壤与气候条件，可供人类生活的物品和生产必需的资源条件，交通运输条件，等等。土地的自然供给是相对稳定的，不受任何人为因素或社会经济因素的影响，因此土地的自然供给基本上是无弹性的。

土地的经济供给是指在土地自然供给的基础上，在一定时间与区域范围内，投入劳动进行开发整理后可供人类直接用于生产、生活等各种用途的土地数量。由于土地具有用途多样性的特点，土地的经济供给会随着土地需求与经济效益的变化而变化，因而土地经济供给是有弹性的。影响土地经济供给的主要因素包括：各类土地的自然供给量，人类利用土地的知识和技能，交通运输事业的发展状况，土地利用的集约度，社会需求的变化，等等。土地开发整理、土地利用结构调整等活动都将影响土地的经济供给，因此土地的经济供给是变量，是有弹性的。

土地的自然供给与经济供给既有联系，又有区别。土地的自然供给是土地经济供给的基础，土地的经济供给只能在自然供给的范围内变动。土地的经济供给是变化的、有弹性的。人类虽然难以或无法增加土地的自然供给，但可以在自然供给的基础上增加经济供给。

（二）与土地开发整理的相互关系

1.农用地经济供给的直接增加

土地开发整理不仅包括对已利用土地进行深度开发，增加有效耕地面积，也包括对荒滩、荒坡、荒山、荒沙地等未利用地的广度开发，扩大可利用土地的面积。通过土地开发整理，可以直接增加农用地经济供给总量，推动耕地总量动态平衡目标的实现，保护国家的粮食安全。

2.农用地经济供给的间接增加

按照土地供给的价值趋向，建设用地带来的经济效益往往高出农用地几倍甚至几十倍。相比而言，农用地缺乏供给弹性。同一地块，农用地较建设用地的经济效益低，故农用地缺乏竞争力，往往易被建设用地取代。这一点在城乡交错地带表现得尤为突出。

土地开发整理通过建设完善的农业生产基础设施，可以提高土地质量和土地产出率。从土地利用的效果上讲，土地产出率的提高相当于扩大了土地面积，也就是农用地经济供给的间接增加。农用地利用效益的提高有助于从经济上形成对农用地的保护机制，减少建设用地对农用地的占用量。

3.提高农用地经济供给的稳定性

保护和改善农业生态环境是土地开发整理的重要内容之一。在土地开发整理过程中，采取各种措施消除影响土地生态系统稳定性的消极因素，提高系统的自我调节能力与环境容纳能力，可有效防止因生态脆弱与生态失衡造成的土地损毁或质量下降，保障农用地生产能力的持续发展，从而确保农用地经济供给的稳定。

五、成本—收益论

（一）成本—收益论概述

1.成本—收益论的含义

成本—收益理论的产生和发展与福利经济学、效用理论、资源分配理论、工程经济学、系统分析等理论和学科的发展是相联系的。从实践上看，与西方国家政府公共投资的增加、公共事业的发展也是分不开的。水利项目经济上的可行性是指“各种可能产生的收益应当超过估计的成本”，并要求在水利建设中进行成本—收益分析。

成本—收益分析的基本原理是将项目或方案所需要的社会成本（直接的和间接的）与可获得的收益（直接的和间接的）尽可能用同一计量单位——货币分别进行计量，以便从量上进行分析对比，权衡得失。为此，必须把项目或方案的指标体系划分为两大类：一类是消耗成本，另一类是收益价值。消耗成本是投入的全部资源，是指社会付出的代价，即机会成本。由于市场机制的存在，几乎绝大部分投入资源都可以转化为货币单位。收益价值则往往有相当部分不能转换为货币单位，所以收益指标通常要分为可计量和不可计量两种。

一个项目的成本一般包括直接成本、社会成本、时间成本和替代成本四部分，收益包括直接收益、派生收益和无形收益三部分。

2.成本—收益分析的评价方法

在进行项目或多方案比较时，一般采用三种方法：在成本相同的情况下，比较收益的大小；在收益相同的情况下，比较成本的大小；在成本与收益都不相同的情况下，以成本与收益的比率和变化关系来确定。

（1）净现值和内部收益率

净现值指投资方案所产生的现金净流量以资金成本为贴现率折现之后与原投资额现值的差额。时间因素对经济效益的影响很大，项目耗费的成本必须尽快取得经济收益。要对项目使用期间不同年度的成本和收益进行比较，就必须把它们按一定的贴现率折算成现值。目前，比较流行的做法是计算项目或方案的净收益现值，以及计算收益和成本现值的比率。

贴现率又称折现率，指今后收到或支付的款项折算为现值的利率。贴现率是成本-收益分析中的重要参数。所选择贴现率的高低对项目分析的结果有重大影响。在方案选择中，一般以收益与成本比率最大的方案为最佳，而且要保持所选方案的净收益现值大于0，或收益与成本的比率大于1。

在常用的评价方法中，通常还要计算内部收益率，即计算使项目净现值等于0时的内部贴现率。只有内部收益率大于给定的社会贴现率时，方案才为可取。内部收益率越高，方案的经济效益越好。其他的评价方法还有返本期、年平均值、终止值等。

（2）影子价格

影子价格又称影子利率，是用线性规则方法计算出来的反映资源最优使用效果的价格。价格是成本-收益分析中的核心问题。在现实生活中，由于存在税收、补贴、限额、垄断等种种因素，致使市场价格或多或少地偏离社会价值，即存在价格“失真”的问题。直接使用市场价格往往不能正确反映甚至会歪曲成本-收益计量中的各项投入和产出的真正经济价值，因此，必须通过建立数学模型，计算出一定的调整率，把市场价格合理地调整为影子价格或会计价格，其中还包括影子工资率、影子利息率、影子外汇率等。

影子价格被认为是为了使一定的社会目标最优化所应该采取的价格，是计算、估价的手段。影子价格的作用在于进行计算时，保证稀缺资源的正确分配和过剩资源的有效利用，把经济比较置于同一核算水平上，以更好地反映机会成本。有些没有市场价格而又需要评估的收益或成本也需要模拟出影子价格。

（3）不确定性和风险

对项目进行经济评价的数据大部分是建立在预测基础上的，在估算中不可避免地会存在误差，再加上政治、经济、技术等外部条件在项目实施过程中又会发生难以预料的变化，这就存在一定的不确定性和风险。项目实施的时间越长，不确定性和风险就越大。风险大的项目应当有较大的潜在收益。为了估计不确定性对项目经济收益的影响，就需要进行敏感性分析，即分析和研究成本与收益方面发生某种变化对项目的可盈利率或现值所带来的影响。同时，还可进行收支平衡点分析，用数理统计方法进行概率分析和期望值分析。对待不确定性和风险，常用的简便方法是对不确定的收益在社会贴现率上加一个风险系数，或者是有意低估项目的使用年限，以尽快地回收投资，避免远期的不确定性。

（4）外部效果

成本-收益分析力图把一般财务分析中不考虑的外部效果也包括进去。外部效果是指与方案、措施本身并不直接关联而带来的收益和耗费。外部效果的范围很广。计算外部效果的一个重要原则是必须区别是技术性（实质性）的外部效果，还是货币性（分配转移性）的外部效果。在计算外部效果时，后者一般不予计算。

成本—收益分析中的评价准则和方法是随时代的变化而变化的。在成本—收益分析中，还要考虑物质、政治、法律等各种相关的限制条件。成本—收益分析的基本程序是先明确项目或方案所要达到的目标和任务，提出能够实现目标的若干可供选择的方案，通过计量模型分析各种替换方案的收益与成本，然后根据评价准则进行综合评估，最后确定各个替换方案的优劣顺序。

成本—收益分析作为研究公共项目的工具有很大的适用性，是具有广阔发展前景的经济分析方法，但它又有很大的局限性。除了它所涉及的问题纷繁复杂这个客观因素外，它的局限性还在于：缺乏坚实的理论基础，且方法至今还很不完善，评价标准易受评估人偏好的影响，评估中一般不考虑收入再分配的社会效果。此外，这种分析方法只能对已经提出的项目或方案进行评估，它本身并不能提供最佳的方案，因而往往只能做到“于次好中选优”。

（二）土地开发整理的成本与效益

1.土地开发整理的成本

土地开发整理过程中的成本主要包括直接成本、社会成本、时间成本与替代成本。

（1）土地开发整理的直接成本

所有土地利用活动都需要投入一定的人力、物力、资金、技术等要素，土地开发整理也不例外。土地开发整理的直接成本可理解为：为了达到一定的土地开发整理目的而投入使用的资金、劳力、技术、设备等生产要素的总称。从土地开发整理直接成本的构成来看，既包括人工、材料、机械等直接支出，又包括前期研究、规划设计、项目管理、竣工验收、后期评价等间接支出。从项目运作的实际成本进行分析，项目预算资金并不是项目的全部成本。

（2）土地开发整理的社会成本

社会成本是相对于私人成本而言的。私人成本是个人或企业在开发整理土地过程中本身承担的成本，社会成本则是从社会整体来看待的成本。社会成本也是一种机会成本，即把社会资源用于某种用途就放弃了其他获利的机会。如果私人经济活动不产生外部性，即不对他人或社会产生影响，则私人活动的成本等于社会成本；如果私人经济活动对他人或社会产生影响，则私人成本与社会成本将不一致。当私人经济活动产生外部经济效益时，私人成本大于社会成本；当私人经济活动产生外部负经济效益时，私人成本小于社会成本。

例如：在土地开发整理过程中将坡度较大、不宜耕作的土地开发为耕地，就开发整理项目本身或局部范围的短期分析，项目是有效益的；但从整个社会角度看，付出的代价可能是巨大的，社会成本将远远大于私人成本。再如：同样的投入，在A地比在B地产生的开发整理效益会更高些，但由于项目区的选择不当，有限的投入被放在了B地，就整个社会而言，这必然会带来一定的成本损失。

（3）土地开发整理的时间成本

土地开发整理从决策到实施完成，在能够用于生产或消费、产生效益之前，需要一定的时间。在这种情况下，由于资金被束缚在土地开发整理项目上，因而随时间的流逝而带来的成本可被看作时间成本。

由于土地开发整理效应会有一个滞后期，因而土地开发整理资金在经过相当长的时间后才能获得补偿。可以说，土地开发整理的时间成本是较高的。因此，在进行土地开发整理决策时，时间成本应是一个重要的考虑因素。

（4）土地开发整理的替代成本

因改变土地利用类型或进行土地再开发整理时注销当前已投入在土地上的资产效用而产生的成本叫作替代成本。替代成本往往是由于预期能够获得更高的土地收入而改变当前土地利用类型、方式造成的。

2.土地开发整理的效益

土地开发整理的效益可分为经济效益、社会效益和生态效益。

（1）土地开发整理的经济效益

土地开发整理的经济效益是指在土地开发整理过程中对土地的投入与开发整理后所取得的有效产品（或服务）之间的比较。对农地开发整理而言，土地开发整理后取得的经济收益主要体现在：一是土地利用率的提高，直接增加了可利用的土地面积而带来的收益；二是土地质量的提高，使土地产出率提高而增加的收益；三是由于农业生产条件的改善而导致生产成本下降所产生的间接收益。

（2）土地开发整理的社会效益

评价土地开发整理效益时，不但要考虑经济效果，还必须结合社会效果进行综合评价。土地开发整理的社会效益是指土地开发整理对社会需求的满足程度及其相应产生的政治与社会影响。

（3）土地开发整理的生态效益

土地开发整理的生态效益是指土地开发整理的活动过程与结果应符合生态平衡的规律。也就是说，人类通过土地开发整理建立起来的新的土地生态系统应做到不仅不会损害原来的生态系统，而且会增强整个生态系统的功能，为人类生产和生活提供更好的生态环境和更多的生物产品。就长期而言，生态效益是与经济效益是相统一的，能够通过经济效益的增加得到体现。

（三）与土地开发整理的相互关系

成本—收益分析现已被广泛应用于项目或方案的社会经济及生态效益评估中，为科学决策提供有效的建议。成本—收益分析方法在土地开发整理中的作用主要体现在项目评估（不同项目之间的成本—收益比较）和项目规划方案择优（同一项目不同方案之间的成本—收益比较）两个方面。

1.项目评估

项目评估是选择项目的关键。如何选择土地开发整理项目，实际上是一个成本—收益分析、比较的过程。只有通过成本—收益的综合分析、比较，才能体现土地开发整理的客观、公正和科学性，才能按照先易后难的原则开展土地开发整理。因此，项目评估本身已经体现了成本—收益的比较原理。

2.项目规划方案择优

在项目规划过程中经常会遇到不同规划方案的取舍问题。如何选择最优规划方案，往往需要进行成本—收益分析。一般情况下，评价经济效益比较容易，而社会与生态效益的评价则存在着评价指标统一与量化上的困难，所以目前对规划方案的综合评价一般采取定量与定性相结合的方法。

六、土地报酬递减原理

（一）土地报酬递减原理概述

1.土地报酬递减的产生

在科学技术水平相对稳定条件下的土地利用中，当对土地连续追加劳动和资金时，起初追加部分所得的报酬逐渐增多；当投入的劳动和资金超过一定的界限时，追加部分所得的报酬则逐渐减少，从而使土地总报酬的增加也呈递减趋势。这就是通常所说的“土地报酬递减现象”。产生这种现象的主要原因是：在一定的经济状况和生产技术条件下，土地在客观上存在着受容力的界限。追加投资超过土地受容力时便不起作用，从而出现土地报酬起初递增而后递减的现象。

2.土地报酬递减原理的内容

自人类利用土地从事生产劳动时起，土地报酬递减规律就客观存在了。虽然国内外科学家对土地报酬递减的现象表述不尽一致，但是到目前为止，国内外大量的实验都证明了土地报酬递减规律的客观存在。

（二）与土地开发整理的相互关系

研究土地报酬变化规律的意义在于：揭示土地的质量状况，确定土地集约利用的合理界限，提高土地投资的经济效果。在进行土地开发整理时，应按照报酬递减规律的思想对土地开发整理的投入与开发整理后的效益进行科学预测，求得这些投入的最适量。如果所需投入在最适量以内，报酬处于递增阶段，则该项土地开发整理活动在经济上是可行的；如果所需投入超过最适量，则该项土地开发整理活动在经济上是不可行的。

另外，在一定土地规模上，劳动力和资金投入规模的大小最终取决于土地的受容能力，即在一定的经济技术条件下，土地对人类给予的各种投入的承受能力和产出能力。一般来说，土地利用规模的扩大与规模报酬之间的相互关系存在三种情况：递增土地规模报酬、固定土地规模报酬和递减土地规模报酬。因此，在进行土地开发整理时还要考虑土地规模的利用因素，以使土地利用处于报酬递增阶段，至少也是处于报酬不变阶段，而不是处于报酬递减阶段。

七、区位论

（一）区位论概述

1.区位和区位论的概念

传统意义上的区位有放置和为特定目的而标定的地区两重意思。所以，区位与位置不同，它既有位，也有区，还有被设计的内涵。具体而言，区位就是指人类行为活动的空间，它除了解释为地球上某一事物的空间几何位置外，还强调自然界的各种地理要素和人类经济社会活动之间的相互联系及相互作用在空间位置上的反映。

由于土地位置是固定的，各地段都将处在距离经济中心不同的位置上。人类从事生产，需要将资本和劳力带到土地上，并将产品运至市场。为了方便生产和流通、降低产品成本、增加利润，需要按一定的标准选择适宜的空间位置使比较利益最大，于是就产生了区位理论。区位理论是关于人类活动的空间分布及其空间中的相互关系的学说。具体来讲，区位理论是研究人类经济行为的空间区位选择及空间区内经济活动优化组合的理论。

2.区位论的发展

区位理论产生于19世纪20年代，其产生的标志是1826年德国农业经济与农业地理学家冯·杜能发表的著作《孤立国同农业和国民经济的关系》。他根据资本主义农业与市场的关系，探索因地价不同而引起的农业分带现象，创立了农业区位理论。到了20世纪初，出现了以研究成本和运输费用为内涵的工业区位论，其先驱者是龙哈德，集大成者是德国经济学者韦伯。韦伯发表了《论工业的区位》一书，创造性地提出了区位因子体系，从而创立了工业区位论。后来，胡佛等人对此进行了完善和改进。

20世纪中期以来，世界社会经济发生了较大变化，改变了原有的社会经济结构。这种变化给经济学家提出了较过去更加复杂的问题，如区位决策和区域经济的合理发展、区域经济发展与社会环境变化、人口—资源—环境关系如何处理等。为了研究这些问题，学者们改变了以往观察和分析问题的方法，从对单个社会经济客体的区位决策发展到对总体经济及其模型的研究，与实践中的区域发展问题联系得更为密切；从抽象的纯理论的模型推导，变为力求以切近现实问题的区域分析和可实用的模型来提供实际的决策标准；从静态的空间区位选择到利用各发展客体的区域分析和可实用的模式来提供实际的决策标准；从静态的空间区位选择到对各发展客体的空间分布和结构变化及其过程的研究。这些研究不仅为预测提供了依据，也扩大了数学方法在区位布局中的应用研究。

区位决策除了在工业、农业、市场、城市方面的应用外，还包括了内容更为广泛的第三产业区位决策。它不仅要满足经济因素的要求，还要考虑社会公平、居住环境、旅游等条件。

3.区位主体和区位因子

（1）区位主体

区位主体是指与人类相关的经济和社会活动，如企业经营活动、公共团体活动、个人活动等。区位主体在空间区位中的相互运行关系称为区位关联度。区位关联度决定投资者和使用者的区位选择。一般来说，投资者或使用者都力图选择总成本最小的区位，即地租和累计运输成本总和最小的地方。

（2）区位因子

在论述区位时，会遇到一系列影响区位的因素。通常在区位论里将这些因子统称为区位因子。区位因子可概括为以下六个方面。

第一，自然因子。自然因子包括自然条件和自然资源，主要有气候、地形和土壤。

在气候方面，热量、光照、降水、季风等是影响农作物分布与农业发展最重要的气候因素。动植物生长发育气候条件各异，气候条件分布地域差异明显。所以，地区农业的选择要充分考虑当地的气候因素（年降水量小于250mm的干旱地区，除有灌溉水源外，一般不能发展农业）。

在地形方面，地形区的不同，导致农业类型也不同。平原地区地势平坦，土层深厚，有利于实现农业的水利化和机械化，适宜发展耕作业；山地地区耕作不便，且不易于水土保持，适宜发展畜牧业。山地自然条件的垂直分异，使农作物分布垂直化、多样化。

在土壤方面，土壤是农作物生长的物质基础，土壤不同，作物各异。例如，我国东南丘陵广泛分布着酸性的红壤，适宜种植茶树等。土壤的肥沃程度也对农业的影响较大。例如，我国东北平原（黑土）、华北平原（钙质土）等地土壤肥沃，大豆单位面积产量较高。

第二，运输因子。作为生产过程在流通中的延续，运费的高低同产业区位的关系最为密切。早期的工业区位论便是主要以原料和产品的运费来讨论的，使运输因素在区位论中居突出地位。随着交通新技术的发展和生产率的提高，运费虽然相对降低，但仍为考虑区位问题的重要变量。

第三，劳动力因子。一定劳动力资源是社会生产发展的保证。劳动力的数量和质量（熟练程度）的空间分布是确定产业区位的重要考虑因素。资本有机构成低的部门，其劳动力（工资）在成本中所占比例反而高。许多西方国家工业中心的变化与新地区劳动力价格便宜有关。

第四，市场因子。区位论中的市场泛指产品销售场所。这一因素对区位的影响有两个方面：市场与企业的相对位置、市场的规模和市场的结构。后者往往构成市场和城市的等级序列。

第五，集聚因子。集中和分散是产业空间布置的两个方面，区位论中简称集聚因子。

第六，社会因子。社会因子包括政治、国防、文化等的要求，它们是超经济的，主要包括：一是政府的干预。其包括不同制度的政府机构实行的政策。例如，资本主义下的保护关税、国有化，以军工生产刺激经济发展；二是经济发展中决策者的行为。它既可能符合客观规律、促进地区经济活动的良性循环，也可能造成相反的效应。

总之，区位因子是多方面的。由于不同的历史阶段有不同的社会要求，加上研究者的角度不同，形成了各有侧重的区位理论体系。

（二）区位论的三大派别

区位论可分为农业区位理论、工业区位理论和中心地理论（城市区位理论）三大派别。

1. 农业区位理论

农业区位理论的创始人是德国经济学家冯·杜能，该理论也被称为孤立国理论。该理论从农业土地利用角度阐明了对农业生产的区位选择问题，为阐明农产品生产地到农产品消费地的距离对土地利用所产生的影响，杜能提出了著名的“孤立国”模式。该模式的结论是：市场（城市）周围土地的利用类型以及农业集约化程度都是随着距离带的远近发生变化的。例如，以城市为中心，划出若干不同半径的圆周，从而形成不同半径的若干个距离带（同心圈）。在不同的同心圈里，根据产品性质、运输成本等因素生产不同的农产品，这种同心圈被称作“杜能圈”。杜能的孤立国模式是要遵循一些假设前提的。例如：在一大片区域中只有一个国家——孤立国；国土呈圆形范围；该区域内只有一个消费中心（城市），城市向周围农业地区提供工业品，农业区向城市提供农产品，排除外来竞争的可能；城郊之间只有陆路交通；各地土质气候特点完全相同；等等。杜能就是依据这些条件推导出上述结论。

这些理论为农业布局提供了一定的指导。进行农业布局时，在考虑自然条件的基础上，需要考虑市场需求、交通运输条件、劳动力等因素，但是也应该看到，在经济社会的发展中，一些理论所假定的前提条件已经发生改变，在实践中需要辩证应用。例如，随着运输条件的改善，杜能圈圈层的距离和范围会有所改变。近年来，环境和土地因素在农业布局中的作用日益突出。由于考虑环境污染、土地等因素，一些圈层正在外移。例如，迫于环境压力，生猪养殖由平原向山地转移，一些草食畜牧业由牧区向农区转移，等等。

2.工业区位理论

韦伯是工业区位论的奠基人。他运用杜能的研究方法，结合德国工业实际，对德国自1861年以来的工业区位、人口集聚和其他工业区位问题进行了综合分析，于1909年出版了著名的《工业区位论》。韦伯使用区位因子来决定生产区位。区位是工业区位论的核心，包括运费、劳动费、聚集因素。

韦伯理论的中心思想，就是区位因子决定生产场所，将企业吸引到生产费用最小、节约费用最大的地点。韦伯将区位因子分成适用于所有工业部门的一般区位因子和只适用于某些特定工业的特殊区位因子，如湿度对纺织工业、易腐性对食品工业。经过反复推导，确定3个一般区位因子：运费、劳动费、集聚和分散。他将这一过程分为3个阶段：第一阶段，假定工业生产引向最有利的运费地点，就是由运费的第一个地方区位因子勾画出各地区基础工业的区位网络（基本格局）；第二阶段，第二地方区位因子劳动费对这一网络首先产生修改作用，使工业有可能由运费最低点引向劳动费最低点；第三阶段，单一的力（凝聚力或分散力）形成的集聚或分散因子修改基本网络，有可能使工业从运费最低点趋向集中（分散）于其他地点。

3.中心地理论（城市区位理论）

中心地理论又称为城市区位理论，是由德国地理学家克里斯塔勒在1932年出版的《德国南部的中心地》一书中首先提出的，后由廖什改进。该理论主要用于研究区域中城市的数量和规模，是市场区位分析方法的一个简单扩展。

继韦伯之后，克里斯塔勒从地图上的城市和居民点聚落分布入手，开始调查研究，确立了中心地理论的一系列原理，主要包括三角形聚落分布、六边形市场区域、等级序列、门槛人口等。他提出了城市中心地理论，认为城市具有等级序列，是一种蜂窝状的经济结构；城市的辐射范围是一个正六边形，而每一个顶点又是次一级的中心。

克里斯塔勒的区位理论是从城市或中心居民点的供应、行政、管理、交通等主要职能角度来论述城镇居民点和地域体系的，后人称之为“中心地理论”。所谓中心地，是指相对于一个区域而言的中心点，不是一般泛指的城镇或居民点。更确切地说，是指区域内向其周围地域的居民点居民提供各种货物和服务的中心城市或中心居民点。

克里斯塔勒中心地理论的概念建立分三个步骤：一是根据已有的区位理论，确定个别经贸活动的市场半径；二是引进空间组合概念，形成一个多中心商业网络；三是将各种经贸活动（工业区位、城市、交通线等）的集聚纳入一套多中心网络的等级序列中去。

克里斯塔勒的中心地理论是以古典区位论的静态局部均衡理论为基础，进而探讨静态一般均衡的一种区位理论，为以后动态一般均衡理论开辟了道路。近年来，克里斯塔勒的区位理论在规划实践中得到了较为广泛的应用，理论本身也获得了进一步的发展。由于不能解释“中心地”格局的内在形成机理，理论本身仍然具有一定的缺陷，但这并不妨碍该理论独到的光芒。

（三）与土地开发整理的相互关系

土地开发整理实践应当以区位理论为指导，合理地确定土地利用的方向和结构。根据区域发展的需要，将一定数量的土地资源科学地分配给农业、工业、交通运输业等部门，以谋求在一定量投入的情况下获得尽可能高的产出。在具体组织时，不仅要依据地段的地形、气候、土壤、水利、交通等条件状况来确定宜作农业、工业、交通、建筑、水利等用地，而且要从分析土地利用的经济关系入手，探讨土地利用的最佳空间结构。

例如，在进行土地开发整理项目区选址时，不同区位会引起土地级差收益的相应变化。决策者必须充分考虑区位因素对土地利用布局和土地开发整理经济、社会、生态效益的影响，在选择时应该尽量发挥项目区的区位优势。如果在城乡交错带与农村腹地进行土地开发整理，就存在着明显的区位差异。城乡交错带是联系城市与农村的重要通道，具有明显的区位优势。它不仅交通便利，各项服务配套设施齐全，而且具有农村土地空间开阔、土地肥沃、环境适宜等优点。在这里进行土地开发整理，就应该多布置一些需求量大、不易保鲜的蔬菜类产品生产基地。在农村腹地，距离城市中心较远，受到各项经济条件的限制。在这里进行土地开发整理时，则以种植传统粮食作物为主，发展粮食生产基地。

总之，依据区位理论可有效地解决如何确定土地资源在各用途、各部门之间的分配，优化土地利用结构，制定合理用地的政策和规划，确定土地的质量等级及不同位置地段的差额税率等问题。

八、系统工程论

（一）系统工程论概述

1.系统工程论的出现

所谓系统就是由相互作用和相互依赖的若干元素组合起来的具有某种特定功能的有机整体，而且它本身又是它所从属的一个更大系统的组成部分。

虽然系统思想源远流长，但作为一门科学的系统论，人们公认是美籍奥地利人、理论生物学家L.V.贝塔朗菲创立的，他于1952年提出了系统论的思想。1973年，他提出了一般系统论原理，奠定了这门科学的理论基础。确立这门科学学术地位的是1968年贝塔朗菲发表的专著《一般系统理论——基础、发展和应用》，该书被公认为系统科学的代表作。

系统工程论是根据总体协调的需要，综合应用自然科学和社会科学中有关的思想、理论和方法，利用电子计算机作为工具，对系统的结构、要素、信息和反馈等进行分析，以达到最优规划、最优设计、最优管理和最优控制的目的。其研究对象不限定于特定的工程物质对象，任何一种物质系统或概念系统都可以作为它的研究对象。

如今，系统工程论已开始渗透到社会、经济、自然等各个方面，如能源、军事、交通、经济、环境等领域，成为研究复杂系统的一种行之有效的技术手段。

2.系统工程论的基本特点

系统工程论的基本特点包括以下内容。

第一，研究方法上的整体化。不仅要把研究对象看作一个系统整体，也要把研究过程看作一个整体，从整体协调的需要上研究局部问题，并选择优化方案，综合评价系统的效果。

第二，综合应用各种科学技术。复杂系统是一个技术综合体，要从系统的总体目标出发，综合运用各种科学技术，并使它们协调配合，以达到系统整体的优化。

第三，管理的科学化。只有通过科学的管理，才能充分发挥生产技术的效能。

3.霍尔三维结构

1969年，美国通信工程师和系统工程专家霍尔提出了一种至今仍影响巨大的霍尔三维结构。它以时间维、逻辑维、知识维组成的立体空间结构来概括地表示出系统工程的各阶段、各步骤以及所涉及的知识范围。也就是说，它将系统工程活动分为前后紧密相连的七个阶段和七个步骤，并时时考虑到为完成各阶段、各步骤所需的各种专业知识，为解决复杂的系统问题提供了一个统一的思想方法。

（1）逻辑维

运用系统工程方法解决某一大型工程项目时，一般可分为以下七个步骤。

第一，明确问题。通过系统调查，尽量全面地搜集有关的资料和数据，把问题讲清楚。

第二，系统指标设计。选择具体的评价系统功能的指标，以利于衡量所供选择的系统方案。

第三，系统方案综合。主要是按照问题的性质和总的功能要求，形成一组可供选择的系统方案，方案中要明确待选系统的结构和相应的参数。所谓方案，是指按照问题的性质和总的功能要求形成的一组可供选择的系统方案。

第四，系统分析。系统分析即分析系统方案的性能、特点、预定任务能实现的程度以及在评价目标体系上的优劣次序。

第五，系统选择。在一定的约束条件下，从各入选方案中选择出最佳方案。

第六，决策。在分析、评价和优化的基础上做出裁决并选定行动方案。

第七，实施计划。实施计划就是根据最后选定的方案将系统付诸实施。

以上七个步骤的先后顺序并无严格要求，而且往往要反复多次进行才能得到满意的结果。

（2）时间维

对于一个具体的工作项目，从制定规划开始，一直到更新为止，全部过程可分为七个阶段：一是规划阶段。规划阶段，即调研、程序设计阶段，目的在于谋求活动的规划与战略；二是拟订方案。提出具体的计划方案；三是研制阶段。做出研制方案及生产计划；四是生产阶段。生产出系统的零部件及整个系统，并提出安装计划；五是安装阶段。将系统安装完毕，并完成系统的运行计划；六是运行阶段。系统按照预期的用途开展服务；七是更新阶段。为了提高系统功能，以新系统代替旧系统或改进原有系统，使之更加有效地工作。

（3）知识维

系统工程除了要求为完成上述各步骤、各阶段所需的某些共性知识外，还需要其他学科的知识和各种专业技术。霍尔把这些知识分为工程、医药、建筑、商业、法律、管理、社会科学和艺术等。各类系统工程，如军事系统工程、经济系统工程、信息系统工程等，都需要用到其他相应的专业基础知识。

（二）与土地开发整理的相互关系

系统工程的理论和方法在土地利用规划中有着广泛的应用。在系统工程中可将系统的处理分为系统分析、系统综合、系统决策和系统实施四大阶段。依据这一思想就可以在进行土地开发整理规划设计时，首先确定一定区域土地利用系统的一种或几种状态，同时借助模型制定可能的行动路线，以提供多种选择。该方法克服了传统规划方法使规划限于某远景年的静止状态以致缺乏弹性、难以实施的缺点，同时特别注重实施规划采取的途径和措施，强调行动路线，并在实施过程中不断调整方案，使规划方案与现实目标结合起来，具有动态性。应用系统思想和系统工程的这些方法，有助于我们更好地理解和运用现代规划思想，摒弃传统规划思想不合理的地方，科学、合理地编制土地开发整理规划。

九、土地生态经济系统理论

（一）生态经济学概述

1.生态经济学的产生

生态学是德国动物学家恩斯特·海克尔于1866年首先提出的，比生态经济学的出现大约早一个世纪。英国生态学家阿·乔·坦斯利提出的生态系统学极大地丰富了生态学的内容，为后来生态经济学的产生奠定了自然科学方面的理论基础。

20世纪50年代后期，美国经济学家肯尼斯·鲍尔丁在他的重要论文《一门科学——生态经济学》中正式提出了“生态经济学”的概念。在这篇文章中，作者对利用市场机制控制人口和调节消费品的分配、资源的合理利用、环境污染以及用国民生产总值衡量人类福利的缺陷等进行了创见性的论述。自鲍尔丁创立生态经济学概念以来，出现了一大批生态经济学著作，如英国学者爱德华·哥尔德史密斯的《生存的蓝图》、法国学者加博的《跨越浪费的时代》等。经济是地球生态系统的一部分，只有调整经济使之与生态系统相适合，经济才能持续发展。

生态经济学的另一个重要来源是古今的自然论经济思想。从古希腊思想，中国的道家、儒家思想到法国自然论经济学派，后经过亚当·斯密的改造成为一种自发的市场秩序，从而过渡为一种自由主义经济思想。

2.生态经济学的含义

生态经济学是一门跨社会科学（经济学）与自然科学（生态学）的边缘学科，也就是研究再生产过程中经济系统与生态系统之间物质循环、能量转化和价值增值规律及其应用的科学。

生态环境已经从单纯自然意义上的人类生存要素转变为社会意义上的经济要素。这包含两层含义：一是符合人类生活需要的良好生态环境已经短缺，拥有良好的环境已经成为人们追求幸福的目标之一；二是自然生态环境对于废弃物的吸纳能力已经或接近饱和，局部地区甚至已经超载，继续利用它进行生产就必须能生产出新的环境容量，因而需要投入资金进行建设（生态恢复和污染治理）。良好的生态环境已成为劳动的产品。换句话说，良好的生态环境已经具有二重特征，即从生活的角度看是目标，从生产的角度看已经变成生产要素和条件。

3.生态与经济的关系

一段时期以来，生态和经济孰重孰轻、谁先谁后的问题始终处于争论之中。肯尼斯·鲍尔丁虽提出了“生态经济学”的概念，但对于生态与经济的摆位并没有做出十分明确的规定。20世纪70年代以来，出现了几种经济模式：第一种是摒弃经济发展来保护生态环境的原始生态经济模式；第二种是牺牲生态环境来实现经济发展的传统生态经济模式；第三种是限制资源消费和放慢经济增长来求得人类社会与经济的持续稳定增长的现实生态经济模式。这三种具体形态在本质上都属于消长互换型的，都不能很好地体现生态与经济的内在联系。我们真正寻求的是一条既不为加速经济发展而牺牲生态环境，也不为单纯保护生态而放弃经济发展的路子；既要按照经济规律搞好建设，又要遵循生态规律搞好开发；既为当代人创建一流的生态环境和生存质量，又不损害后代人满足其自身需要的能力。

我们所说的生态经济就是在经济和环境协调发展思想指导下，按照生态学原理、市场经济理论和系统工程方法，运用现代科学技术，形成生态学和经济上的两个良性循环，实现经济、社会、资源环境协调发展的现代经济体系。其本质就是把经济发展建立在生态可承受的基础上，在保证自然再生产的前提下扩大经济的再生产，形成产业结构优化，经济布局合理，资源更新和环境承载能力不断提高，经济实力不断增强，集约、高效、持续、健康的社会—经济自然生态系统。其组成要素包括四个方面：一是人口要素。这是构成生产力要素和体现经济关系与社会关系的生命实体，处于主体地位；二是环境要素。该要素包括除人以外的、包含各种有生命和无生命物质的空间；三是资源要素。该要素包括自然资源、经济资源和社会资源；四是科技要素。这四个要素要合理配置和组合才能达到经济社会的可持续发展。

（二）土地生态经济系统概述

1.土地生态经济系统的含义

历史发展到今天，土地利用不再仅仅是自然技术问题和社会经济问题，还是一个资源合理利用和环境保护的生态经济问题，同时承受着客观存在的自然、经济和生态规律的制约。人类利用土地资源时必须要有整体观念、全局观念和系统观念，要考虑到土地资源内部和外部的各种相互关系，不能只考虑对土地的利用而忽视土地利用对系统内其他要素和周围环境的不利影响。在这样的背景下出现了土地生态经济系统的概念。所谓土地生态经济系统，是指由土地生态系统与土地经济系统在特定的地域空间里耦合而成的生态经济复合系统。马克思曾说过：“土地是一切生产和一切存在的源泉。”作为生态系统，土地是地球生态系统的基础和核心。作为社会经济系统，土地是重要的、不可替代的生产资料。不论是劳动力的再生产，还是生物的自然再生产及作为商品交换的经济再生产，都在直接或间接地利用着土地。土地生态经济系统运行的四大要素——物流、能流、价值流和信息流，都是在土地及其所提供的空间里运行的。掌握了生态经济学原理，就能有效地运用能流、物流，从而达到既有利于生态的良性循环，又能取得越来越好经济效益的目的。

2.土地生态经济系统的三个基本规律

由于人类的经济活动必须在一定的土地自然空间中进行，并且依附于土地生态资源的供给和接纳，这就使得一般人类经济活动可以直接进入土地生态系统。这里的土地生态系统实际上已不是天然的土地生态系统，而是一个由于接纳了人类劳动而建立的人工土地生态系统和人工经济系统的复合体。在这个复合体中，人类的劳动力和土地的自然力实现不同程度的有机结合。土地自然生产力和自然生态演替与土地的经济力创新及人类社会的演替也实现了有机的结合。在研究土地生态经济系统时，我们必须遵循以下三个基本规律：

第一，土地经济系统的运行和土地生态系统的运动是交织在一起的，人类的一切经济活动都不能脱离土地生态系统独立进行，而必须要考虑土地生态系统提供条件的可能性和对生态系统产生的影响。因此，人类的经济活动和土地生态系统的运动必须统一起来。

第二，在土地生态经济复合系统中，土地生态系统的运动是土地经济系统运动的基础，土地经济系统运转所需的物质和能量，最终取决于土地生态系统。

第三，人是土地生态经济系统的主宰。人类在生态系统中居于一般生物的地位，而在土地生态经济系统中则居于主宰地位，并且有改造土地生态系统的能力。

（三）与土地开发整理的相互关系

人类可以通过自己的劳动能动地调节土地经济系统和土地生态系统的关系，使两者协调发展。在编制土地开发整理规划时，要遵循土地生态经济系统的规律和特点，使土地开发整理工作有利于保护和提高生产力，降低生产风险，稳定土地产出，保护自然资源，防止土壤与水质退化。

土地的定价不能只从传统经济学的角度考虑，而应具有“绿色”的思想，即注重土地生态环境的保护和保持自然生态平衡不被破坏，在进行土地开发与经营的过程中，应坚持环境经济一体化的战略方针，维护人类社会长远利益和长久发展，保证土地资源的可持续利用。

第三节　土地开发整理规划

一、土地开发整理规划综述

（一）规划的含义

一般认为，规划是对客观事物未来的发展所做的安排，是比较遥远的分阶段实现的计划。在汉语中，“规划”一词有两层含义：一是作为活动的意思；二是作为活动成果的意思。在使用后一种含义时有时称“规划方案”，以示与前者的区别。

规划作为一项活动已有几千年的历史，但其系统理论的出现则是近百年的事。20世纪中期，由于人类面临的经济、社会、环境等问题日益纷繁复杂，不合理开发利用自然资源的后果日益严重，规划由此受到世界各国前所未有的重视，得到全面的发展。目前，经济规划、社会规划、环境规划、资源规划等在各国的政府工作中已占有重要地位。另外，在

企业的经营管理中，规划也是必不可少的手段，

随着规划活动的扩大，人们对规划内涵的认识也在不断加深。过去一提到规划，人们自然就会想到规划师绘出的蓝图。这个蓝图将想要实施的事物的各个细节都描绘得清清楚楚，但对如何实现这个蓝图，却往往考虑不多。实际上，由于客观条件处在不断的发展变化之中，要原原本本地实施蓝图几乎是不可能的。人们在实践中逐渐认识到，规划不是绘制一张事物未来发展的蓝图，而是确定事物未来发展的目标，并安排实现目标的行动和措施。规划不是静态的时点行为，而是一个向着预定目标不断实践的过程。

概括来说，规划是确定事物未来发展目标和为实现该目标而预先安排行动步骤，并不断付诸实践的过程。

（二）土地利用规划概述

1.土地利用规划的含义

土地利用规划是国家为实现土地资源优化配置和土地可持续利用、保障社会经济的可持续发展，在一定区域、一定时期内对土地利用所进行的统筹安排和制订的调控措施。

土地利用规划是一种空间规划。因为土地有不可移动的特点，在土地利用规划中需要对各种土地用途的空间布局做出安排。土地利用规划又是一种长期计划，它需要对5~15年或更长时期内可能出现的土地利用变化进行考虑，并做出长期安排。

2.土地利用规划的类型

从我国现阶段土地利用规划的实践出发，可以将土地利用规划划分为土地利用总体规划、土地利用专项规划和土地利用规划设计几种类型。

（1）土地利用总体规划

它是在一定区域内，根据国家社会经济可持续发展的要求和自然、经济、社会条件，对土地的开发、利用、治理和保护，在空间上、时间上所做的总体安排和布局。其特点如下。

一是强制性。由各级人民政府组织编制，由上而下进行控制，具有法律效力。

二是整体性。以辖区内全部土地为对象，规划内容包括土地开发、利用、整治和保护各方面。

三是战略性。解决土地利用的发展方向、目标、规模和布局等重大问题。

四是长远性。属于长期规划，规划期限一般是10~20年。

（2）土地利用专项规划

它是指在一定区域范围内，为了解决某个特定的土地利用问题而在空间上和时间上所做的安排，如基本农田保护规划、土地开发整理规划等。

与土地利用总体规划相比，土地利用专项规划具有针对性、专一性和从属性的特

点。其组织编制单位可以是政府，也可以是土地行政主管部门；其规划范围可以是一个行政区，也可以是行政区内的一个地域。

（3）土地利用规划设计

它是指为了实施某个具体的土地开发整理项目或建设项目，合理利用土地和提高土地利用效益，对项目用地内部的详细安排和对配套设施的布置和设计。

土地利用规划设计具有微观性和地方性。其范围一般比较小，直接服务于具体项目；其规划设计单位可以是政府部门，也可以是具有规划设计资质的企事业单位；其安排和设计要依据土地利用总体规划、专项规划和有关法规、规章、技术规范，同时要从当地实际出发，因地制宜地进行。

3.土地开发整理规划概述

（1）土地开发整理规划的定义及作用

土地开发整理规划是根据国民经济和社会发展的需要及土地资源特点与利用状况，在土地利用总体规划的指导下，通过对一定区域内自然、社会、经济条件的综合分析和土地开发整理潜力的调查评价，制订土地开发整理目标，划分土地开发整理区域，明确土地开发整理重点，落实土地开发整理项目，指导土地开发整理活动所做的总体安排。

土地开发整理规划的作用是：一是土地开发整理规划是实现土地利用总体规划的重要措施；二是土地开发整理规划可以有计划地实现耕地总量动态平衡；三是土地开发整理规划能够有效地规范土地开发整理活动。

（2）土地开发整理规划的特点

土地开发整理规划有如下特点。

第一，土地开发整理规划属于土地利用专项规划。土地开发整理规划是为充分挖掘土地利用潜力，提高土地利用效率，改变土地生态环境，促进土地资源可持续利用而采取的开发、利用、整治与保护相结合的综合措施。它与土地利用总体规划的区别是：土地利用总体规划的对象是一定区域内的全部土地资源，而土地开发整理规划的对象主要是利用效率不高或暂时没有开发的土地。因此，从规划的对象、解决问题的性质来看，土地开发整理规划属于土地利用规划体系中的专项规划。

第二，土地开发整理规划是对土地利用总体规划的深化与完善。土地开发整理规划虽然属于专项规划，具有一定的独立性，但是它是以土地利用总体规划为指导的，是实现土地利用总体规划目标的重要手段。首先，土地开发整理规划对土地利用总体规划确定的土地开发整理内容进行深化、补充和完善；其次，土地开发整理规划通过确定土地开发整理项目的位置、范围、类型、规模、建设时序等，使土地利用总体规划制订的土地开发、土地整理和土地复垦目标得到具体落实。可以说，土地开发整理规划是土地利用总体规划的延伸，是总体规划的深化、细化。

土地开发整理规划的手段灵活，但弹性较小。我国地域广阔，土地利用的自然、社会、经济条件差异较大，土地开发整理规划的对象、目标和特点也会有所差异，因而必须采取灵活的手段，才能更切合实际地搞好规划。

尽管不同区域可以采取灵活多样的土地开发整理措施，但是土地开发整理规划本身的弹性是较小的。首先，土地开发整理规划的主要目标和内容是由土地利用总体规划制订的，必须与总体规划相衔接；其次，在土地开发整理区的划分、项目的选定和建设占用耕地指标任务的安排上，还受到农业、水利、交通、电力、城镇、林业、水土保持等相关部门规划的制约，必须与这些规划相协调。

（3）土地开发整理规划的指导思想

编制土地开发整理规划要以土地利用总体规划和有关法律、法规、政策为依据，认真贯彻“十分珍惜、合理利用土地和切实保护耕地”的基本国策和“在保护中开发、在开发中保护”的方针；要以内涵挖潜为重点，充分发挥市场机制的作用，依靠科技进步和制度创新，提高土地开发整理的水平；要遵循经济、社会和生态效益相统一的原则，坚持以增加农用地，特别是耕地面积，提高耕地质量，改变生态环境为目的，确保土地利用总体规划目标的实现。

（4）土地开发整理规划的总体目标

土地开发整理规划的总体目标是全面提高土地资源利用效率，为实现经济社会可持续发展提供土地保障。具体可以分为以下几个方面。

第一，服务和服从于经济建设这个中心，保障经济发展的用地需求；第二，落实土地利用总体规划的目标任务，实现规划期内耕地总量的动态平衡；第三，全面、有序开展土地开发整理，有效复垦、利用工矿废弃地，并在保护和改善生态环境的前提下，使农业未用地得到适度开发；第四，促进土地资源的可持续利用，全面提高土地资源利用效率。

（5）土地开发整理规划的编制原则

在坚持土地开发整理规划指导思想的前提下，规划编制应遵循下列原则：第一，依据有关法律、法规、政策和土地利用总体规划；第二，上下结合，与相关规划相协调；第三，保护和改善生态环境，使经济、社会和生态效益相统一；第四，因地制宜，统筹安排，切实可行；第五，在多方案比较的基础上确定规划方案；第六，政府决策和公众参与相结合。

4.土地开发整理规划的编制程序

（1）准备工作

成立领导小组负责审定工作计划，落实编制经费，协调与相关部门的关系，解决规划中的重大问题，审查规划方案，等等。组建编制小组负责土地开发整理规划编制的具体工作，特别是规划中的技术问题。同时，在编制土地开发整理规划前，应对有关人员进行相关法律、法规、政策和专业技能的培训。

（2）调查分析

从总体上讲，调查分析应在充分利用土地利用现状调查、土地变更调查和耕地后备资源调查等现有资料，进行必要的核实整理与补充调查的基础上，对土地开发整理现状、潜力、投入和效益进行全面分析和评价，明确存在的问题。调查分析主要包括基础资料的收集与整理、补充调查和分析评价三部分工作。

资料收集齐全后，要对所收集资料的合法性、真实性和有效性进行审核，并按其类别、性质进行整理。同时根据规划工作的需要，还可以开展以土地开发整理潜力为重点的补充调查。

在对资料进行整理和分析之后，就可以了解开展土地开发整理的有利条件与不利因素，评价和测算土地开发整理潜力的类型、级别、数量和分布，并进行土地供需状况分析。

（3）拟订规划供选方案

在调查分析的基础上，提出土地开发整理的初步规划目标，并按照不同的技术、经济和政策条件，拟订若干规划供选方案。

（4）协调论证

在多方案论证和与相关规划衔接的基础上，通过充分协调，上下反馈，修正初步目标，相应调整规划方案，提出一个科学合理、切实可行、综合效益好的方案为规划推广方案。

（5）确定规划方案

规划推荐方案应广泛征求有关部门、专家和公众意见，修改完善后，经规划领导小组审定，形成规划方案。

（6）规划评审

为保证土地开发整理规划成果质量，上一级土地行政主管部门应对规划成果进行评审；通过评审，应对规划成果做出评审结论，提出修改补充意见。规划成果根据评审意见修改完善后，按照有关规定上报审批。

5.土地开发整理规划成果

土地开发整理规划成果包括规划文本、规划图件、规划说明和规划附件。

（1）规划文本

规划文本主要包括如下内容。

第一，前言。阐述规划的目的、任务、主要依据和规划期限。

第二，概况。简述土地开发整理区的自然、经济、社会条件和土地利用现状。

第三，土地开发整理潜力。阐明土地开发整理的类型、数量、分布和开发前景。

第四，目标和方针。阐明近、远期土地开发整理的目标和方针。

第五，总体安排、划区与项目落实。阐明土地开发整理的总体安排、土地开发整理区的划分和项目具体落实情况。

第六，预期投资与效益评价。估算土地开发整理的投资规模，评价经济、社会、生态效益。

第七，实施规划的保障措施。阐明保障规划实施的行政、经济、技术以及土地权属调整等措施。

第八，文本附表。

（2）规划图件

土地开发整理规划图件主要包括土地开发整理潜力分布图（耕地整理潜力分布图、农村居民点整理潜力分布图、土地复垦潜力分布图、土地开发潜力分布图）、土地开发整理规划图、土地开发整理项目图集等。

（3）规划说明

规划说明主要包括如下内容。

第一，编制规划的简要过程；第二，规划基础数据的来源；第三，规划编制原则和指导思想；第四，土地开发整理目标、总体安排的确定依据，土地开发整理区划分和项目选择的原则、方法；第五，规划目标与方案的论证、比较；第六，规划中不同意见的处理。

（4）规划附件

规划附件主要包括如下内容。

第一，调查研究和规划编制过程中形成的专题；第二，在规划编制过程中收集的各种重要的文字报表和图件，有关的法规文件、规程、标准等基础资料；第三，规划的组织、参加人员、工作体会和建议等工作报告。

6.土地开发整理规划的内容

（1）规划目标

第一，内涵。土地开发整理规划目标是指为保障经济社会可持续发展对土地资源的需求，在规划期间通过土地开发整理所要达到的特定目的，主要包括规划期内土地整理、土地复垦、土地开发的规模及增加耕地和其他用地的面积。

第二，确定规划目标的步骤。确定规划目标的步骤如下：一是提出初步规划目标。初步规划目标必须在依据国民经济和社会发展、土地利用总体规划和生态建设与环境保护等的要求和明确土地开发整理潜力的基础上提出；二是对初步规划目标进行可行性论证。对初步规划目标进行可行性论证，主要是分析影响土地开发整理规划目标实现的各种因素，包括规划期间补充耕地及各类用地的需求量、土地开发整理可提供的用地量、投资能力等。

第三，确定规划目标。根据论证结果，经过上下反馈、充分协调和修改完善，由规划领导小组审核确定规划目标。

第四，总体安排。依据土地开发整理供需分析和所要达到的规划目标，在与上级规划充分协调的基础上，落实规划期间土地开发、土地整理，土地复垦的规模以及整理后可补充耕地、其他农用地、建设用地的数量，并将这些指标分解到下级行政区域。

（2）土地开发整理分区

第一，分区目的。土地开发整理区是为规范土地开发整理活动和引导投资方向，在规划期内有针对性地安排土地开发整理项目而划定的区域。

土地开发整理分区一般适用于县级土地开发整理规划，其目的是明确各区土地开发整理的方向和重点，分类指导土地开发整理活动，引导投资方向，为安排项目提供依据，因地制宜地制订土地开发整理措施。

第二，区域类型。区域类型包括以下几种。

一是土地整理。土地整理是指以开展耕地整理、农村居民点整理、其他农用地整理等活动，安排土地整理项目为主的区域。

二是土地复垦。土地复垦区是指以开展土地复垦活动、安排土地复垦项目为主的区域。

三是土地开发区。土地开发区是指以开展土地开发活动、安排土地开发项目为主的区域。

四是土地开发整理综合区。土地开发整理综合区是指包括上述两种或两种以上，且难以区分活动主次关系的区域。

（3）划区原则

划定土地开发整理区应遵循以下原则。

一是土地开发整理潜力大小与潜力类型是确定土地开发整理区类型、规模、位置、整理目标与整理时间的主要依据。土地开发整理区最好选择在土地开发整理潜力较大、分布相对集中的地区。

二是土地开发整理区界线要尽量结合自然地形进行确定，同时尽可能兼顾行政管理界限，如乡界、村界，以避免权属纠纷。

三是土地开发整理区的划定要有利于集约利用土地，有利于提高土地质量，有利于土地适度规模的经营。

四是土地开发整理区的划定要注重景观和生态保护，改善生产条件和生态环境，提高农村现代化水平。

（4）重点区域与重点工程

第一，重点区域。重点区域是指在土地开发整理潜力调查、分析和评价的基础上，为统筹安排省域内耕地及各类农用地储备资源的开发利用、引导土地开发整理方向，实现土地开发整理长远目标所划定的区域。

划定重点区域应遵循以下原则：一是土地开发整理潜力较大，分布相对集中；二是土地开发整理基础条件较好；三是有利于保护和改善区域生态环境；四是原则上不打破县级行政区域界线。

第二，重点工程。重点工程是指在划定重点区域的基础上，围绕实现规划目标和形成土地开发整理规模，以落实重点区域内土地开发整理任务，或解决重大的能源、交通、水利等基础设施建设和流域开发治理、生态环境建设等国土整治活动中出现的土地利用问题为目的，所采取的有效引导土地开发整理活动的组织形式。重点工程可以跨若干重点区域，一般通过土地开发整理项目实施。

重点工程应具有以下特点：①土地开发整理规模较大；②对实现规划目标起支撑作用；③在解决基础设施建设、流域开发治理、生态环境建设等引起的土地利用问题中发挥主导作用；④预期投资效益较好；⑤能够明显改善区域生态环境。

（5）土地开发整理项目

第一，项目与项目类型。项目一般是指在土地开发整理区内安排的，在规划期内组织实施的，具有明确的建设范围、建设期限和建设目标的土地开发整理任务。

土地开发整理项目可分为土地整理项目（包括耕地整理项目、其他农用地整理项目、农村居民点整理项目）、土地复耕项目和土地开发项目。为了便于实施和管理，项目一般要按照相对单一的活动类型划分，项目的具体名称可在此基础上根据各地实际情况确定。

第二，项目选定的原则。土地开发整理项目的选定应遵循以下原则。

一是以土地开发整理潜力评价结果为基础，注重生态环境影响；二是集中连片，且具有一定规模；三是具有较好的基础设施条件；四是具有示范意义和良好的社会经济效益；五是地方政府和公众积极性高，资金来源可靠；六是项目建设期一般不超过3年（农村居民点整理除外）。

第三，项目选定的步骤。项目选定的步骤如下：一是根据土地开发整理潜力分析、划区结果和规划目标，初步提出项目类型、范围与规模；二是进行实地考察，邀请当地干部、群众座谈，分析项目实施的可行性；三是与有关部门协商，进行综合评价；四是确定项目的边界线，量算面积；五是进行项目汇总，编绘项目图集。

第四，安排项目时应注意的问题。安排项目时应注意的问题有：一要体现以土地整理、土地复垦为主，适度开发的原则；二要兼顾不同类型项目增加耕地潜力与实现规划目标的关系；三要考虑不同类型项目的投资要求水平与筹资能力的关系；四要所有项目的完成对实现规划目标起支撑作用，一般占规划目标的80%左右。

第五，投资与效益。

一是投资估算。投资估算的目的主要是预测实现规划目标所需的总投资和各项目的投资额。测算典型项目单位面积投资量。分地貌类型和项目性质在本地区或类似地域选择已经完成的典型项目的决算材料，分别测算出典型项目单位面积投资量。

根据典型项目与规划确定的各个项目在地形、地貌、基础设施（水、电、路）、交通条件、物价水平、劳动力价格等方面的差异，对项目单位面积投资标准进行修正，再根据项目规模计算出项目投资量。

二是筹资渠道分析。在进行筹资渠道分析之前，首先应对筹资环境进行初步分析。筹资环境分析主要包括经济社会发展水平、基础设施状况、发展前景的分析，以及土地利用的经济、社会、生态效益对筹资的影响和回报以及投资收益的可行性论证等。

目前，土地开发整理涉及的资金筹集渠道主要有新增建设用地土地有偿使用费、耕地开垦费、土地复垦费、耕地占用税、农发基金、新菜地开发建设基金等来自土地方面的资金，以及企业和个人投资、农民个人以工代赈、其他投资等。

三是效益评价。效益评价包括：①经济效益评价。重点是对土地开发整理的投入产出进行分析。一般采用静态分析法，主要测算投入量、预期净产出和投资回收期等。②社会效益评价。它是衡量社会可持续发展的重要指标，可从土地开发整理后增加耕地，对扩大农村剩余劳动力就业、降低生产成本、增加农民收入、土地经营规模化和集约化、改善农业生产和农民生活条件、促进农村现代化建设等方面，选择适当的评价指标，采用定性与定量相结合的方法进行评价。③环境效益评价。它是衡量土地可持续利用的重要指标，其分析内容为：评估土地开发整理实施后，通过疏浚河道、兴修水利、植树造林等提高森林覆盖率，治理水土流失地区，增强洪涝灾害抗御能力，优化生态结构，改善生态环境所取得的效益。目前，多采用定量分析与定性分析相结合的方法进行评价。

二、土地开发整理潜力

（一）土地开发整理潜力的含义

土地开发整理潜力是指在一定生产力水平下，针对一定区域范围内某种特定的土地用途，通过采取工程、生物和技术措施，所能增加可利用土地面积、提高土地质量、降低土地利用成本的程度。它是土地开发整理规划的重点。

通常来讲，土地开发整理潜力是土地开发潜力、土地整理潜力和土地复垦潜力的统称。针对我国开展土地开发整理规划的特殊背景，土地开发潜力是指在一定的经济、技术和生态环境条件下，未利用地适宜开发利用为耕地及其他农用地的面积；土地整理潜力是指对现有集中连片的耕地区域和分散的农村居民点，进行田、水、路、林、村综合整治，提高土地利用效率，可增加的有效耕地及其他农用地面积；土地复垦潜力是指对在生产建设过程中因挖损、塌陷、压占和各种污染以及自然灾害等造成破坏、废弃的土地，采取整治措施，使其恢复利用和经营，可增加的耕地及其他农用地面积。

（二）土地开发整理潜力的特征

土地开发整理潜力的特征主要有以下几点。

第一，针对性。土地开发整理潜力总是针对某一确定的土地用途而言的。离开了潜力的对象，就无从谈潜力。

第二，地域性。土地开发整理潜力的大小应是针对一定的地域范围而言的，如全国土地开发整理潜力、全县土地开发整理潜力等。没有具体的地域范围，就无法进行潜力的比较。

第三，相对性。土地开发整理潜力是一个具有大小或等级的概念，潜力本身就是相对而言的。

第四，多样性。由于对“潜力”含义的理解不同，其表达的指标也是多样的。归纳起来潜力应是质与量的统一。评价潜力时，既可用单一指标评价法，也可用多指标综合评价法。

第五，复杂性。不论是表达“潜力”的单一指标，还是综合指标，其影响因素都是众多而复杂的。

第六，时限性。土地开发整理潜力总是相对于某一时点或可预测时段内的生产力水平而言的。生产力水平越高，人们利用土地的技术能力越强，潜力就越大；反之，则越小。

（三）土地开发整理潜力调查与评价

土地开发整理潜力调查方法、内容与潜力评价方法、评价指标体系是相互关联的，不同类型潜力的评价方法、评价指标是不同的，其潜力调查的方法、内容也就不同。因此，必须根据不同的潜力类型，选择不同的评价方法和评价指标，确定相应的潜力调查方式和内容。

1.耕地整理潜力

（1）评价方法

由于影响耕地整理潜力的因素具有多样性和复杂性，因此，评价耕地整理潜力的方法也是多种多样的。进行耕地整理潜力评价既可以采用单一指标评价法，也可以采用多指标综合评价法。

单一指标评价法具有简单、适用、便于操作的特点，但难以体现潜力的综合特性；多指标综合评价法虽反映了潜力的综合特性，但在指标的选取、量化、权重的确定上受人为影响较大，程序上也较为烦琐。

（2）评价指标

耕地整理潜力是指通过综合整治耕地及其间的道路、沟壑、田坎、坟地、零星建设用地和未利用地等，提高耕地质量，增加有效耕地面积。从耕地整理潜力的含义可以看出，耕地整理的对象包括三个方面。

一是利用率较低的耕地，表现为地块规模小，分布散乱，中间夹杂分布着较多的其他闲散地；二是产出率较低的耕地，表现为单位面积的产出量低；三是利用率和产出率都较低的土地，从理论上讲，这是最值得整理的对象。

耕地整理潜力评价指标的选择首先应考虑其潜力具有“质”与“量”的双重性；其次，应考虑耕地整理的最终目的是提高耕地的生产能力、增加产出量；再次，应考虑理论潜力与现实潜力的差别。由理论潜力转化为现实潜力需要一定的支持条件，如资金条件、技术能力、生态适应性等。可以说，耕地整理潜力是多因素综合影响的结果，建立评价指标体系是评价耕地整理潜力的前提。

在现实的土地整理项目运作过程中，项目立项规模相对来说是容易满足的，因此非有效耕地比例实际上是耕地整理潜力“量”的决定性因素。耕地产出的预期提高幅度虽然是整理后耕地质量的外在表现，但它与土地利用的实际投入有很大的关系，因此一般只适宜作为评价耕地整理潜力等级的辅助性分析。

（3）调查内容

耕地整理潜力的调查内容与其潜力评价指标和评价方法有关。在采用单一指标评价法时，只需直接调查该指标的影响因子。在采用多指标综合评价方法时，调整的内容相对复杂，就需要体现潜力的“数量”与“质量”双重特征。

（4）调查方法

县级土地开发整理规划中的耕地整理潜力调查可以采用下列两种方法之一，有条件的地方可同时采用两种方法并进行相互校核。

第一，以乡镇为单位，分村采用实地抽样调查与问卷调查相结合的形式进行调查。

第二，以乡镇为单位，按集中连片耕地的总体坡度分别选取典型样区进行实地调查，典型样区面积应不小于该乡镇此类型耕地面积的2%。

（5）潜力分级

耕地整理潜力分级首先应考虑规划的层次。省级土地开发整理规划一般以县（区、市）为分级单元较为适宜。县级土地开发整理规划则以乡（镇）为分级单元较为合适。有条件的地方，分级单元可以更小一些。潜力级别的划分应根据各分级单元的个数和潜力的差异幅度确定。潜力级别一般以不少于3个级别为宜。

2.农村居民点整理潜力

（1）农村居民点整理潜力的内涵

农村居民点整理潜力主要是指通过对现有农村居民点改造、迁村并点等，可增加的有效耕地及其他用地面积。

（2）调查

以乡镇或村为单位，调查农村居民点用地面积、户数、人口数、居民点的个数、村镇建设标准、当地建房用地标准及村镇规划对该居民点的安排。

3.土地复垦（开发）潜力

土地复垦（开发）潜力的分析评价与潜力分级，在方法上与耕地整理潜力是基本一致的，但在调查内容、调查方法上有较大差异。由于待复垦和待开发的土地分布零散，所以应采取实地逐片调查法，以全面准确地查清后备土地资源的总量。

土地复垦（开发）潜力调查可以乡镇为单位，根据1∶10000的土地利用现状图，按图斑对废弃地（未利用地）进行调查。已计入土地开发整理范围的废弃地（未利用地）应予以剔除，以免重复。采用实地按图斑调查的优点是能够结合实地情况对待复垦（开发）的土地进行现场的适宜性评价。主要调查内容有废弃地（未利用地）的面积、坡度、有效土层厚度、土壤质地、水源保护情况、有无限制因素、是否适宜复垦（开发），以及可复垦（开发）为耕地、园地和其他农用地的面积。

第十章　地籍管理与地籍调查

第一节　地籍管理与地籍调查概述

一、地籍管理

（一）地籍管理的概念及意义

1.地籍管理的基本概念

地籍管理是国家对耕地及其相关信息进行建立和有效控制的一种科学方法。该管理系统包括所有权、使用权、土地面积、具体位置以及对土地和附属物的限制范围等一系列信息。其中，每块土地的所有权被视为地籍的核心要素，而地籍信息以数字、图像和文书形式存在。中国的地籍管理体系主要分为地图集、数据集和书籍等部分，每个部分都具有特定的记录功能，并相互关联形成一个整体。在中国，地籍管理涉及行政、经济、法律和技术等多个方面。具体而言，地籍管理方法包括土地基础信息调查、地籍数据测量、土地所有权和产权登记、地块分类以及档案的日常管理。这些方法通过科学手段，确保土地资源的合理利用，保障土地所有权的合法权益，促进国家的经济和社会发展。地籍管理的行政方面包括政府机构对地籍信息的监管和管理，以确保信息的准确性和完整性。经济方面涉及相关资源的有效配置，以最大限度地发挥土地的生产和经济潜力。法律方面则包括对土地权益的法律保护和产权登记，确保土地使用的合法性。技术方面主要包括先进的地籍测量技术和信息管理系统，以提高数据的准确性和处理效率。中国的地籍管理方法是一个综合性的、科学化的体系，通过行政、经济、法律和技术手段，确保土地信息的准确性、合法性和完整性，为国家的可持续发展提供了坚实的基础。

2.地籍管理的意义

土地规划和利用是在地籍管理的基础上制订的，通过对耕地信息的科学分析，各级国土资源部门能够确定不同地区土地利用的方向和主要目的。调整土地权属的主要目的在于更有效地利用土地资源，避免土地资源的浪费，而这一切都围绕着地籍管理展开。实际上，很多时候，国家的重要决策都需要通过对地籍基础数据的深入分析，将其作为评判国家土地安全的重要依据和参考。在土地规划和利用过程中，地籍管理发挥着至关重要的作用。首先，通过地籍管理系统的建设和维护，可以提供准确、详细的土地信息，为制订科学合理的土地规划提供数据支持。其次，地籍管理有助于确定土地的权属状况，为土地规划提供法律依据。这有助于避免规划冲突，确保土地利用的合法性和稳定性。土地权属的调整也是为了更好地实施土地规划和利用。通过对土地所有权的调整，可以更灵活地适应不同时期和不同地区的土地利用需求，提高土地利用的效益和经济效益。地籍管理作为土地权属调整的基础，为这一过程提供了必要的数据支持和管理手段。地籍管理有助于维护土地的正常使用和运营秩序。通过对土地信息的准确记录和监管，管理层能够更有效地防范违法占用土地、滥用土地资源的行为，维护土地资源的可持续利用。地籍管理还为具体实施和监督与土地有关的税费政策提供了支持。通过对土地价值、土地用途等信息的准确掌握，可以更精确地制订税费政策，确保国家和集体利益不受侵犯，促进土地资源的公平分配和可持续利用。地籍管理在土地规划和利用中发挥着不可替代的作用，它为决策提供了科学的依据，为规划和利用提供了可靠的数据支持，同时通过对土地权属的调整和管理，保障了土地资源的合理利用，有力地维护了国家和社会的利益。

（二）我国地籍管理的现状

近年来，我国地籍管理取得了显著进步，城乡土地管理政策的稳定和推进为我国土地管理带来了积极变化。在城市和农村地区，不断加强土地使用者的土地管理意识，有力地缓解了土地纠纷。通过减少事故发生率和实施地籍管理，中国城乡土地利用数据得以及时更新，地籍管理工作取得了重大突破。这些进展为我国准确把握土地的数量、分布和使用情况提供了强有力的支持。地籍管理的关键环节之一是土地登记，它在确保土地管理有效进行方面起着至关重要的作用。

近年来，我国在土地登记方面取得了显著成就，不仅加强了土地使用者的登记意识，而且通过政策和技术手段的创新，不断提升登记信息的完善程度。只有通过完善的登记信息，地籍管理部门才能更好地了解土地的权属关系、利用情况，为土地资源的科学管理提供准确数据支持。在地籍信息记录方面，仍然存在一些问题。其中一个突出的问题是地面上没有附件记录，导致地籍信息无法提供空间土地信息。在现代地理信息系统（GIS）的发展下，将地籍信息与空间数据相结合，对土地管理具有重要意义。通过空间地籍信息，可以更直观地展示土地的空间分布、相邻关系，为土地规划和管理提供更全面的视角。因此，进一步改进地籍信息记录方式，加强地籍信息与GIS的整合应成为地籍管理的一项重要任务。另一个问题是在地籍管理数据库中，地籍信息不反映桥梁、道路、公园、湖泊和河流等地籍信息数据。目前地籍管理主要记录土地的属性信息，而对于地物要素的图形信息较为欠缺。这导致了地籍信息内容缺乏全面系统的完整性，难以满足综合性地理空间规划和管理的需求。为此，应加强地籍信息与地理信息系统的融合，将地籍数据与地物要素相结合，以建立更为综合的地理数据库，实现土地管理的全面覆盖。在实践工作中，地籍管理部门需要主动研发创新管理办法，以适应新时代的发展需求。地籍调查工作如果缺乏主动研发的创新管理方法，容易陷入被动局面，影响地籍管理工作的实施和发展。因此，可以通过引入现代技术如无人机测绘、人工智能等，提高调查效率和精度；通过建立智能化的地籍信息系统，提升数据管理和查询的便捷性；通过推动地籍信息与其他行政管理系统的集成，实现信息的无缝共享。这些创新管理办法有助于提高地籍管理工作的水平，推动我国城乡土地管理不断迈向更加科学、高效的阶段。近年来，我国地籍管理的进步为城乡土地管理提供了强大的支持。然而，当前仍需进一步完善地籍信息记录方式，提升地籍信息的完整性和时效性。通过引入现代技术手段和创新管理方法，进一步推动地籍管理的现代化，为我国土地资源的科学管理和可持续利用提供更为有力的保障。

（三）地籍管理的方法

1.完善地籍数据库

数据库在地籍管理信息化系统中扮演着至关重要的角色，是一个不仅重要，而且富有价值的平台。在地籍管理中，各种关键信息都被存储在数据库中，这使得数据库成为地籍管理工作的核心。数据库在地籍管理中的价值体现在其承载了各类地籍信息。这包括土地所有权、使用权、面积大小、地类分类等关键数据。这些信息的准确性对于土地规划、权属调整等工作至关重要。通过数据库，地籍管理者可以方便地查阅和分析这些信息，为科学合理的决策提供数据支持。数据库中的数据不可避免地会受到日常实地调查的限制，可能存在模糊分类和面积偏差等问题。因此，建议对数据库进行调查核实，及时补充和修改错误数据，以保证数据的准确性和完整性。这可以通过定期的实地调查和对照地籍档案进行数据的修正和更新来实现。这样的工作不仅有助于弥补因调查不细致而导致的数据问题，也提高了数据库的质量和可靠性。

在地籍管理的日常工作中，及时更新数据库的数据资料是至关重要的。随着土地利用状况的变化、法规政策的更新，数据库中的信息也需要保持同步。及时的数据更新可以确保地籍资料的精准性，为各种决策提供准确的支持。这包括土地所有权的变更、地块的分割合并等情况，都需要在数据库中得到及时的反映。为了实现数据库的有效管理，建议建立起科学的数据库维护机制。这包括定期的数据审核与核实、建立数据库更新的标准和流程、培训管理人员熟练使用数据库工具等。科学的维护机制有助于提高数据库的管理效率，确保其持续、稳定地为地籍管理提供支持。数据库在地籍管理中扮演着不可或缺的角色。通过对数据库的调查核实、及时的数据更新和科学的维护机制，可以保障地籍信息的准确性和及时性，从而为国家土地资源的科学合理利用提供强有力的支持。

2.提高地籍管理软硬件设施建设

信息化设备是进行地籍信息化工作的基础，而完善地籍管理软硬件设备建设是提高地籍管理效率的关键。在硬件设施方面，购置适当的计算机设备、网络设备、通信设备、测量设备、GPS技术设备、各类传感器和无人机等硬件装备，对于提高数据采集、处理和传输的效率至关重要。在采购过程中，要本着经济性原则，选择质量合格、精准度高的硬件设备，确保其能够满足地籍管理的需求。另外，在软件设施方面，购置适用的地籍管理信息化系统是关键一环。这样的系统可以实现办公自动化、土地测量自动化、信息传输自动化等功能，提高工作效率。与软件供应商合作，开发具有高安全性、兼容性和可扩展性的信息管理系统，是地籍管理部门的一项战略选择。这种系统的设计应充分考虑地籍管理的未来发展需求，确保系统能够适应不断变化的工作环境和技术要求。为了提高信息系统的安全性，地籍管理部门可以与专业的软件供应商合作，制订安全性标准和协议。在信息传输和存储过程中，采取适当的加密措施，防范信息泄露和恶意攻击。

此外，定期维护和升级软件系统也是确保其稳定性和安全性的重要手段，保持系统与最新技术的兼容性。

随着技术的不断发展，地籍管理部门还可以考虑引入人工智能（AI）和大数据分析等先进技术，以提高地籍信息的处理和分析能力。这可以包括利用AI算法进行图像识别、数据挖掘，以及通过大数据分析预测土地利用趋势等。这些技术的应用有望进一步提升地籍管理的水平和效率。完善地籍管理的软硬件设备建设是推动地籍信息化工作的关键一步。通过合理采购硬件设备、选择适用的信息化系统、与软件供应商合作开发安全可靠的系统，并引入先进技术，地籍管理部门能够提高工作效率，更好地满足国家土地资源管理的要求。

3.提升地籍管理水平

传统的地籍管理工作主要依赖地籍管理人员在测量土地时手工采集土地信息。尽管地籍管理人员使用了丈量工具来确定土地的产权归属，并进行了标记，但随着时间的推移，土地的相关信息会逐渐模糊。由于丈量过程中存在不准确的情况，容易导致相邻土地在产权归属上出现分歧。同时，由于缺乏原始记录，对于房地产登记等工作，难以提供有力的证据。为解决这些问题，在地籍管理信息化工作中，引入现代技术如GPS技术和北斗技术等信息设备成为改进土地测量的重要途径。采用GPS技术和北斗技术等信息设备可以提高土地测量工作的准确性，减少测量误差。这些先进技术能够实现高精度的地理定位，确保测量结果更加准确可靠。通过这些技术的应用，地籍管理人员能够更精细地划定土地边界，确保土地的产权归属得以准确记录。将土地相关信息录入计算机信息系统，并存储到数据库中，能够长久地保存土地信息，为未来的不动产登记工作提供原始的档案依据。数字化的记录不仅便于管理和检索，而且能够有效地避免信息的遗失和模糊。这为土地确权提供了稳固的基础，有助于明确土地的权属关系，防止产生分歧，并为法律程序提供有力支持。在地籍管理工作中，及时更新和跟踪地籍基础数据是至关重要的。通过保证基础数据的准确性，可以避免因信息过时而导致的错误决策。这需要建立健全的数据管理制度，确保数据的及时更新，并采用先进的信息技术手段来实现数据的有效跟踪和管理。地籍管理在土地和资源中扮演着重要角色，对社会经济的发展起着积极作用。通过信息化工作，地籍管理不仅提高了土地测量的精确性和效率，还消除了土地产权中的分歧，为土地资源的合理利用提供了有力的支持。这有助于促进社会经济的快速发展，推动土地管理工作朝着更加科学、高效的方向发展。因此，地籍管理信息化工作是一个持续改进和发展的过程，对国家土地资源的管理和保护具有重要意义。

4.提高地籍档案管理标准化

随着地籍管理的不断深入，地籍管理工作逐步迈向规范化和现代化的发展道路。在这一过程中，加强基层土地地籍管理显得尤为重要，需要实施现代科学的采集方法和测绘技术，以真正实现和完善地籍管理的相关工作内容。这涉及引入现代技术和设备、提高工作效率，以及根据未来发展方向进行规章政策的优化和调整，特别是在土地档案管理领域的发展。引进现代技术和设备是基层土地地籍管理的关键。采用先进的测绘技术，如GPS和遥感技术，能够提高测绘的精确度和效率，确保土地信息的准确性。此外，数字化的地籍管理系统也应得到广泛应用，以便实现信息的数字化采集、存储和管理。通过引入这些现代技术和设备，基层地籍管理工作可以更迅速、准确地完成，提高了整体工作效率。分析未来地籍管理工作的发展方向并根据土地档案管理的实际需要，优化和调整工作范围、规章和政策是必要的。应当不断完善档案部门的职能结构，以适应现代地籍管理的要求。社会功能也应该得到更大程度的发挥，实现地籍管理与其他相关领域的信息交流、共享，实现信息的互联互通。这有助于提高地籍管理的整体效能，为其他部门的决策提供更准确的土地信息。

现阶段，对于地籍管理的各项工作，应当进行内容与格式的统一。例如，要对土地登记信息表的格式与内容进行统一规划。通过统一的格式和内容标准，可以简化录入和存档的流程，提高土地申报的效率，同时减少不动产登记工作中的不必要环节。这种标准化的管理方式有助于提高工作效率，减轻管理负担。加强基层土地地籍管理是地籍管理现代化进程中不可或缺的一环。通过引入现代技术、设备和优化工作流程，可以提高基层地籍管理的效率和精准度。

此外，对未来发展方向的深入分析，以及与其他领域的协同合作，都有助于推动地籍管理工作向更高水平迈进。地籍管理的规范化和现代化不仅是行政管理的需要，更是社会经济发展的基石。通过不断改进和完善，地籍管理将更好地服务于国家土地资源的合理利用和社会的可持续发展。

二、地籍调查

（一）地籍及相关概念

地籍调查是土地管理的重要组成部分，根据其目的、方法特点等的不同，可分为初始地籍调查和变更地籍调查两大类。初始地籍调查是在土地登记之前进行的区域性普遍调查，是对工作区域的初始调查。变更地籍调查，又称为日常地籍调查，是在土地信息发生变化时利用初始地籍调查成果对变更宗地进行的调查，旨在保持地籍资料的现势性和连续性。地籍调查根据调查区域或行政管理可分为城镇地籍调查和农村地籍调查。

1.初始地籍调查

初始地籍调查是土地登记之前进行的一项区域性普遍调查，旨在获取工作区域的基础地籍信息。这项调查通常覆盖整个城市或农村地区，以获取土地的基本特征、归属关系、地形地貌等方面的数据。初始地籍调查被认为是土地登记的前奏，为后续土地管理和合理利用提供了必要的基础数据。在城市地籍调查中，由于土地利用率高、建筑物密集、土地价值高等因素，对其精度和技术要求通常相对较高，一般采用较大的比例尺，如1∶500或1∶1000。初始地籍调查的目的在于全面了解工作区域内土地的基本情况。这包括土地的地理位置、地形地貌、自然资源分布、水系状况等方面。通过对这些基础信息的收集和整理，调查人员可以建立一个全面的地籍数据库，为土地登记和后续的土地管理工作打下坚实基础。初始地籍调查的一个重要方面是获取土地的归属关系，这涉及土地的所有权和使用权等关键信息。在农村地区，尤其是涉及农田和集体土地所有制的情况下，调查人员需要了解土地权属的历史沿革、集体经济组织的角色等，以确保土地权益的准确登记。在城市地籍调查中，由于土地利用密集，调查的复杂性增加。因此，采用较大比例尺是为了提高测绘精度，确保绘制的地籍图与实地情况相符。这涉及对城市建筑物、道路网络等细节的精确测量，以保障地籍信息的准确性和可靠性。在初始地籍调查中，先进的技术工具如全球定位系统（GPS）、卫星遥感技术等也发挥了重要作用。这些技术的应用可以提高调查的效率，特别是在大范围地区的信息获取和整理上，为土地登记提供更为精准的数据支持。完成初始地籍调查后，获得的数据将被用于建立地籍档案和制作地籍图。这些档案和图表将成为土地登记的重要参考资料，为土地的合理管理和利用提供了基础信息。初始地籍调查是构建土地管理体系的关键一步。通过全面了解土地的基本状况和权属关系，初始地籍调查为土地登记提供了有力支持，为土地资源的科学管理和合理利用奠定了基础。特别是在城市地籍调查中，高精度和先进技术的应用将提高土地信息的准确性和时效性，有助于城市规划和可持续发展。

2.变更地籍调查

变更地籍调查，也称为日常地籍调查，是一项在土地信息发生变化时进行的关键调查工作。这种变更可能涉及土地所有权的变更、土地用途的变更等情况。通过利用初始地籍调查成果，对变更宗地进行深入调查，以保持地籍资料的现势性和连续性。变更地籍调查是地籍管理的日常性工作，其目的在于及时更新土地信息，确保地籍资料的准确性和完整性。地籍调查是土地管理体系中至关重要的组成部分，其主要任务是记录土地的所有权、界址、用途等关键信息，以确保土地资源的科学管理和合理利用。然而，由于社会、经济和法律的变化，土地状况也经常发生变更，因此有必要进行变更地籍调查以跟踪这些变化。变更地籍调查的对象主要包括土地所有权的变更和土地用途的变更。土地所有权的变更可能涉及土地的买卖、继承、划拨等情况，而土地用途的变更可能涉及土地的规划调整、建设项目的变更等。这些变更对于土地管理部门和相关利益方而言都是敏感而重要的信息。在进行变更地籍调查时，首先需要收集并分析相关变更信息。这包括法律文件、不动产交易记录、规划许可证等。通过仔细研究这些信息，可以了解土地变更的原因和性质，为后续的调查提供有力支持。调查人员需要实地走访，对变更地块进行详细的测量和记录，这包括测量界址、确认土地所有权归属、了解土地用途等。现代技术如全球定位系统（GPS）和遥感技术也可用于提高测绘的精度和效率。完成测绘后，调查人员需要更新地籍档案，确保新的信息被准确记录并与原始地籍调查结果相一致。这有助于保持地籍资料的连续性，使其能够真实反映土地的现状。变更地籍调查的频率通常取决于土地变更的情况和管理部门的要求。在高度发展和变化迅速的地区，可能需要更频繁的调查以保证地籍资料的及时性。而在相对稳定的地区，则可以适度延长调查周期。变更地籍调查的重要性不仅在于更新土地信息，还在于确保土地资源的合理管理和利用。及时了解土地变更情况，有助于规避潜在的纠纷和冲突，促进土地资源的有效配置。此外，对于城市规划、基础设施建设等方面，准确的地籍信息也是不可或缺的基础。变更地籍调查是地籍管理的一项基础性、日常性工作，对于维护土地信息的准确性和完整性至关重要。通过科学、高效地进行变更地籍调查，能够更好地服务社会发展和土地资源的可持续利用。

3.城镇地籍调查

城镇地籍调查作为土地管理的重要组成部分，主要聚焦于城市和镇城区用地、独立工矿用地以及交通用地等领域。由于城镇土地利用率高、建筑物密集、土地价值高等特殊因素，城镇地籍调查在精度和技术要求上相对较高。通常采用较大的比例尺，如1：500或1：1000，以确保调查结果的准确性和详尽性。城镇地籍调查的目标主要包括对城市和镇城区用地的所有权、界址、用途等关键信息进行全面、深入的调查。此外，独立工矿用地和交通用地作为城镇地籍的重要组成部分，也需要受到特别关注。在进行城镇地籍调查时，首先需要对城市和镇城区的整体规划和土地利用状况有清晰的认识。这可能涉及城市总体规划文件、土地利用规划、建设项目规划等多方面的信息。了解城市的发展方向和重点区域，可以为后续调查提供指导。对于独立工矿用地，调查人员需要关注其所有权、用途以及可能存在的环保等方面的问题。工矿用地通常涉及工业和生产活动，因此需要更加详细的调查来确保土地的合理利用和环境的可持续发展。交通用地作为城市基础设施的一部分，对其开展调查也至关重要。这可能包括道路、桥梁、交叉口等各种交通设施的所有权、规划用途等信息。对于城市流动性的提高和基础设施建设的顺利进行，准确的地籍信息是不可或缺的。在进行实地调查时，城镇地籍调查通常需要面对城市环境的复杂性和多样性。建筑物的密集、道路的纵横交错等情况可能增加了调查的难度。因此，在测绘过程中，使用较大的比例尺可以提高测绘的精度。现代技术的运用也对城镇地籍调查起到了积极的推动作用。全球定位系统（GPS）、卫星遥感技术等先进技术的应用，可以提高调查的效率和准确性。这些技术不仅可以用于实地测量，而且可以用于数据的处理和分析，使得城镇地籍调查更加科学和智能化。完成地籍调查后，更新地籍档案是不可或缺的一步。将新的调查结果准确记录，并与原始地籍调查结果相匹配，有助于保持地籍资料的连续性和完整性。城镇地籍调查的精度和技术要求相对较高，但这也是为了更好地应对城市的复杂环境和高度发展的土地利用。通过科学、精准地进行城镇地籍调查，可以更好地为城市规划、土地管理以及基础设施建设提供可靠的地理信息支持，促进城市的可持续发展。

4.农村地籍调查

农村地籍调查是土地管理体系的重要组成部分，其范围主要涵盖城镇郊区、农村集体所有制土地、农村居民地以及农场的国有土地。相对于城镇地籍调查，农村地籍调查通常对精度的要求相对较低。一般采用较小的比例尺，如1：1000或1：2000，以适应农村地区土地利用散乱、变化缓慢的特点，保障调查的成本效益和实用性。农村地籍调查的目标主要包括对城镇郊区的农村土地、农村集体所有制土地、农村居民地和农场的土地进行全面、系统的调查。其中，农村土地的特点包括广泛分布、土地利用相对散乱，而农村集体所有制土地则体现了农村集体经济组织对土地的管理和使用。对于城镇郊区的农村土地，调查人员需要关注土地的所有权状况、土地用途、界址等关键信息。由于郊区的土地利用相对松散，农田与自然景观的交织，调查更需要强调对农业用地、自然地貌等的详细记录，以确保农村地籍信息的全面性。农村集体所有制土地是农村地籍调查的一个重要组成部分。在中国农村，集体所有制土地是集体农民经济组织所有的土地，调查需关注土地的使用权、经营权、管理权等情况，以便维护农民的合法权益，促进农村集体经济的健康发展。农村居民地的地籍调查涉及农村居民用地的所有权、界址等信息。由于农村居民地通常较为分散，建筑密度相对较低，因此调查的难度相对较低，但同样需要确保调查结果的准确性，以满足土地管理和规划的需要。农场的土地调查需要关注土地的国有性质、使用状况等关键信息。农场通常规模较大，因此在调查时更需要强调对土地资源的合理管理和利用，以促进农业生产，提高经济效益。由于农村地区土地利用相对较散，土地变化较为缓慢，农村地籍调查相对城镇地籍调查的精度要求较低，一般采用较小的比例尺，如1∶1000或1∶2000，有助于降低调查成本，提高调查效率。这并不意味着对农村地籍调查的重视程度降低，而是在保障信息准确性的前提下，更注重实用性和成本效益。在进行农村地籍调查时，也可以借助现代技术如全球定位系统（GPS）、卫星遥感技术等，以提高调查的效率和准确性。这些技术的应用可以使调查更具科技含量，为农村土地管理提供更为智能化的支持。农村地籍调查在维护土地资源的合理管理、保障农民权益、促进农村经济发展等方面起到了至关重要的作用。通过科学合理的调查手段，农村地籍信息可以为农业生产、土地规划和资源管理提供有力支持，促使农村地区实现可持续发展。

（二）地籍调查的分类

地籍的分类方式因其目的、方法特点等的不同而多种多样，通常情况下，地籍调查可以分为初始地籍调查和变更地籍调查。初始地籍调查是初始土地登记之前的区域性普遍调查，是工作区域的初始调查。变更地籍调查也叫日常地籍调查，是在土地信息发生变化时利用初始地籍调查成果对变更宗地的调查，是地籍管理的日常性工作，其目的是保持地籍资料的现势性和连续性。按照调查区域或行政管理地籍调查可分为城镇地籍调查和农村地籍调查。城镇地籍调查是对城市、镇城区用地，独立工矿用地，交通用地的调查，由于城镇土地利用率高、建筑物密集、土地价值高等因素，因此相对于农村地籍调查其精度、技术要求都比较高，比例尺也比较大，一般为1∶500或1∶1000。农村地籍调查是对城镇郊区、农村集体所有制土地、农村居民地、农场的国有土地的调查。其精度要求相对较低，比例尺一般为1∶1000或1∶2000。

（三）地籍调查的基本内容

1.宗地的调查

地籍调查是为土地登记以及制订土地税费标准、土地利用规划、城市规划、区域性规划和有关政策等提供科学依据而进行的工作。地籍调查的核心内容主要包括权属调查和地籍测量两个方面。其中，权属调查进一步分为宗地权属状况调查、界址点认定调查、土地利用类型调查等三个主要工作，而地籍测量则包括地籍平面控制测量、地籍碎部测量、地籍图绘制、面积量算等任务。这些工作通过科学的方法同步进行，利用现代技术手段，为土地登记和管理提供准确的地籍信息。权属调查是地籍调查的关键步骤之一，其目的是对每宗土地进行确切的描述和记载，以获取土地的权属信息。宗地权属状况调查主要关注土地的所有权、使用权和其他权利的性质及来源证明。这项工作在调查过程中需要依循法定程序，通过行政手段来调查核实土地的法定权属关系。界址点认定调查是为了明确土地的具体范围，标定界址点，以确保后续的地籍测量和图绘工作的准确性。土地利用类型调查则涉及对土地用途、地类等方面的信息进行详细调查。地籍测量是地籍调查的另一重要组成部分，其任务是通过测量、计算等技术手段，获得土地的几何、地理等详尽信息，用于绘制地籍图和提供面积等数据。地籍平面控制测量是为了建立地籍图的基准，保证地籍图的几何精度。地籍碎部测量包括测定界址点位置、测绘地籍图、宗地面积量算、绘制宗地图等环节。随着测绘新技术的发展，尤其是GPS技术的引进，控制测量和碎部测量已经形成同步进行的趋势，为地籍测量提供了更高的效率和精度。

地籍调查的基本单元是宗地，宗地是指被权属界址线封闭的独立权属地块。宗地的划分原则主要以方便权属管理为基础，一宗地原则上由一个土地使用单位使用。如果同一个土地使用两块或两块以上不接连的土地，则应划分为两个或两个以上的宗地。而如果一个相对独立的自然地块同时由两个或两个以上的土地使用者共同使用，其间又难以划清使用界限，这种情况下这个地块也被视为一宗地，被称为混合宗。宗地的划分不仅有助于明确土地权属，也为土地管理提供了实际操作的基础。在进行土地权属调查和地籍测量时，需要对土地的权属性质和来源进行详细的调查。这包括土地的所有权、使用权和其他权利的性质，以及这些权利的来源证明。此外，还需要对土地的具体情况进行调查，包括界址、面积、坐落、用途（地类）、使用条件、等级、价格等方面的信息。这些信息是土地登记、制订税费标准、土地规划等重要的科学依据。在整个地籍调查的过程中，应用现代技术手段是非常关键的。全球定位系统（GPS）、卫星遥感技术等先进技术的运用，可以提高地籍调查的效率和准确性。这些技术不仅可以用于测量，还可以用于数据的处理和分析，使得地籍调查更加科学和智能化。地籍调查是土地管理体系中的基础性工作，为土地登记、税费制订、规划等提供了不可或缺的科学依据。通过权属调查和地籍测量，可以获取土地的详细信息，确保土地权属的合法性和可靠性，促进土地的合理管理和可持续利用。

2.土地权属调查

土地权属调查是通过对土地权属及其权利所涉及的界线进行调查，标定土地权属界址点、线，绘制宗地草图，调查用途，填写地籍调查表，为地籍测量提供工作草图和依据的过程。宗地是调查的基本单元，而地籍测量则是在土地权属调查的基础上，利用仪器，科学测量宗地的权属界线、界址位置、形状等，计算面积，绘制地籍图和宗地图，为土地登记提供依据。地籍测量包括地籍控制测量和地籍碎部测量，后者涵盖了测定界址点位置、测绘地籍图、宗地面积量算、绘制宗地图等环节。权属调查是在法律程序和有关政策的指导下进行的。它通过行政手段，调查核实土地权利状况，明确界址点和权属界线。权属调查主要是定性的，其目的在于确定土地的法定权属关系，依法依规为土地登记提供准确的权属信息。在这一过程中，法律程序和政策导向对调查的方向和方法有着明确的规定。地籍测量则是一项技术性工作，主要涉及测量、计算地籍要素的过程。地籍测量以科学的方法，借助专业仪器，测量宗地的各项要素，计算宗地面积，绘制地籍图和宗地图。这是一个定量的过程，其目的在于提供准确、可靠的地理信息，为土地登记提供具体的技术依据。在地籍测量中，精准度和准确性是关键因素，因此采用合适的测量仪器和方法至关重要。权属调查和地籍测量在过程和目的上有着密切的联系，但也存在质的区别。权属调查主要关注土地的法定权属关系，依法依规调查核实，具有法律性质，是一项定性的工作；而地籍测量则注重测量、计算等技术性工作，是一项定量的过程，其成果以精确的地理信息形式呈现。这两个过程相互补充，共同构成土地登记的完整流程。地籍调查是在法律程序和技术程序的指导下进行的，调查工作的成果对于维护法律尊严、政府威望、树立国土资源行政主管部门的管理权威和信誉起到了重要作用。地籍调查成果在土地登记后具有法律效力，成为土地权属的法定依据。

因此，地籍调查不仅是为了提供土地信息，更是为了维护土地法律秩序、确保土地权属的合法性和可靠性。在实施地籍调查和测量的过程中，技术手段的不断创新与运用是至关重要的。全球定位系统（GPS）、卫星遥感技术等现代技术的运用，可以提高调查和测量的效率和精度，使土地登记工作更为科学和智能化。土地权属调查和地籍测量是土地登记体系中不可或缺的两个环节。权属调查提供了土地的法定权属信息，强调法律性质，而地籍测量注重精确的测量和计算，提供了技术性的依据。这两个环节共同为土地登记提供全面、准确、可靠的数据，推进土地管理的科学化和法治化。

第二节 三维地籍管理与确权登记

一、三维地籍管理

（一）三维地籍管理的概念

三维地籍管理的引入标志着地籍管理领域的一次深刻变革。传统地籍管理主要关注土地在水平平面上的各类信息，如界址、面积、权属等，然而，随着城市化进程的加速和土地利用的多样性，人们对土地空间信息的需求日益提升，使得传统地籍管理在满足多维度需求方面显得有些力不从心。为了更好地适应现代城市发展的需要，三维地籍管理应运而生，旨在将空间立体信息引入地籍管理，使之不仅仅关注地物在水平方向上的坐标，更包含垂直方向上的坐标信息，从而形成一个具有三维空间属性的地籍信息体系。三维地籍管理的核心理念在于将地籍信息从平面拓展到三维空间。传统地籍管理的视角较为狭窄，主要集中于土地的表面特征，而对于地下和空中空间的信息则了解有限。然而，三维地籍则通过引入高程、建筑物高度等垂直方向信息，实现了对土地、地物的立体化管理。这一变革不仅拓宽了地籍管理的维度，更为城市规划、资源管理、环境监测等提供了更为全面和精准的信息支持。三维地籍管理在城市规划中发挥着至关重要的作用。城市作为人类活动的主要场所，其规划和发展需要充分考虑土地的三维特性。通过三维地籍管理，规划者可以更准确地了解土地的立体分布情况，包括地表、地下和空中的利用情况。这有助于规划者可以更科学地制订城市发展策略，合理安排土地利用结构，提高城市空间的利用效率，同时确保城市环境的可持续发展。三维地籍管理为土地资源管理提供了更为精准的信息基础。通过对土地的三维信息进行管理，政府可以更好地了解土地的利用状况和资源分布，有针对性地进行资源规划和合理配置。例如，在农业领域，通过三维地籍管理可以更精确地确定土地的坡度和高程，为农业生产提供科学依据，实现土地的可持续利用。在矿产资源管理中，三维地籍管理也可以帮助政府更好地监管矿区的开发活动，防止资源过度开采和环境污染。三维地籍管理在房地产领域的应用也日益受到重视。在城市建设和房地产开发中，土地的三维信息对于确定建筑物的高度、容积率等规划参数至关重要。房地产开发商可以更好地了解土地的空间特性，合理设计和规划建筑物，提高土地的利用效率，也有助于确保建筑物的结构稳定和环境友好。

（二）三维地籍管理的特点

1.空间立体性

传统的地籍管理模式集中在土地的水平平面位置信息上，侧重于记录地物的经度和纬度坐标。传统的管理方式主要包括土地的边界、面积、权属等水平方向的属性。然而，随着社会和经济的发展、城市化进程的加快，以及科技的不断创新，传统地籍管理模式逐渐显露出一些不足，为了更好地适应现代城市和土地管理的需求，引入了三维地籍管理，其特点使其成为地籍管理领域的一项重要创新。三维地籍管理突破了传统地籍管理的二维限制，引入了垂直方向上的坐标信息，实现了对土地、地物的三维立体化管理。传统地籍管理主要关注土地在水平方向上的位置信息，而三维地籍管理通过加入高程、建筑物高度等垂直方向信息，使地籍信息更加立体全面。这种全新的视角为城市规划、资源管理、环境监测等领域提供了更为细致、准确的地理信息数据，有力地支持了土地资源的合理利用和城市可持续发展。三维地籍管理提高了地籍信息的精度和准确性。传统地籍管理主要是通过经纬度坐标记录土地位置，但在某些地形复杂、地势多变的区域，这种方式容易导致信息不准确。而三维地籍管理通过引入垂直方向信息，更加细致地描述了土地的立体特征，有助于提高地籍信息的精度。例如，在山区地区，通过记录地表高程和地下地形，可以更准确地划定土地边界，防止发生地籍界址纠纷。三维地籍管理对城市规划和土地利用优化提供了更强大的工具。城市规划者可以更加准确地把握土地的利用状况，包括地表、地下和空中的情况，从而更科学地进行城市空间布局。在土地利用优化方面，通过对垂直方向信息的综合分析，可以更好地确定土地可开发的高度、容积率等规划参数，实现城市空间的合理配置。三维地籍管理对房地产领域也有深远影响。在传统地籍管理中，土地的规划和利用以平面为主，而三维地籍管理的引入为房地产开发提供了更为详细的土地信息。房地产开发商通过充分了解土地的三维信息，能够更合理地规划建筑物的高度、布局等参数，提高开发效益，也更有利于确保建筑物的结构稳定和环境友好。三维地籍管理对于土地资源的科学管理和环境监测也提供了更为精准的手段。通过记录土地的垂直信息，政府可以更全面地了解土地的立体分布，更好地实施资源规划和保护措施。例如，在水土保持方面，三维地籍管理可以提供土地坡度、地形等信息，为农业生产和水资源管理提供更为详细的依据。同时，对于自然灾害的监测和预防，如洪水、滑坡等，三维地籍管理也能提供更为准确的地形和地貌信息，有助于提前预警和应对。在技术创新方面，三维地籍管理为地理信息系统（GIS）等相关技术提供了更为广泛的应用场景。通过引入垂直方向信息，地理信息系统的空间分析能力得到进一步强化，为城市规划、交通规划、自然资源管理等领域的决策提供更为科学的支持。同时，遥感、无人机等技术也得到了更加丰富的发展，为土地信息的获取和更新提供了更为便捷的手段。

实施三维地籍管理也面临一系列的挑战。首先，数据的整合和共享仍然是一个亟待解决的问题。三维地籍管理需要整合来自不同部门和来源的数据，确保数据的一致性和准确性。其次，技术标准和规范的制订也是一个关键的环节，以确保各类数据和信息可以互通互用。此外，隐私保护和信息安全问题也需要得到足够的关注，特别是涉及个人住宅和商业用地等隐私敏感领域。三维地籍管理的引入为传统的地籍管理模式注入了新的活力，通过加入垂直方向信息，实现了对土地、地物更为全面、立体的管理。这不仅满足了现代城市和土地管理的多维度需求，更为城市规划、资源管理、房地产开发等领域提供了更为精确、全面的信息支持。然而，实施三维地籍管理也需要克服一系列技术、管理和隐私等方面的挑战，需要各方共同努力，推动三维地籍管理在实践中得到更为广泛的应用。

2.建筑物三维属性

传统地籍管理模式主要聚焦于土地在水平平面上的位置信息，侧重于土地的表面属性，如边界、面积和权属等。然而，随着城市化进程的加速和科技的不断发展，对土地信息的需求日益多样化，传统地籍管理在某些方面显得不够灵活和全面。为了更好地适应现代城市规划、土地利用规划以及建筑物管理的需求，该管理方式更加注重建筑物的三维属性，包括高度、体积、形状等。三维地籍管理的独特之处在于其对建筑物的三维属性的关注。传统地籍管理主要关注土地在水平平面上的经纬度坐标，而三维地籍管理通过引入建筑物的高度、体积、形状等三维信息，使得地籍信息更加立体和综合。这意味着不仅仅可以了解土地在水平方向上的位置，还能够全面了解建筑物在垂直方向上的高度、形状等属性。这种全新的视角为城市规划、土地利用规划以及建筑物管理提供了更为详细和准确的信息，有助于更科学地制订城市和土地管理政策。三维地籍管理在城市规划方面发挥着重要作用。对于城市规划主要考虑土地的平面布局，而对于建筑物的垂直特征了解较少。引入三维地籍管理后，规划者能够更准确地把握城市中建筑物的高度、分布等信息，有助于更科学地规划城市的立体结构，提高城市规划的效果和可行性。这对于避免城市高楼过密、保障城市开阔度等方面都具有积极作用。三维地籍管理为土地利用规划提供了更为详细的信息基础。通过对建筑物的三维属性进行记录和管理，政府可以更全面地了解土地的利用情况，包括建筑物的高度、占地面积、用途等。这有助于科学地制定土地利用规划，合理配置城市用地结构，也有助于避免土地资源的浪费和过度开发。在建筑物管理方面，三维地籍管理为建筑物的合理布局和管理提供了更为精细的信息。通过记录建筑物的高度、体积、形状等信息，建筑物的设计者和管理者能够更全面地了解建筑物的特征，更好地进行建筑物的设计、施工和维护。这有助于提高建筑物的结构稳定性，确保建筑物的安全和环境友好。三维地籍管理对于房地产行业的发展也有积极的推动作用。在土地开发和房地产建设中，建筑物的三维属性信息对于规划和设计是至关重要的。房地产开发商可以更好地了解土地的立体信息，更精准地规划和布局建筑物，提高土地的利用效益，也有助于确保建筑物的结构和外观符合规划要求。三维地籍管理在科技应用方面也表现出色。随着无人机、卫星遥感等新技术的广泛应用，三维地籍管理的数据获取变得更为高效和精准。通过这些技术手段，可以更便捷地获取建筑物的三维信息，推动地理信息系统（GIS）等相关技术的发展。

3.地下空间管理

三维地籍管理的独特之处在于其不仅关注地表的地理信息，还关注地下的管线、隧道等信息，形成一个更为立体和全面的地籍信息体系。这一创新性的管理模式为城市基础设施的管理、地下资源的利用，以及防灾减灾等方面提供了全新的数据支持，具有重要的实用价值和战略意义。三维地籍管理的一个显著特点是其对地下设施的全面关注。传统地籍管理主要集中在土地在水平平面上的位置信息，而对于地下管线、隧道等设施的关注相对较少。引入三维地籍管理后，不仅能够全面了解地物在水平方向上的位置，还能够深入了解地物在垂直方向上的布局和结构。这意味着城市规划者和基础设施管理者可以更全面地掌握城市的三维空间结构，包括地下管线网络、隧道系统等的详细信息，有助于更科学地规划城市的基础设施布局。三维地籍管理为城市基础设施的管理提供了更为精准和全面的数据支持。在城市化进程中，城市基础设施的建设和管理变得愈加复杂。地下的管线网络、隧道系统等基础设施的合理布局对于城市的正常运行至关重要。三维地籍管理可以准确获取这些地下基础设施的位置、深度、连接关系等详细信息，有助于城市规划者更好地进行城市基础设施的设计和管理。三维地籍管理对于地下资源的合理利用具有重要意义。地下蕴藏着丰富的自然资源，包括石油、天然气、水资源等。通过对地下资源的三维化管理，政府和相关部门可以更全面地了解地下资源的分布和储量情况，有利于科学规划资源的开发和利用。这有助于提高资源利用的效率，也可以减少资源的浪费和过度开采，实现地下资源的可持续利用。在防灾减灾方面，三维地籍管理的应用也具有显著的优势。地震、洪水等自然灾害常常引发地下管线的破坏，进而导致灾害事故的发生。三维地籍管理可以准确获取地下管线的位置、深度等信息，有助于提前发现潜在的灾害隐患，采取有效的预防和保护措施。这有助于降低自然灾害对城市的影响，减少灾害事故的发生概率，提高城市的抗灾能力。

三维地籍管理也为城市的智能化建设提供了有力的支持。通过对地下管线、隧道等的三维信息进行管理，可以建立起数字化的地下城市模型，为城市的智能交通、智能供水、智能排水等系统提供精准的数据支持。这有助于提升城市的运行效率，优化城市的资源利用，实现城市的可持续发展。要实现三维地籍管理在地下信息方面的全面应用，仍然需要克服一些挑战。首先，地下管线网络的复杂性和隐蔽性使得信息的获取相对困难。传统的测量和勘察手段难以满足对地下信息的准确获取需求。因此，需要进一步发展先进的地下勘测技术，如地下雷达、地震勘探等，提高地下信息的获取效率和精度。地下信息的数据共享和整合面临更为复杂的问题。地下管线网络通常涉及多个部门和单位，其数据的获取和管理相对分散。要实现地下信息的全面整合，需要建立跨部门、跨单位的数据共享机制，确保信息的安全性和完整性。同时，相关法律法规和标准也需要进一步完善，以推动地下信息的合理利用和共享。地下信息的管理也涉及安全隐患和环境保护等方面的问题。在进行地下工程和勘测时，需要注意防止地下水源被污染，避免因为地下工程导致地质灾害等问题。这就需要科学地规划和管理，采取有效的措施确保地下信息在获取和利用过程中不对环境造成负面影响。三维地籍管理不仅关注地表，还能够全面了解地下的管线、隧道等信息，为城市基础设施的管理、地下资源的利用以及防灾减灾等方面提供了全新的数据支持。这一管理模式具有重要的实用价值和战略意义，有助于提升城市规划和管理的水平，推动城市向更加智能、可持续的方向发展。

4.精准定位技术

为了实现三维地籍管理，必须依赖更为精准的地理定位技术，这包括全球卫星导航系统（如GPS）、激光扫描技术等先进技术，以实现地物在三维空间中的准确定位。这一系列的先进技术为三维地籍管理的实施提供了强有力的支持，使得土地信息能够更全面、更准确地呈现在管理者面前，为城市规划、土地利用规划以及建筑物管理等方面提供更为精细和科学的基础。全球卫星导航系统（GPS）是实现三维地籍管理的关键技术之一，通过卫星导航系统，可以获取地物在全球范围内的准确位置信息。传统的GPS主要用于获取地物在水平平面上的经纬度坐标，而引入三维地籍管理后，可通过卫星导航系统获取地物在垂直方向上的高程信息。这使得地籍信息更为全面，不仅能够准确呈现土地在水平方向上的位置，还能够展示地物在垂直方向上的相对高度，为城市规划者、资源管理者提供更为精细和详细的数据基础。激光扫描技术是实现三维地籍管理的重要工具之一。激光扫描技术通过激光束对地物进行扫描，可以获取高精度的地物三维坐标和形状信息。这种技术在建筑物、地形地貌等地物的三维化管理中发挥着重要作用。通过激光扫描，可以精确获取建筑物的高度、形状等详细信息，为土地资源的合理利用、城市规划和建筑物管理提供更为丰富的数据支持。卫星遥感技术也是实现三维地籍管理的重要手段。卫星遥感可以通过在太空中的卫星获取地球表面的图像，这些图像可以用于提取地物的特征信息。在三维地籍管理中，卫星遥感可以提供高分辨率的地表图像，为地物在水平和垂直方向上的信息提供更为细致的描绘。这对于城市规划、土地资源管理以及环境监测等方面都具有重要意义。无人机技术也逐渐成为三维地籍管理中的重要工具。无人机可以携带各种传感器，如激光雷达、摄像头等，实现对地物的高效、灵活的监测与测绘。通过无人机技术，可以更便捷地获取建筑物、地形地貌等地物的三维信息，为土地信息的获取和更新提供更为灵活和实时的手段。三维地籍管理的另一特点是在数据获取和更新方面更加便捷高效。传统的地籍管理需要通过实地测量和手工录入的方式获取土地信息，费时费力且容易出现误差。而引入了先进的地理定位技术后，可以实现对地物的远程监测与测绘，大大提高了数据的获取速度和准确度。同时，这些技术也使得土地信息可以更加及时地进行更新，以适应城市发展和土地利用动态变化的需求。三维地籍管理还有助于提高城市规划与土地资源管理的信息化水平。通过先进的地理定位技术，可以建立数字化的地籍数据库，实现土地信息的集中存储和管理。这样的信息化系统可以方便城市规划者、土地管理者实时获取土地信息，从而更加迅速地做出科学决策，提高城市规划和土地资源管理的效率。实施三维地籍管理仍然面临一些挑战。首先，其技术成本较高，包括卫星导航系统的建设、激光扫描设备的采购以及相关软件的开发等方面的投资较大。其次，三维地籍管理技术标准和规范的统一尚未完全达成，各个地区和国家在地籍管理方面存在一定的差异，需要进一步协调和整合。此外，隐私保护和信息安全问题仍然是需要解决的重要问题。通过引入更为精准的地理定位技术，包括全球卫星导航系统、激光扫描技术等，三维地籍管理得以实现，从而实现地物在三维空间中的准确定位。这一系列的先进技术为土地信息的获取和管理提供了更为高效、详细的手段，为城市规划、土地利用规划以及建筑物管理等方面提供了更为精细和科学的基础。然而，实施三维地籍管理仍然需要克服技术、成本、标准规范等方面的挑战。

5.多源数据整合

实现三维地籍管理的关键之一是整合多源的地理空间数据，其中包括卫星影像、激光扫描数据、地形地貌数据等。这种综合利用多种地理信息数据的方法使得地籍信息更为全面和立体，为城市规划、土地利用规划以及建筑物管理等方面提供更为详细和科学的数据基础。然而，这也对数据整合和共享提出了更高的要求，需要在技术、管理和政策等多方面加强协同，以确保三维地籍管理得以顺利实施。卫星影像是实现三维地籍管理的重要数据来源之一。卫星影像可以提供高分辨率的地表图像，对于获取土地在水平和垂直方向上的信息具有独特的优势。卫星影像可以捕捉建筑物、植被、地形等地物的特征，通过图像解译和处理，可以得到丰富的地籍信息。然而，卫星影像的获取需要大量的技术和设备投入，同时需要解决云遮挡、大气影响等问题，以提高数据的质量和准确性。激光扫描数据是实现三维地籍管理的另一关键数据源。激光扫描技术通过激光束对地物进行高精度的扫描，可以获取地物的三维坐标和形状信息。这种技术对于建筑物、地形地貌等立体特征的获取具有独特的优势。通过激光扫描，可以实现对建筑物的高度、形状等信息的准确获取，为土地信息的精细化管理提供了有力支持。然而，激光扫描数据的处理和管理需要专业的技术和设备，也需要解决在复杂地形条件下的数据采集难题。地形地貌数据也是三维地籍管理的重要组成部分。这类数据主要包括地表高程、地形起伏等信息，对于土地的垂直方向特征具有重要作用。地形地貌数据可以通过地理测量、遥感技术等手段获取，进而用于构建土地在垂直方向上的详细信息。这对于城市规划、水资源管理等方面的决策提供了有力的支持。然而，地形地貌数据的获取需要考虑地理环境的多样性，同时需要解决数据精度和更新频率等问题。

整合这些多源地理空间数据的过程涉及数据的融合、转换、标准化等多个环节。首先，不同数据源的坐标体系和数据格式可能存在差异，需要进行坐标转换和数据格式的统一。其次，不同数据源的数据质量和精度也可能存在差异，需要进行数据融合和质量控制。此外，数据的安全性和隐私问题也需要得到充分考虑。在数据整合方面，要实现三维地籍管理的特点，需要建立完善的数据管理体系。这包括建立统一的数据标准和规范，以确保不同数据源之间的互通互用。同时，需要建立数据共享机制，促使各个相关部门和机构能够更好地共享其拥有的地理空间数据，形成更为全面和综合的地籍信息。

此外，应加强对数据整合和共享过程中的安全性和隐私保护的管理，确保敏感信息不被滥用。整合多源地理空间数据也意味着数据量的急剧增加，对数据存储、处理和传输能力提出更高的要求。云计算、大数据技术等现代信息技术的应用可以有效解决这一问题，提高数据的管理效率和处理速度。三维地籍管理通过整合多源地理空间数据，构建全面的地籍信息，为城市规划、土地利用规划以及建筑物管理等方面提供了更为详细和科学的数据基础。然而，在实现这一目标的过程中，必须克服数据整合和共享中的各种技术、管理和政策难题。只有通过全社会的努力，建立起科学、高效的地理信息数据管理体系，才能更好地推动三维地籍管理在实践中的广泛应用。

6.可视化展示

三维地籍信息的管理与展示通过可视化技术的运用，为城市规划决策、房地产开发等方面提供了更为直观、形象的展示手段。这一创新性的管理方式不仅使地籍信息更易于理解，而且为各级政府、规划者、开发商等提供了更有针对性的决策依据。通过可视化，三维地籍信息在城市发展和土地资源管理中的作用得到了极大增强。可视化技术使得三维地籍信息更加直观形象。传统的地籍信息主要以文字和图表的形式呈现，对于一般公众和非专业人士来说，很难被理解和把握。而通过可视化技术，地籍信息可以以三维模型、立体图形的形式呈现，使得信息更为生动直观。通过视觉感知，人们可以更容易地理解土地的地形、建筑物的布局、地下管线的走向等复杂信息，从而提高了信息传递的效果，可视化技术提高了城市规划决策的科学性。在城市规划中，需要全面了解土地的地理特征、建筑物的分布、交通网络等信息，以制订科学合理的城市规划方案。通过三维地籍信息的可视化展示，城市规划者可以更清晰地看到城市的整体结构，包括地表和地下的各种设施，为规划过程提供更全面的依据。这有助于制订出更具可行性和科学性的城市规划，提高城市的整体发展水平。对于房地产开发来说，可视化技术为开发商提供了更直观的土地信息。开发商需要在购地、设计规划、销售等多个阶段做出决策，而通过三维地籍信息的可视化展示，可以更准确地评估土地的潜在价值、确定土地的适宜用途、规划建筑物的布局等。这不仅有助于提高开发决策的科学性，还能够提升项目的市场竞争力，满足市场需求，促进房地产市场的健康发展。可视化技术还有助于提升公众参与的效果。在城市规划和土地利用决策的过程中，公众的参与至关重要。通过将三维地籍信息可视化展示，公众能够更直观地了解规划方案，对城市的发展方向提出建议和意见。这有助于建立更为开放、透明的城市规划决策机制，增强市民对城市建设的认同感和参与度。可视化技术的应用还推动了地理信息系统（GIS）的发展。GIS是将地理空间信息与数据库相结合的一种信息系统，而三维地籍信息的可视化展示正是GIS的一种应用。通过GIS平台，用户可以通过交互式的方式查看、分析三维地籍信息，实现对地理信息的全方位管理。这有助于提高地理信息的应用效率，推动GIS技术在城市规划、土地管理等领域的广泛应用。

三维地籍信息可视化也面临一些挑战。首先，需要处理大规模的地理空间数据，这对计算能力和存储能力提出了更高的要求。大规模的三维地籍信息需要高效的可视化算法和强大的计算资源支持。其次，要确保可视化的精度和准确性，需要依赖高质量的地理空间数据，包括卫星影像、激光扫描数据等。这要求在数据获取和处理方面投入更多的技术和资源。对于三维地籍信息可视化而言，用户界面的设计也至关重要。用户需要通过简单直观的操作界面获取所需信息，而不是被烦琐的技术细节困扰。因此，可视化技术的开发不仅仅是技术层面的问题，还需要考虑用户的体验和需求，以提升可视化工具的实际应用价值。三维地籍信息通过可视化技术的应用，为城市规划决策、房地产开发等提供了更为直观、形象的展示手段。这一管理模式不仅提高了地籍信息的传递效果，而且为各类决策者提供了更科学、更有针对性的决策依据。随着可视化技术的不断发展和应用，三维地籍信息的管理将在城市发展和土地资源管理中发挥更为重要的作用。

7.应用领域拓展

三维地籍管理的应用不仅仅局限于传统的土地管理领域，其在城市规划、房地产开发、灾害风险评估等多个领域都能够发挥重要作用，为可持续城市发展提供全面支持。这种全面性的应用得益于三维地籍管理的独特特点，它不仅引入了三维空间信息，还整合了土地权属、使用权等相关权益信息，为各个领域的决策和规划提供了更为科学、全面的数据基础。三维地籍管理在城市规划中具有显著的价值。城市规划需要充分了解土地资源的空间分布、地形特征以及建筑物分布等信息，以便科学决策城市的用地规划、交通布局等。传统的二维地籍管理无法提供建筑物的立体信息，而三维地籍管理则能够准确记录建筑物在三维空间中的位置和高度，为城市规划提供更全面、真实的数据支持，有助于推动城市的可持续发展。三维地籍管理在房地产开发领域具有重要意义。开发商需要了解土地的三维空间特征，以便更好地进行用地评估、项目设计和建筑物的规划。三维地籍管理可以准确记录土地表面的地形特征，为规划住宅、商业用地提供可行性分析。此外，三维登记的建筑物信息也对房地产市场的价格评估和交易提供了更为可靠的依据，有助于提高房地产市场的透明度和稳定性。三维地籍管理还在灾害风险评估方面发挥了重要作用。自然灾害如地震、洪水等往往需要综合考虑土地的地理特征、地形信息以及建筑物的分布情况。三维地籍管理可以更准确地评估灾害风险，为城市的防灾减灾工作提供科学依据。三维空间信息的引入使得灾害风险评估更加立体，为城市的灾害管理和规划提供更有针对性的数据支持。三维地籍管理的特点不仅仅在于记录土地的三维空间信息，更在于整合相关权益信息。这种综合性的管理使得土地的权益、使用情况等信息更为全面地与地理空间信息相结合。这为各个领域的决策者提供了更为全面、准确的数据基础，有助于提高决策的科学性和精准性。三维地籍管理的特点使得规划者能够更全面地了解土地资源的分布和利用状况，为合理的城市发展提供科学支持。在房地产开发中，三维地籍管理的综合性特点为开发商提供了更为可靠的土地信息，有助于提高开发的效率和质量。在灾害风险评估中，三维地籍管理的立体信息与相关权益信息的整合为灾害管理提供了更全面的视角，有助于降低灾害带来的损失。三维地籍管理在城市规划、房地产开发、灾害风险评估等多个领域的应用，得益于其独特的特点。这种特点使得土地的空间信息与权益信息有机结合，为各个领域的决策者提供更为全面、科学的数据基础，为实现可持续城市发展目标提供有力支持。

二、三维地籍确权登记

（一）三维地籍确权登记的概念

三维地籍确权登记是地籍管理领域的一项先进技术，其核心理念是将土地的水平和垂直方向上的坐标信息融合土地权属、使用权等相关权益信息，实现对土地资源的全面、精准、立体的登记管理。这一概念的引入旨在提升土地管理的效率、准确性和全面性，为土地资源的合理利用提供有力支持。在三维地籍确权登记中，关键的核心元素包括土地表面和建筑物等地物在三维空间中的坐标和相关权益信息。这意味着不仅要考虑地表的水平坐标，还需要考虑地表垂直方向上的坐标信息，使得地籍登记不再局限于传统的二维平面，而是更加真实地反映土地的立体特征。对于土地表面的坐标信息，三维地籍确权登记会精确记录地表的水平位置，包括土地的边界、地形等。这有助于确保土地权益的准确登记，避免因地界不清晰而引发的争议。同时，对地形的精确记录也为土地规划和开发提供了更为可靠的基础数据。建筑物在三维空间中的坐标信息也是三维地籍确权登记的重要内容。通过记录建筑物的空间位置，可以更全面地了解土地利用状况，有助于城市规划和土地开发的科学决策。此外，建筑物的三维坐标信息还为不动产权属的明晰登记提供了更为详细的依据，为产权交易提供了更高的可信度。除了空间坐标信息，三维地籍确权登记还涉及土地权益信息的登记管理，包括土地的权属、使用权等相关权益信息的准确记录。通过将这些权益信息与空间坐标信息相结合，可以建立更为完整的土地档案，提高土地管理的全面性和精准性。

三维地籍确权登记的实施将带来多方面的益处。首先，它有助于减少土地管理中的争议和纠纷，提高土地权益的清晰度和稳定性。其次，通过精确记录土地资源的三维空间信息，政府和相关机构能够更科学地进行土地规划和管理，推动城市可持续发展。最后，对建筑物的三维登记也为城市规划和基础设施建设提供了更为可靠的基础数据，提高了土地资源的利用效率。三维地籍确权登记是地籍管理领域的一项重要技术创新，它通过引入三维空间信息，使土地管理更为全面、精准、立体。这不仅有助于土地资源的合理利用，还为城市规划、土地开发和不动产交易等方面提供了更为可靠的支持。

（二）三维地籍确权登记的特点

1.城市规划和设计支持

三维地籍确权登记作为一项先进的土地管理技术，通过记录建筑物的三维属性，为城市规划和设计提供了更为详尽的信息，有助于更科学地进行土地规划。这一特点不仅为城市规划者提供了更全面的数据支持，还在提高土地利用效率、推动可持续城市发展等方面发挥着重要的作用。三维地籍确权登记的特点之一是对建筑物三维属性的精准记录。传统的二维地籍管理往往只能提供建筑物在水平方向上的位置信息，而忽略了建筑物的垂直属性，如高度、体积等。通过引入三维地籍管理，不仅可以准确记录建筑物的平面坐标，还能够详细描述其高度、形状等三维属性，使城市规划者能够更全面地了解建筑物的空间特征。三维地籍确权登记在城市规划和设计中提供了更为详尽的信息。城市规划需要全面了解土地利用状况，包括建筑物的分布、高度、容积率等信息。通过三维地籍登记，规划者可以获得更准确、全面的建筑物属性数据，有助于科学规划城市的用地结构、绿地布局、交通规划等，使规划更加贴近实际、灵活和具有可操作性。三维地籍确权登记的另一特点是其能够提高土地规划的科学性。在传统的二维地籍管理中，很难全面考虑建筑物的高度、体积等立体属性，因此规划决策可能受到限制。而三维地籍登记为城市规划者提供了立体的视角，使其能够更科学地评估土地的可利用性，有助于提高土地的利用效率和规划的合理性。三维地籍管理还在城市景观设计方面发挥了重要作用。建筑物的高度、形状等三维属性直接关系到城市的景观效果。规划者能够更精确地评估建筑物对城市景观的影响，有助于设计更具美感和可持续性的城市空间。这为城市的宜居性和可持续发展提供了更为有力的支持。三维地籍确权登记的特点还在城市基础设施规划方面发挥了积极作用。城市的基础设施，如道路、桥梁、管线等，需要充分考虑建筑物的三维属性，以确保其与周围环境的协调和顺畅运行。规划者可以更准确地规划基础设施的布局，提高城市基础设施的效益和可维护性。三维地籍确权登记通过记录建筑物的三维属性，为土地规划提供了更全面、科学的数据支持。其特点使得规划者能够更好地了解土地利用状况，更精确地进行规划决策。三维地籍登记的应用为城市规划和设计带来了新的思路和工具，为建设更智慧、宜居的城市提供了有力支持。

2.数据可视化和管理

三维地籍登记信息的数字化平台可视化管理，是一项颇具前瞻性的土地资源管理手段。通过数字化平台，三维地籍登记的信息得以直观呈现，为土地资源的高效管理提供了强大的支持。这一新兴技术的特点不仅在于将土地信息数字化，更在于通过可视化方式的呈现，使得决策者和利益相关方能够更迅速、全面地了解土地资源的状况，推动城市可持续发展。三维地籍登记的特点之一是其高度的精确性。数字化平台能够将三维地籍登记的信息以数字形式保存，确保原始数据的精确性和完整性。通过高精度的地理信息系统（GIS）等技术，可以实现对土地信息的精确测绘和定位，确保数字信息的准确性。这为土地资源的管理提供了可靠的基础，保障了决策的科学性和决策者对土地资源状况的准确理解。数字化平台为三维地籍登记信息提供了直观的可视化呈现方式。通过虚拟现实（VR）、三维地图等技术，决策者可以直观地查看土地资源的三维空间分布和相关属性。这种可视化的方式不仅提高了决策者对土地信息的理解速度，还有助于发现隐藏在数据背后的模式和趋势。决策者可以通过交互式的数字平台，自由探索土地资源的各个维度，为科学决策提供更为直观的工具。三维地籍登记信息的数字化平台可视化管理还为决策者提供了更多的信息层面。通过数字平台，不仅可以展示土地表面的地理信息，还可以将建筑物的三维属性、土地权益等相关信息以图形、图表等形式展示。这种综合性的信息展示方式使决策者能够在一个平台上获取全面的土地资源信息，有助于全面考虑土地利用状况，提高决策的综合性和全面性。数字化平台还为三维地籍登记信息的实时更新提供了便捷途径。传统的土地信息管理可能受限于纸质档案或独立的数据库，更新信息的周期较长。而数字化平台可以实现实时的数据更新，通过联网技术将各种数据源整合到一个平台上，使决策者能够获取最新、最全面的土地资源信息。这有助于及时应对土地资源变化，提高土地管理的敏捷性和适应性。数字化平台的应用也使得三维地籍登记信息更易于共享。通过数字平台，不同部门和机构可以方便地共享土地资源信息，避免出现信息孤岛的问题。这种信息的共享性有助于提高协同工作的效率，促进城市不同领域之间的信息共享和互通。城市规划、环境保护、基础设施建设等相关领域的决策者可以在同一平台上获取彼此关联的土地信息，为跨部门、跨领域的协同决策提供便利。通过数字化平台进行三维地籍登记信息的可视化管理，极大地提升了土地资源管理的高效性和直观性。这一特点不仅在于数字平台的信息准确性和及时性，更在于其直观的可视化呈现方式，为决策者提供了更为直观、全面的土地资源信息。数字化平台的广泛应用，为推动可持续城市发展、提高土地管理效率提供了新的途径和工具。

第三节 “多测合一”成果在不动产登记中的应用

一、“多测合一”成果的内涵

“多测合一”是测绘工作领域的一个重要理念，它强调通过整合多源、多尺度、多角度的地理信息数据，形成综合性的测绘成果。这一概念的提出旨在最大限度地发挥各种测绘数据的优势，促进地理信息的质量提升和更有效的综合利用。在信息化、数字化的时代，“多测合一”不仅是测绘工作的创新方向，更是推动地理信息科技应用和可持续发展的关键一环。“多测合一”的核心思想在于整合多源数据。传统测绘工作中，地理信息数据来自不同的测绘方法、设备和技术，每一种数据都具有其独特的优势和局限性。通过整合多源数据，“多测合一”可以充分利用各种数据的长处，提高信息的全面性和准确性。卫星遥感数据、激光雷达数据、地理信息系统（GIS）数据等可以被有机地整合，形成更为全面、真实的地理信息成果。“多测合一”注重整合多尺度的地理信息数据。不同尺度的地理信息数据在不同应用场景中发挥着重要作用。从微观尺度到宏观尺度，都有着丰富的信息层次。通过整合多尺度数据，“多测合一”使得地理信息不再受限于特定尺度，而是能够同时满足多个尺度下的需求。这有助于更全面地理解地理现象，从而支持更广泛的应用，包括城市规划、资源管理、环境监测等多个领域。“多测合一”考虑到多角度数据的综合应用。同一地理现象在不同角度下呈现出不同的特征，例如在卫星、飞机、地面等不同角度的观测下。通过整合多角度数据，“多测合一”使得地理信息能够更全面、多角度地呈现真实世界的情况。这对于识别地表特征、监测环境变化以及进行灾害监测具有重要意义。整合多角度数据不仅提高了信息的可信度，也拓宽了地理信息的应用领域。“多测合一”不仅仅是技术手段的整合，更是对数据质量和信息可用性的综合考量。通过整合多源、多尺度、多角度的地理信息数据，“多测合一”能够弥补各类数据的不足，提高整体测绘成果的精度和准确性。这对于科学研究、决策制订和社会管理等方面都具有深远的影响。

在“多测合一”的理念下，测绘工作得以更好地适应多层面、多领域的需求。首先，整合多源数据可以为城市的规模、结构、功能等提供全面的数据支持，促使规划更科学、合理。其次，在环境保护与资源管理中，整合多尺度数据有助于监测自然资源的分布、利用和变化，从而推动可持续资源管理。此外，在灾害监测与风险评估领域，整合多角度数据则可以全面了解对灾害发生及扩散过程，支持有效的紧急响应。“多测合一”的推动离不开先进技术的支持，如人工智能、大数据分析等。大量的地理信息数据得以高效处理和分析，为“多测合一”提供更强大的数据处理和决策支持能力。“多测合一”作为测绘工作的一项战略性理念，这一概念不仅推动了测绘工作的创新，也为地理信息科技在社会发展、环境保护、城市规划等众多领域的应用带来了更为广泛和深刻的影响。未来，“多测合一”将继续在推动测绘领域的发展、提高地理信息服务水平等方面发挥重要的作用。

二、“多测合一”成果的应用

（一）精准地理定位

1.地理坐标的准确性

不动产的地理坐标是指其在地球上位置的具体表示，通常包括经度、纬度等信息。这些坐标信息对于不动产的准确定位和管理至关重要。近年来，随着地理信息技术的不断发展，“多测合一”成果在不动产登记中的应用成为一项创新举措，旨在整合多源数据，提供更为准确的地理坐标，以确保不动产的位置信息更为精准。“多测合一”成果的核心理念在于综合利用多种测量方法和数据源，以获取更为全面和准确的地理坐标信息。这包括但不限于全球定位系统（GPS）、卫星遥感、测绘测量等多种技术手段。通过整合这些不同来源的数据，不仅可以提高地理坐标的准确性，还可以增加数据的时效性和可靠性，从而更好地满足不动产登记的需求。在不动产登记中，地理坐标的准确性对于确保不动产权属的明确和管理的科学性至关重要。采用“多测合一”的成果，不仅可以获得更为准确的地理坐标，还能够综合考虑多种地理信息数据，例如地形、地貌、土地利用等，从而更全面地反映不动产的特征。这对于土地资源的科学管理、城市规划以及灾害风险评估等方面都具有重要意义。

通过整合多种测量方法和数据源，“多测合一”成果能够提高不动产地理坐标的准确性。尤其是在城市区域，由于建筑物和地形的复杂性，传统的测绘方法可能存在一定的局限性。“多测合一”的方法能够在不同环境下选择最适用的测量手段，确保地理坐标的高精度。地理信息是不断变化的，随着时间推移，地理环境可能发生变化。“多测合一”成果整合了多源数据，能够及时更新地理坐标信息，确保不动产登记数据的时效性。这对于及时反映土地使用状况、更新不动产信息十分关键。不动产登记不仅仅涉及地理坐标，还涉及土地的地形、地貌、土地利用等多方面信息。“多测合一”的成果能够综合考虑这些地理信息，为不动产的全面描述提供更为完整的数据支持。不动产的地理坐标是城市规划和管理的基础。“多测合一”成果能够为城市的空间规划提供更为准确的地理信息，支持城市管理决策。通过空间分析，可以更好地理解城市发展趋势、优化土地利用结构，提高城市管理的效能。在自然灾害风险评估中，不动产的地理坐标是一个重要的参数。通过“多测合一”成果，可以更准确地评估不动产所处地区的自然灾害风险，有助于采取相应的防灾措施。“多测合一”成果在不动产登记中的应用，不仅提高了地理坐标的准确性，也为不动产登记信息的完善性和全面性提供了支持。这一创新举措有望在不动产管理领域推动更为科学、高效的发展，为城市和农村的土地管理带来新的机遇和挑战。

2.界址信息的清晰明确

在不动产登记的过程中，明确不同地块的边界是至关重要的一环，而界址信息的准确性直接关系到不动产登记的有效性和实用性。通过整合多源数据，特别是应用多测合一成果，能够显著提升不动产边界的清晰度和准确性，从而为不动产登记提供更为可靠的界址信息。多测合一技术通过整合来自不同来源的地理信息数据，包括卫星遥感、地理信息系统（GIS）、全球定位系统（GPS）等多种测绘数据，实现了对不动产边界的全方位、多层次、高精度测绘。这种综合利用多源数据的方式，弥补了单一数据源可能存在的不足，确保了边界信息的全面性和准确性。界址信息的准确性直接关系到不动产的权属和交易，多测合一成果的应用为确保不动产边界的精准划定提供了有力支持，使得界址信息更为清晰明确。传统的测绘可能受到地形、地物等因素的限制，导致边界信息模糊或错误。而多测合一技术能够通过高精度的测绘手段，综合不同数据源的信息，确保不动产边界信息更为清晰明确。这有助于减少界址模糊或错误可能性，提高了不动产登记的准确性和可信度。多测合一成果在边界信息的获取中提供了更高的空间分辨率。高空间分辨率的测绘技术能够更精细地描绘地块的形状和边界，确保界址信息的精准性。这对于城市化进程中不断变化的土地利用格局尤为重要，能够更好地适应不动产边界的复杂和多样性。多测合一成果在不动产登记中的应用也提高了界址信息的时效性。由于不动产的边界可能会因为土地开发、合并或分割等原因发生变化，传统测绘可能无法及时反映这些变更。而多测合一成果能够通过及时更新的方式，快速响应地块边界的变化，确保登记信息的及时性和有效性。多测合一成果的技术优势已经在不动产登记领域得到了广泛认可。政府机构和测绘专业机构纷纷采用多测合一技术，以提高不动产登记的质量和效率。整合多源数据，特别是高精度的测绘成果，不仅能够为不动产登记提供更为清晰明确的界址信息，还能够为不动产管理和土地规划提供全面的空间数据支持。多测合一成果在不动产登记中的应用，特别是在界址信息的获取和精确划定方面，起到了至关重要的作用。整合多源数据，提高空间分辨率，增强时效性，多测合一成果为不动产登记提供了更为可靠、准确、实用的界址信息，为不动产交易和管理提供了更好的技术支持。未来，随着多测合一技术的不断发展和完善，其在不动产登记中的应用前景将更加广阔，为不动产管理带来更多的创新和便利。

3.地籍图的制作和更新

多测合一是一种先进的测绘技术，已经在不动产登记中取得了显著的应用成果。地籍图作为不动产登记的重要组成部分，通过多测合一成果，能够提供更为精准的地理信息，从而为制作和更新地籍图提供有力支持。本节将深入探讨多测合一成果在不动产登记中的应用，分析其在反映不动产在地理空间中真实形状和位置方面所起到的重要作用。多测合一技术通过整合多源地理信息数据，实现了对不动产的全方位、多层次、高精度的测绘。这使得地籍图能够更加准确地反映出不动产在地理空间中的真实形状和位置。在传统的测绘中，可能因为单一数据源的限制而导致地图信息不准确，而多测合一成果则通过综合不同数据源的信息，弥补了这一缺陷，使得地籍图更为可靠。多测合一成果的应用使得不动产登记更加高效和便捷。传统的不动产登记流程可能需要多次测绘和更新，而多测合一成果的使用能够在一次测绘中获取多层次的信息，大大简化了登记流程。这不仅提高了工作效率，也降低了登记的成本，为不动产交易和管理提供了更为便利的条件。在城市化进程不断推进的背景下，土地利用日益复杂多样，不动产的变更频繁而多样化。多测合一成果的应用能够更好地适应这种多样性，为不动产登记提供更全面的信息支持。例如，在城市更新过程中，土地的合并、拆分等变更较为频繁，传统测绘可能无法及时反映这些变更，而多测合一成果能够及时更新各种地理信息，确保地籍图的准确性和实用性。多测合一成果还能够提高地籍图的空间分辨率和精度。这对于城市规划和土地管理具有重要意义，能够更好地满足城市发展的需求，提高土地利用的效益。多测合一成果的成功应用案例已经在不动产登记领域取得了显著成果。各地政府和测绘机构积极推动多测合一技术在不动产登记中的应用，以提升登记的准确性和效率。在一些地区，多测合一成果已经成为不动产登记的标配工具，为不动产的管理和交易提供了强有力的支持。多测合一成果在不动产登记中的应用为地籍图的制作和更新提供了更为精准的地理信息，反映了不动产在地理空间中的真实形状和位置。其高效、便捷、全面的特点使其成为不动产登记领域的重要技术手段，为城市化进程和土地管理提供了有力的支持。未来，多测合一成果在不动产登记中的应用将不断拓展，为城市规划和土地资源管理带来更多的创新和便利。

4.土地利用规划的基础

精准的地理位置信息在土地利用规划中的重要性愈发显著，而多测合一成果的应用为政府和规划部门提供了更全面、准确的地理信息，有助于更好地理解土地资源的空间分布，制订更科学、合理的土地利用规划。这种多源数据的综合利用不仅提高了地图的空间分辨率，还能够反映土地资源的多样性和复杂性。多测合一成果为政府和规划部门提供了全面、准确的土地空间信息，为土地利用规划奠定了坚实基础，其应用使得政府和规划部门能够更清晰地了解土地资源的分布情况。多测合一成果能够准确地描绘土地的形状、大小和位置，提供了可视化的地理信息。这有助于规划部门更全面地了解土地资源的空间布局，从而做出更为科学、合理的决策。多测合一成果为土地利用规划提供了及时更新的空间数据支持。土地利用格局可能发生较大变化，传统的测绘方法可能无法及时反映这些变化，而多测合一成果通过定期更新的方式，能够及时捕捉土地资源的动态变化，为规划部门提供准确的、时效性的地理信息，确保土地利用规划的实施更具有效性。多测合一成果在土地利用规划中的应用还提高了规划的精准性和可行性。通过综合不同数据源的信息，规划部门可以更全面地考虑土地资源的特征和条件，确保规划方案更加符合实际。高精度的地理位置信息有助于规划部门更准确地确定土地的适宜用途，提高土地利用的效益和可持续性。多测合一成果已经在不同地区的土地利用规划中取得了显著成果。政府部门通过引入多测合一技术，能够更全面地了解土地资源的空间分布，制订更符合实际需要的土地利用规划。这种科学的规划方案有助于提高土地的综合利用效益。多测合一成果在不动产登记中的应用为政府和规划部门提供了更为全面、准确的地理信息，为土地利用规划提供了精准的地理位置信息。通过高精度、多层次的测绘，多测合一成果在土地资源的空间分布、变化趋势等方面提供了强大的支持。未来，随着多测合一技术的不断发展，其在土地利用规划领域的应用将更加深入。

5.交易和过户的可靠性

在不动产交易和所有权过户等流程中，精准的地理位置信息扮演着至关重要的角色，是确保交易和过户可靠性的基石。准确的地理信息不仅有助于降低交易争议的可能性，还能够促进交易的顺利进行。多测合一成果的应用在不动产登记中发挥着关键作用，为确保精准的地理位置信息提供了先进的技术支持。在不动产交易和所有权过户中，地理位置信息的准确性直接关系到交易各方权益的合法性和可行性。通过多测合一成果能够确保不动产的地理位置信息更为准确，为交易双方提供可靠的依据，降低了因地理信息错误导致交易纠纷的风险。多测合一成果的应用为不动产交易提供了更全面的地理信息支持。多测合一成果能够提供更多元化的地理属性，包括地块形状、周边环境、地势特征等。这不仅有助于交易双方更全面地了解不动产的地理特征，还能够帮助评估不动产的潜在价值和风险，提高交易的全面性和可行性，其应用提高了不动产交易的信息透明度。在传统的交易中，因地理信息不透明而导致的信息不对称问题时有发生。而多测合一成果通过提供更为详细和精准的地理位置信息，能够减少信息不对称，使交易双方在交易前能够更清晰地了解不动产的实际情况，降低交易风险，促进市场的健康发展。多测合一成果在不动产所有权过户流程中也发挥着关键作用。在所有权过户过程中，需要确保被过户的不动产的地理位置信息准确无误。多测合一成果通过高精度的地理信息数据，为所有权过户提供了可靠的依据，使过户流程更为顺利、高效，已经成为不动产交易和所有权过户的标配工具。政府部门、不动产中介机构以及相关行业纷纷采用多测合一技术，以确保交易和过户的可靠性和效率。这种先进的测绘技术的应用使得交易双方能够更加信任地理位置信息，提高了整个不动产交易过程的信誉度和顺利进行的可能性。多测合一成果在不动产登记中的应用，尤其在不动产交易和所有权过户等流程中，为确保精准的地理位置信息提供了强大的技术支持。通过高精度、多层次的地理信息数据，多测合一成果为降低交易风险、提高信息透明度、提升交易可行性等方面提供了全面的保障。未来，随着多测合一技术的不断创新和完善，其在不动产交易和过户领域的应用前景将更加广阔，为不动产市场的稳健发展带来更多的便利和保障。

（二）三维属性信息

它不仅包括水平方向上的坐标信息，还包括垂直方向上的高程信息，以及建筑物的三维属性，如高度、体积、形状等，为不动产登记提供了更为详尽的信息。多测合一成果的水平方向坐标信息提供了对不动产在地理空间中准确位置的明确描述。通过整合卫星遥感、GIS、GPS等多源数据，多测合一成果实现了对水平坐标的高精度测绘，为不动产登记提供了精准的位置信息。这有助于确保登记信息的准确性，降低了因位置信息不清晰而导致的法律纠纷的风险。对于买家和卖家而言，准确的水平坐标信息也为他们更好地了解不动产位置、周边环境等提供了依据，为交易决策提供更多的信息支持。垂直方向上的高程信息为不动产登记提供了更为完整的地理信息。多测合一成果不仅包括水平方向上的坐标信息，还包括地形高程、建筑物高度等垂直方向上的数据。这使得登记信息更为丰富和综合，不仅能够清晰了解地表地物的位置，还可以深入了解地形地貌、地势高低等信息。对于不动产的规划、开发以及相关法律事务，这些垂直方向上的高程信息都具有重要的参考价值。建筑物的三维属性，如高度、体积、形状等，是多测合一成果中的重要组成部分。这些三维属性为不动产登记提供了更为细致入微的信息，有助于人们更全面地了解不动产的特征。例如，对于一座建筑物，其高度信息可以明确反映出建筑的垂直空间利用情况，而体积和形状信息则能够提供更为详尽的建筑物描述。这有助于不动产登记信息更为全面、立体地反映不动产的特性，为市场参与者提供更详尽的决策依据。三维属性的信息在城市规划、土地管理等方面也有着广泛的应用。政府部门和规划机构可以通过多测合一成果的三维属性数据更科学地进行城市规划和土地资源管理。例如，通过了解建筑物的高度和体积分布，可以更好地进行城市密度规划和土地利用规划，优化城市空间布局。一些地区已经成功采用多测合一成果的三维属性信息进行不动产登记。这不仅提高了登记信息的综合性和精细度，也为城市管理和规划提供了更为全面的数据支持。通过三维属性信息，不动产登记成果更贴近真实地理空间，有助于提高登记信息的真实性和权威性。多测合一成果在不动产登记中的应用通过提供水平和垂直方向上的坐标信息，以及建筑物的三维属性等详尽的地理信息，为登记信息提供了更为全面和精细的数据支持。这种全面性和精细度有助于提高登记信息的真实性、准确性和权威性，为市场参与者提供了更多有力的决策依据，同时在城市规划、土地管理等方面发挥了重要作用。未来，随着多测合一技术的不断创新，其在提供详尽地理信息方面的应用将更加深入，为不动产登记和城市管理提供更为强大的支持。

（三）权属关系准确定位

地理信息的多源整合在不动产登记中发挥着重要的作用，帮助明确不动产的权属关系。通过更精确的地理定位技术，多测合一成果确保了不动产的权属信息准确无误，为不动产登记提供了强有力的支持。多测合一成果通过整合卫星遥感、GIS、GPS等多源数据，提供了高精度的地理信息，有助于明确不动产的地理位置。准确的地理定位是确保不动产权属关系准确的前提。通过多测合一成果的应用，不仅可以获得水平方向上的精确坐标信息，而且能获取垂直方向上的高程信息，使得地理位置信息更为全面和准确。这有助于在登记过程中确保权属关系的空间准确性，降低因位置信息不明确而导致的权属争议风险。多测合一成果的应用通过高度精确的地理信息数据，有助于更清晰地划定不动产的边界。在不动产交易和权属确认的过程中，界址问题是一个常见的争议点。多测合一成果提供的准确的地理信息数据可以帮助明确不同地块的边界，降低了不动产登记中因边界模糊或错误而导致法律争议的风险。明确的边界有助于确保权属关系的清晰性和稳定性。多测合一成果的精确地理定位技术为不动产登记提供了更全面的权属信息。其成果不仅提供了权属人的基本信息，还能够将该权属人对应的不动产准确地映射到地理空间中。这使得登记信息更为立体和全面，权属人能够清晰了解其拥有的具体不动产在地理空间中的位置，为权属信息的准确性提供了强有力的支持。多测合一成果在不动产登记中的应用有助于解决不动产权属关系的时间问题。通过实时更新的地理信息数据，可以及时反映不动产权属关系的变化，确保登记信息的时效性。这对于及时处理权属变更、转让等事务至关重要，有助于减少因权属信息滞后而导致的不动产交易和登记问题。一些国家和地区已经成功采用多测合一成果进行不动产登记，并且取得了显著的效果。通过在线平台、电子化系统等方式，用户可以随时查询最新的地理信息数据，确保不动产登记信息的及时性和准确性。多测合一成果在不动产登记中的应用通过提供高精度的地理信息，帮助明确不动产的地理位置、边界和权属关系，确保登记信息的准确性和时效性。精确的地理定位技术为权属信息提供了坚实的基础，降低了登记信息因位置模糊、边界争议等问题而引发的法律风险。未来，精确的地理定位技术在不动产登记中的应用将更加深入，为权属信息提供更为全面、准确的地理数据支持。

（四）图形化展示

“多测合一”成果在不动产登记中的应用不仅可以提供详细的地理信息数据，还能形成图形化的展示，包括地籍图、不动产边界图等。这样的图形化展示为不动产信息赋予了更为直观的表达形式，使其更易理解和使用。地籍图作为“多测合一”成果的图形化展示之一，在不动产登记中扮演着重要的角色。地籍图通过直观的图形表达，清晰地展示了不动产的地理位置、边界、用途等关键信息。这为权属确认、地产交易等流程提供了直观的依据，使相关各方更容易理解不动产的空间布局和特征。地籍图的图形化展示不仅有助于专业人员在登记过程中的操作，也为一般公众更容易理解和查询不动产信息提供了便捷手段。不动产边界图作为图形化展示的一种形式，能够直观地展示不同地块的边界情况。这对于不动产交易和权属确认至关重要。通过“多测合一”成果生成的不动产边界图，可以清晰地呈现不同地块的界线，有助于减少边界争议和提高登记信息的准确性。图形化的展示形式使边界信息更为生动、直观，有助于各方在权属确认和交易中更加明确和谨慎地处理边界问题。图形化的展示形式也包括建筑物的三维属性图。通过“多测合一”成果，建筑物的高度、体积、形状等三维属性信息可以以图形的形式清晰呈现。这对于不动产交易和规划有着显著的价值。对于投资者和开发商而言，通过直观的三维属性图，可以更全面地了解建筑物的特征，从而更准确地评估不动产的价值和潜力。对于规划部门，这样的图形化展示有助于更科学地进行城市规划，优化土地利用和城市布局。图形化展示也为一般公众提供了更易理解的查询工具。通过在线平台或地理信息系统，用户可以直观地浏览地籍图、边界图、建筑物图等图形化展示，而无须深入了解复杂的地理信息数据。这使得不动产信息的查询更为便捷，增加了透明度，促进了不动产市场的公平和健康发展。图形化展示的应用也在教育和宣传方面具有积极作用。通过清晰直观的图形表达，可以向公众介绍不动产登记的重要性、流程和结果。这有助于加深公众对不动产登记工作的认识和理解，促使更多人合规参与不动产交易和登记事务。“多测合一”成果在不动产登记中的图形化展示应用丰富了信息表达的形式，使不动产信息更为直观、清晰。地籍图、不动产边界图、建筑物三维属性图等图形化展示形式为各方参与者提供了更易理解的工具，有助于降低专业门槛，提高信息的可视化程度。这种直观性和实用性对于不动产登记的推动和市场的健康发展都具有积极的促进作用。未来，随着技术的不断进步，图形化展示形式在不动产登记中的应用将更加普及和深入，为更多人提供更直观、便捷的不动产信息查询和理解方式。

（五）登记信息更新

1.反映实际变化

实时更新的地理信息数据对于确保登记信息的真实性至关重要。土地利用情况的变化、新建或拆除的建筑物等实际变化是不动产状态的重要指标，而“多测合一”成果通过实时更新的方式，能够及时准确地反映这些变化，为不动产登记提供了重要的技术保障。这种多源数据的综合利用使得不动产的地理信息更为全面、准确。通过实时更新的手段，多测合一成果能够捕捉到土地利用情况的变化、新建或拆除的建筑物等动态信息，确保登记信息能够及时反映不动产的实际状况。多测合一成果的实时更新应用使得不动产登记更具时效性。土地利用状况和建筑物的变化可能非常迅速，传统的定期更新可能无法及时反映这些变化。而多测合一成果通过实时更新的方式，能够在变化发生后立即反映在登记信息中，确保登记信息的实时性。这为不动产交易、规划和管理提供了更为及时的地理信息支持。实时更新的多测合一成果有助于降低登记信息的过时性和不准确性。在过去的不动产登记中，由于信息更新滞后，登记信息可能无法反映实际状况，导致不动产权属的争议和误导。而多测合一成果通过实时更新，可以准确记录土地利用变化、建筑物新增或拆除等情况，确保登记信息的准确性和真实性，从而降低不动产交易中的法律风险。实时更新的多测合一成果提高了登记信息的全面性。通过及时捕捉不动产的各种变化，包括土地利用、建筑物结构等方面的信息，多测合一成果使得登记信息更为全面。这有助于登记部门更好地了解不动产的状况，为规划和管理提供更有力的支持。一些地区已经成功采用多测合一成果进行实时更新，为不动产登记提供了更为可靠的地理信息基础。政府部门和相关机构积极推动多测合一技术在实时更新方面的应用，提高了不动产登记信息的质量和实用性。这种先进技术的应用，不仅提高了登记信息的真实性，也为不动产市场的稳健发展提供了更为可靠的基础。实时更新的多测合一成果在不动产登记中的应用，通过捕捉土地利用变化、建筑物变更等实际变化，确保登记信息的真实性，提高了登记信息的时效性和全面性。未来，在不动产登记中的实时更新应用将更加普遍，为不动产交易、规划和管理等领域提供更为强大的地理信息支持。这将进一步推动不动产市场的发展，促进城市的可持续发展。

2.支持及时决策

准确的土地信息对于政府、规划机构以及相关部门制订城市规划、调整土地管理政策等决策至关重要。实时更新的地理信息数据通过多测合一成果在不动产登记中的应用，为这些决策提供了迅速、准确的地理信息支持，使决策者能够更好地适应城市和社会的变化。城市规划是保障城市可持续发展的关键环节之一，政府和规划机构需要了解土地利用现状，以制订合理的城市规划，实现城市空间结构的优化和资源的有效利用。多测合一成果通过实时更新，能够提供准确的土地信息，包括土地利用状况、地块边界、建筑物分布等，使规划机构更具信心地制订适应城市发展需求的规划方案。土地管理政策的调整需要充分考虑土地资源的实际情况。政府部门在制订土地管理政策时，需要了解土地利用的变化、不动产的状况等信息，以便更科学、更合理地调整政策。准确的地理信息，为政府部门提供了实时、全面的土地资源数据，有助于及时做出适应城市和社会发展需要的政策调整。城市的快速变化需要决策者能够快速做出反应。实时更新的地理信息通过多测合一成果的应用，使得土地信息可以在最短时间内得到更新。这对于紧急决策、危机管理和城市应急响应非常重要。例如，在自然灾害发生后，政府需要及时了解土地变化情况，以制订有效的救援和重建计划。实时更新的地理信息有助于提高城市规划和土地管理的科学性和前瞻性。决策者可以获取到高精度、实时的地理信息数据，更好地了解城市的发展趋势、土地利用的动态变化，并基于这些数据做出科学、合理的决策。这有助于规划城市未来的发展方向，确保土地资源的可持续利用。一些城市和地区已经成功地采用了多测合一成果进行实时更新，为决策提供了强大的支持。政府、规划机构以及相关部门通过引入多测合一技术，能够更及时地获取地理信息数据，为决策提供更为准确、全面的土地信息基础。这种先进技术的应用为城市规划和土地管理的决策提供了新的思路和手段，实时更新的地理信息在政府、规划机构以及相关部门的决策制订中起到了至关重要的作用。高精度、实时的地理信息数据，为决策者提供了可靠的支持。未来，其在决策制订中的应用将更加广泛，为城市规划和土地管理等领域带来更多创新和便利。

3.减少错误和纠纷

不动产登记信息的时效性对于土地交易、房地产开发等过程至关重要。如果登记信息过时，容易导致交易中的错误和纠纷，从而影响不动产市场的健康运作。及时更新的地理信息，尤其是通过多测合一成果在不动产登记中的应用，有助于减少因信息过时而产生的问题，提高登记信息的准确性和可靠性。不动产登记信息的时效性直接关系到土地交易的顺利进行。在土地买卖过程中，购买方和卖方都需要依赖登记信息来确认土地的权属和状况。如果登记信息过时，可能导致交易中产生的权属纠纷，从而延误交易过程。通过多测合一成果的实时更新，登记信息能够及时反映土地状况的变化，为交易双方提供准确的依据，降低因信息过时而引发的交易风险。时效性对于房地产开发具有关键意义。开发商在进行土地规划和项目设计时，需要依赖最新的土地信息，包括地块边界、土地用途等。可能导致规划和设计不准确，进而影响整个开发项目的可行性和效益。通过多测合一成果的及时更新，开发商可以获取到最新的地理信息数据，确保项目规划和设计基于准确的土地信息，提高开发项目的成功率和效益。登记信息的时效性对于不动产管理和监管具有重要作用。政府和相关部门需要时刻了解土地利用状况，以便进行合理的土地管理和监管。如果登记信息无法及时反映土地的实际变化，可能导致管理和监管的盲点出现，以及土地资源的浪费和滥用。为政府和相关部门提供全面、准确的土地信息，有助于提高不动产管理和监管的有效性。时效性对于不动产登记信息的可信度和公信力也有直接影响。过时的信息可能导致不动产交易和开发过程中的不确定性，降低市场的透明度和可预测性。登记信息能够更好地反映土地的实际状况，提高信息的真实性和可信度，为市场参与者提供更可靠的决策基础。一些地区已经成功采用多测合一成果进行不动产登记的实时更新。政府机构和登记部门通过引入多测合一技术，为不动产市场的稳健发展提供了可靠的基础，减少了因信息过时而引发的法律纠纷和不动产管理的混乱。不动产登记信息的时效性对于土地交易、房地产开发等领域具有至关重要的作用。多测合一成果在不动产登记中的应用通过实时更新，为登记信息提供了迅速、准确的地理信息支持。未来，随着多测合一技术的不断发展和推广，其在提高不动产登记信息时效性方面的应用将更加广泛，为不动产市场的稳健运作提供更为坚实的技术支持。

4.提高数据质量

实时性对于保持不动产登记信息的数据质量至关重要。随着时间的推移，土地利用状况、建筑物状态等可能发生变化，如果不及时更新登记信息，就会导致信息不准确、不完整，从而影响不动产市场的稳定运作。实时更新的地理信息，特别是多测合一成果在不动产登记中的应用，有助于确保登记信息的准确性和完整性。实时更新的地理信息有助于捕捉不动产的动态变化。随着城市发展和土地利用的变化，不动产的状态可能会不断发生变化，例如土地用途的调整、新建或拆除的建筑物等。如果登记信息无法及时反映这些变化，就会导致信息滞后，降低数据的准确性。实时性有助于应对土地资源管理中的紧急情况。在自然灾害、紧急事件等情况下，土地状况可能发生急剧变化，如果登记信息无法及时更新，会对应急响应和灾后重建产生严重影响。多测合一成果的实时更新能够及时提供最新的地理信息，为政府和相关机构提供可靠的数据支持，有助于其迅速做出决策和采取行动，保障土地资源的有效管理。实时更新有助于降低不动产交易中的风险。在不动产交易中，双方需要依赖登记信息确认土地的权属和状况。如果登记信息滞后，可能导致交易中的权属纠纷和法律纠纷。多测合一成果的实时更新能够提供准确的地理信息，为交易双方提供实时、可靠的依据，降低因信息不准确而引发的交易风险，维护市场的稳定和公平。实时性有助于提高不动产管理的效率。政府和相关机构在进行土地资源管理、规划和监管时，需要及时了解土地利用情况。实时性对于维持不动产登记信息的数据质量至关重要。

5.服务公众需求

及时更新的登记信息在普通公众、企业和机构方面提供了更为准确的土地信息查询服务，对于不动产交易、房地产开发、法律事务等方面具有重要意义。这种服务不仅提高了信息透明度，也为相关方提供了可靠的决策基础。对于普通公众而言，及时更新的登记信息提供了更为方便、准确的土地信息查询服务。普通公众可能需要查询土地的权属信息、用途规划等相关信息，例如购房者在考虑购买房产时，需要核实土地的权属和规划用途。在不动产登记中应用多测合一成果，可以实现登记信息的实时更新，普通公众可通过在线平台或相关机构查询到最新、准确的土地信息，提高了购房者的信息获取效率，降低了信息不准确导致的潜在风险。企业在进行房地产开发、投资等活动时，需要准确的土地信息作为决策基础。这有助于提高房地产开发的成功率和效益，减少了因信息不准确而带来的投资风险。法律事务中也常需要准确的土地信息，例如房地产交易的法务程序、土地纠纷的解决等。及时更新的登记信息通过多测合一成果的实时应用，为律师事务所、法务部门等提供了可信的土地信息查询服务。律师可以更准确地了解土地的权属情况、历史变更等信息，为法律事务的处理提供可靠的依据，降低了法律纠纷的发生概率。政府部门、不动产登记机构等相关机构也受益于及时更新的登记信息。政府可以提供更高效、更全面的土地信息查询服务，满足公众和企业的需求。这不仅有助于提升政府服务水平，也有助于加强对土地资源的有效管理和监管。一些地区已经通过多测合一技术实现了不动产登记信息的及时更新，并为普通公众、企业和机构提供了便捷的土地信息查询服务。通过在线平台、移动应用等方式，用户可以随时随地获取最新的土地信息，促进不动产市场的健康发展。这有助于提高信息的透明度，降低不动产交易、房地产开发、法律事务等领域的潜在风险，推动不动产市场健康发展。未来，在提供土地信息查询服务方面的应用将更加广泛，为社会各界提供更为便捷、可靠的服务。

（六）风险评估

综合的测绘成果在不动产交易的风险评估中发挥着关键作用。这些成果以权威、全面、准确的地理信息为基础，为买家和卖家提供了更全面了解不动产状况了解的机会，从而有助于减少交易风险。综合的测绘成果提供了权威性的地理信息数据，有助于明确不动产的权属和边界。确保土地的清晰权属是至关重要的。多测合一成果整合了卫星遥感、GIS、GPS等多源数据，有助于明确不同地块的边界，减少了不动产交易中因权属不明导致的法律风险。权威的地理信息数据为买家提供了确切的依据，降低了交易风险。综合的测绘成果具备全面的地理信息，包括土地利用状况、建筑物分布、地形地貌等方面的数据。这些信息为买家提供了更全面地了解不动产的状况的机会。例如，买家可以通过多测合一成果了解土地的用途规划、周边环境、附近基础设施等情况，这对于判断不动产的投资价值和风险非常关键。综合的地理信息数据为买家提供了更全面、立体的不动产画像，帮助其更加全面地评估交易风险。准确的地理信息有助于识别不动产存在的潜在问题。例如，地质问题、水资源状况等可能对不动产价值和使用产生重要影响，及时获取这些信息可以帮助买家在决策中更加全面地考虑潜在风险。准确的地理信息还有助于评估不动产的市场价值。综合的测绘成果通过实时更新，能够及时反映不动产的变化，提高了信息的时效性。在快速变化的市场环境中，及时了解不动产的最新状况对于买家和卖家做出明智的决策至关重要。多测合一成果的实时更新保障了地理信息数据的时效性，有助于双方在交易中及时获取最新的信息，减少了因信息滞后而带来的交易风险。综合的测绘成果在不动产交易风险评估中发挥着重要作用。多测合一成果作为其中一种权威的地理信息数据，在不动产登记中的应用为提供高质量的地理信息数据提供了技术支持。权威、全面、准确、实时的地理信息有助于买家和卖家更全面地了解不动产的状况，降低了交易风险。未来，在不动产交易中的应用将更加广泛，为交易双方提供更为可信、科学的决策依据。

（七）法律依据

提供准确的地理信息是确保不动产登记合法性的重要一环。权威的地理信息是确保登记合法性的基础，因为准确的地理信息能够明确不动产的边界、位置等重要因素，为登记提供明确的法律依据。多测合一成果的高精度和实时更新特性为不动产登记提供了可靠的技术保障。由于土地利用状况、建筑物结构等可能发生变化，及时更新的地理信息数据有助于捕捉这些变化，确保登记信息的真实性和准确性。这有助于避免因信息滞后而引发的法律争议，提高登记合法性的可靠性。多测合一成果在不动产登记中的应用有助于解决界址争议。在不动产交易和权属确认过程中，界址争议是一个常见的问题。通过提供高精度的地理信息数据，多测合一成果能够明确不同地块的边界，降低了不动产登记中因边界模糊或错误而导致的法律争议的可能性，为登记合法性提供了可靠的基础。多测合一成果的应用有助于提高登记信息的全面性，通过多源数据的整合，成果涵盖了不同方面的地理信息，包括土地利用状况、地块边界、建筑物分布等。这使得登记信息更为全面，为法律事务提供更为详尽的地理信息支持。全面的登记信息有助于法律从业人员更全面地了解不动产的状况，减少了在法律事务中的不确定性。多测合一成果在不动产登记中的应用通过提供高精度的坐标和地理信息，为电子化登记系统的建设提供了重要支持。电子化登记系统的应用不仅提高了登记效率，也为法律事务的办理提供了更为方便和精确的数据查询工具，从而进一步确保登记合法性。这种成果的权威性和高度可信赖性为法律事务的处理提供了坚实的基础，为登记合法性提供了有力的支持。多测合一成果在不动产登记中的应用为法律事务提供了可靠的地理信息支持，确保登记信息的合法性。高精度、全面、实时更新的地理信息数据为登记提供了权威的法律依据，有助于减少法律争议，为法律事务提供更为强大的地理信息支持。

结束语

测绘工程与自然资源规划建设是当代社会不可或缺的领域，它们为我们提供了宝贵的地理信息数据，支持了各种决策和项目的实施。测绘工程通过精确测量地球表面的各种特征，帮助我们更好地了解世界，为城市规划、环境保护、基础设施建设等提供了关键的信息。自然资源规划建设则着眼于资源的可持续管理和利用，平衡了经济、社会和环境的利益，推动了社会的可持续发展。

（1）综合数据集成和技术创新。应该采用综合的地理信息数据集成和先进的技术创新来提高测绘工程和自然资源规划建设的效率和准确性。这包括使用卫星遥感、地理信息系统（GIS）、人工智能和大数据分析等先进技术，以获取、处理和分析地球表面的数据，可以更全面地理解地球和资源的状况，从而更好地进行规划和管理。

（2）可持续发展和多方合作。为了确保自然资源的可持续利用和环境的保护，应采用可持续发展策略，平衡经济、社会和环境的需求。这涉及多方合作，包括政府、学术界、工业界和社会团体之间的协作。制订和实施可持续的资源管理计划，鼓励发展循环经济和资源节约型社会，以最大限度地减少资源浪费和环境破坏。

（3）教育和公众参与。为了提高公众对测绘工程和自然资源规划建设的理解和支持，需要开展教育和公众参与活动。这包括让公众了解关于地理信息科学的重要性，以及如何更好地保护和管理自然资源。公众的意识和参与可以推动政策制订者采取更加持续的决策，促进社会的可持续发展。

总之，综合数据集成和技术创新、可持续发展和多方合作、教育和公众参与是实施测绘工程与自然资源规划建设策略的关键要素。通过这些策略，我们可以更好地管理和保护地球的资源，确保其在未来的可持续性和可用性。

参考文献

[1]王雪丽.数据库技术在测绘工程项目数据管理中的应用探究[J].西部资源，2023（04）：190–192.

[2]蒋振鹏，王斌，朱紫彤.测绘工程质量管理与系统控制[J].中国高新科技，2023（16）：150–152.

[3]梁吉星.加强测绘工程质量管理与控制测绘质量的有效措施[J].城市建设理论研究（电子版），2023（19）：32–34.

[4]朱刚艳.工程测量信息化和测绘工程质量管理研究[J].工程建设与设计，2023（12）：236–238.

[5]向庆粉.测绘工程质量管理与控制测绘质量的探析[J].居业，2023（01）：67–69.

[6]柴建全.测绘工程管理信息化的探究[J].中国新通信，2022，24（15）：97–99.

[7]陈晔.测绘工程的质量管理与系统控制[J].中国科技信息，2021（24）：128–129.

[8]夏凡.谈测绘工程质量管理与控制[J].绿色环保建材，2021（06）：138–139.

[9]唐雅雯.加强测绘工程质量管理与控制测绘质量[J].质量与市场，2021（11）：63–64.

[10]吴亚男，司文婧.测绘工程的质量管理与系统控制问题分析[J].中国金属通报，2021（03）：186–187.

[11]王巍，刘焘.基于数字化测量技术工装杯锥系统研究[J].机械工程师，2024（01）：5–9.

[12]赵留峰.北斗卫星导航定位系统在大地测量工程中的应用[J].科技创新与应用，2023，13（35）：189–192.

[13]曹楠.数字化技术在大地测量中的应用[J].电子技术，2023，52（08）：154–155.

[14]罗玉红.信息化时代的大地测量档案管理[J].文化产业，2023（12）：7–9.

[15]汪学君.摄影测量与遥感技术应用现状及发展趋势分析[J].江西建材，2022（04）：96–97.

[16]武晴晴.试谈摄影测量与遥感技术的现状及发展前景[J].河南建材，2020（05）：128–129.

[17]许亚鲁.摄影测量与遥感技术应用现状及发展趋势分析[J].科技资讯，2017，15（14）：49–50.

[18]王德华.自然资源确权登记数据库建设流程探讨[J].测绘标准化，2023，39（03）：41–44.

[19]熊辉.自然资源地籍调查成果质量控制研究[J].江西测绘，2023（04）：62–64.

[20]刘宁.自然资源与不动产登记信息化建设分析[J].城市建设理论研究（电子版），2023（05）：5–7.

[21]王军，冯永玉，高洁，等.山东省自然资源统一确权登记信息管理系统建设和设计[J].信息技术与信息化，2022（08）：56–60.

[22]孙炎.自然资源确权登记信息平台建设实践[J].中国矿业，2018，27（06）：70–73.

[23]董彦君.自然资源确权登记信息管理和应用[J].大众标准化，2022（09）：121–123.

[24]张冰丁.无人机摄影测量技术在测绘工程中的应用[J].冶金管理，2022（19）：71–73.

[25]胡云峰.测绘工程中无人机摄影测量技术应用分析[J].城市建设理论研究（电子版），2022（24）：121–123.

[26]陈志里，林金标.新型测绘技术在测绘工程中的应用探究[J].科技创新与应用，2024，14（05）：181–184.

[27]时顺.无人机遥感技术在测绘工程测量中的应用探讨[J].产业科技创新，2023，5（03）：97–99.

[28]陈恳.无人机遥感技术在测绘工程中的应用[J].中国高新科技，2023（09）：155–157.

[29]范玉俊.测绘工程测量中无人机遥感技术的运用研究[J].四川建材，2022，48（12）：53–54.

[30]欧阳凯.基于测绘工程测量中无人机遥感技术运用[J].工程建设与设计，2022（22）：96–98.

[31]任春鹏.无人机遥感技术在测绘工程测量中的应用[J].江苏建材，2022（04）：76–78.

[32]曹楠.数字化技术在大地测量中的应用[J].电子技术，2023，52（08）：154–155.

[33]杨新疆.控制测量在测绘工程技术中的地位与意义解析研究[J].居舍，2020（04）：195.

[34]吕伟才，张二钢.探讨测绘应用型工程技术人才培养新模式[J].测绘与空间地理信息，2013，36（09）：30–32+36.

[35]卢为民，陆新亚.土地二级市场建设中需要处理好五个关系[J].中国土地，2019

（10）：38–41.

[36]国务院办公厅关于完善建设用地使用权转让、出租、抵押二级市场的指导意见[J].中华人民共和国国务院公报，2019（21）：25–29.

[37]马宝平，徐宗明，蔡竹静.浅析德清县土地二级市场交易管理平台建设与应用[J].浙江国土资源，2021（08）：41–43.

[38]王蓉蓉.国有土地二级市场交易现状与问题[J].中国房地产，2020（25）：46–49.

[39]张育霞.我国土地二级市场存在的问题及其规范措施探讨[J].住宅与房地产，2019（05）：246.

[40]赵楠.自然资源权属争议的解决方式探析[J].哈尔滨职业技术学院学报，2020（02）：101–104.

[41]李文博.自然资源权属争议行政裁决制度研究[D].大连：大连海洋大学，2023.

[42]王秋玲，刘军，张晓博，等.测绘工程专业GIS课程群建设与教学改革探索[J].科技风，2024（03）：87–89.

[43]陈志里，林金标.新型测绘技术在测绘工程中的应用探究[J].科技创新与应用，2024，14（05）：181–184.

[44]付钟.GPS测绘技术在测绘工程中的应用实践探析[J].城市建设理论研究（电子版），2024（03）：166–168.

[45]董州楠，奚旭.面向测绘工程专业程序开发教学实践探索[J].现代职业教育，2024（03）：101–104.

